小成本，創造無限可能！

ARDUINO

最佳入門與應用

打造互動設計輕鬆學

第三版

Arduino入門實作經典，易學易用的初學指引！

序

Arduino 是由一家意大利公司的核心團隊 Massimo Banzi、David Cuartielles、Tom Igoe、Gianluca Martino 及 David Mellis 等成員所開發設計。Arduino 硬體使用 Atmel 公司的 AVR 8 位元精簡指令集架構晶片（Reduced Instruction Set Computer，簡記 RISC）如 ATmega8、ATmega168、ATmega168 及 ATmega1280 等微控制器，軟體則是使用 C / C++程式語言，讓使用者在很短的時間內就能輕鬆上手。Arduino 採用**開放源碼**（open-source）的理念，所以網路上可以提供的共享資源相當豐富。另外 Arduino 多樣化的函式（function），簡化了周邊元件的底層控制程序，讓沒有電子、資訊相關科系背景的人，不會受限於電子、資訊專業技術的限制，而能輕鬆實現自己的創意，並且設計出互動的作品。

本書完全是以一個從未學習過電子、資訊相關知識的初學者角度，來設計多元化的實習單元並且詳細解說。各章包含**相關知識**、**函式說明**、**實作練習**三部份，其中**相關知識**詳述實習所需基本知識，**函式說明**詳述實習所需 Arduino 函式功用。

第三版採用全彩印刷，擬真繪製的電路圖，讓初學者容易上手，按圖施工、保證成功。另外，**實作練習**融入更多互動設計作品常用的周邊元件及模組，如發光二極體、矩陣型 LED 模組、七段顯示器模組、液晶顯示器模組、蜂鳴器、指撥開關、按鍵開關、矩陣鍵盤、直流馬達、伺服馬達、步進馬達、RFID 模組、紅外線模組、藍牙模組、RF 無線模組等，以及各類型感測器如光敏電阻、超音波感測器、溫度感測器、濕度感測器、三軸加速度計、三軸數位陀螺儀感測器等，精心設計超過 **260 個**實用範例及練習，絕對是一本實用的最佳入門書。全書所有範例程式模組化且前後連貫一致，讀者只要結合本書部份範例，再加上自己的創意巧思，就能輕鬆建構並設計出有趣又好玩的互動作品。

全書**實作練習**中的所有範例及練習解答請於 http://books.gotop.com.tw/download/ AEH004500 下載，使用 Arduino IDE 開啟，並且將檔案上傳（upload）至 Arduino 板的微控制器中，即可執行其功能。本書撰寫的目的不是在教 Arduino 程式設計，而是讓讀者能輕鬆的玩 Arduino，當您看到成果之後，相信您對 Arduino 會更有興趣！

楊明豐

教學資源網：http://media.nihs.tp.edu.tw/user/yangmf/default.aspx

本書特色

學習最容易： 使用 Arduino 公司所提供的免費 Arduino IDE 軟體，操作簡單、輕鬆上手。本書強調在玩創意，而不是在設計 Arduino 程式，全彩實圖說明，實作練習皆有詳細說明，生動有趣、輕鬆易學，絕對是一本最佳的入門書。

學習花費少： 本書所使用的 Arduino Uno R3 原廠開發板價格不到 500 元，軟體可在官網 https://www.arduino.cc/ 免費下載，全書所須周邊元件及模組價格便宜無負擔。

學習資源多： Arduino 採開放源碼（open-source）理念，不但在官網上可以找到技術支援資料，而且網路上也提供相當豐富的共享資源。

學習模組化： 全書程式模組化且前後連貫一致，讀者發揮巧思創意結合部分範例程式，即能輕鬆設計完成互動作品。

內容多樣化： 使用常用元件及模組，包含發光二極體、矩陣型 LED 模組、七段顯示器模組、液晶顯示器模組、蜂鳴器、指撥開關、按鍵開關、矩陣鍵盤、直流馬達、伺服馬達、步進馬達、RFID 模組、紅外線模組、藍牙模組、RF 無線模組等，以及各類型感測器如光敏電阻、超音波感測器、溫度感測器、溼度感測器、三軸加速度計、三軸數位陀螺儀感測器等，精心設計超過 260 個豐富多樣化的實用範例。

應用生活化： 生活化的單元教學設計，除了提高學生學習興趣之外、也能培養學生創意設計的**素養能力**。內容包含調光燈、霹靂燈、雨滴燈、呼吸燈、計數器、數位時鐘、數位電壓表、光線偵測應用、移動偵測應用、距離測量應用、倒車警示器、數位溫度計、數位溼度計、傾斜角度測量、旋轉角度測量、字幕機、電子琴、音樂盒、自走車、無線遙控車、自動追光系統、大樓門禁管理、紅外線家電控制、手機藍牙家電控制、藍牙家電控制、RF 無線家電控制等。

教材多元化： 如果初學者有興趣深入學習，可參考作者進階教材「Arduino 自走車最佳入門與應用」及「Arduino 物聯網最佳入門與應用」兩本書。

商標聲明

- ☐ Arduino 是 Arduino 公司的註冊商標
- ☐ ATmega 是 ATMEL 公司的註冊商標
- ☐ Fritzing 是 FRITZING 公司的註冊商標
- ☐ TinkerCAD Circuits 是 AUTODESK 公司的註冊商標

除了上述所列商標及名稱外，其他本書所提及均為該公司的註冊商標。

目錄

1　認識 Arduino

2　基本電路原理

3　Arduino 語言基礎

4 LED 控制實習

5 開關控制實習

6 串列埠實習

7 七段顯示器實習

8 感測器實習

9 矩陣型 LED 實習

10 液晶顯示器實習

11 聲音控制實習

12 直流馬達控制實習

13 伺服馬達控制實習

14 步進馬達控制實習

15 通訊實習

A ASCII 碼

B 實習器材表

C Arduino 燒錄器

D Arduino 模擬程式

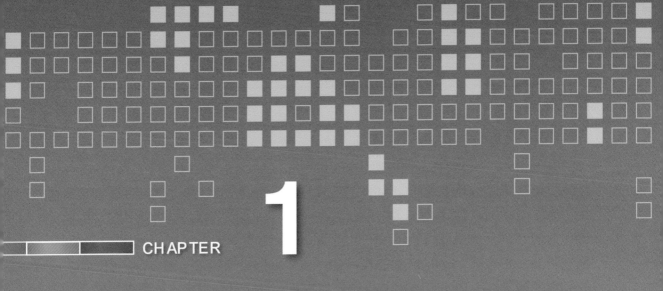

CHAPTER

1

認識 Arduino

1-1　簡介

　　Arduino 是由義大利米蘭互動設計學院 Massimo Banzi，David Cuartielles，Tom Igoe、Gianluca Martino、David Mellis 及 Nicholas Zambetti 等核心開發團隊成員所創造出來。Arduino 控制板是一塊**開放源碼**（open-source）的微控制器電路板，軟體源碼與硬體電路都是開放的。除了可以在 Arduino 官方網站上購買外，也可以在其他網站購買到相容的 Arduino 控制板，或是依官方所公佈的電路圖自行組裝 Arduino 控制板。如圖 1-1 所示是 Arduino 的註冊商標，使用一個無限大的符號來表示「實現無限可能的創意」。Arduino 原始設計目的是希望設計師及藝術師不用學習複雜的單晶片結構及指令，就能夠快速、簡單的設計出與真實世界互動的應用產品。

圖 1-1　Arduino 註冊商標（圖片來源：arduino.cc）

1-2　Arduino 硬體介紹

　　Arduino 板使用 Microchip/Atmel 公司研發的低價格 ATmega AVR 系列微控制器，從第一代 ATmega8、ATmega168 到現在的 ATmega328 等皆為 28 腳的 DIP 包裝。現今的 PC 電腦大多數都已經沒有 COM 串列埠的設計，因此 Arduino 板採用較為通用的 USB 做為通訊介面。Arduino 板種類很多，最主要的差異在其**使用的微控制器及連接 USB 介面 IC 不同**，但是程式語法與硬體連接方式大致相同。如表 1-1 所示 ATmega 系列微控制器的內部記憶體容量比較，以常用的 Arduino Uno 板為例，使用 ATmega328 晶片，具有 32KB 的 Flash ROM 記憶體、2KB 的 SRAM 記憶體及 1KB 的 EEPROM 記憶體。

表 1-1　ATmega 系列微控制器的內部記憶體容量比較

記憶體容量	ATmega8	ATmega168	ATmega328	ATmega1280	ATmega2560
Flash	8KB	16KB	32KB	128KB	256KB
SRAM	1KB	1KB	2KB	8KB	8KB
EEPROM	512bytes	512bytes	1KB	4KB	4KB

1-2-1　Uno 板

如圖 1-2 所示為 Arduino Uno 板，是整個 Arduino 家族中使用最多的控制板。
「Uno」的義大利文是「一」的意思，用來紀念 Arduino 1.0 的發布，使用 ATmega328
微控制器及 16 MHz 石英晶體振盪器。

圖 1-2　Arduino Uno 板（圖片來源：arduino.cc）

目前版本 Arduino Uno Rev3 使用 ATmega328P，P 代表 **Pico power 低功耗**之意。
在 Uno 板上有第二顆微控制器 ATmega16u2，取代 FTDI 公司的 USB 介面晶片，用
來處理 USB 的傳輸通信。Uno 板內含 32KB 快閃（Flash）記憶體（其中 0.5KB 用
來儲存 bootloader 啟動程式），2KB 靜態隨機存取記憶體（Static Random Access
Memory，簡記 SRAM）及 1KB 電子抹除式可覆寫唯讀記憶體（Electrically-Erasable
Programmable Read-Only Memory，簡記 EEPROM）。Uno 板的輸入直流電壓範圍
6~20V，小於 7V 時電壓變得不穩定，大於 12V 時穩壓 IC 過熱將導致損壞，一般建
議在 7~12V。每支數位 I/O 腳有 20mA 的驅動能力，3.3V 電源最大輸出電流有 50mA。

如圖 1-3 所示 Arduino Uno 板硬體外觀，有 14 支數位輸入 / 輸出（input/output，
簡記 I/O）腳 0~13，其中 3、5、6、9、10、11 等 6 支數位腳可輸出脈寬調變（pulse
width modulation，簡記 PWM）信號，在腳位上特別標示**正弦波符號～**，以方便識
別。Arduino Uno 板有 6 支具有 10 位元解析度的類比輸入腳 A0~A5，當這些類比腳
不使用時，也可以當成一般數位 I/O 腳 14~19 使用。另外，Arduino Uno 數位腳 0、
1 用來與 PC 電腦進行數據傳輸，因此最多有 18 支數位 I/O 腳可供使用。

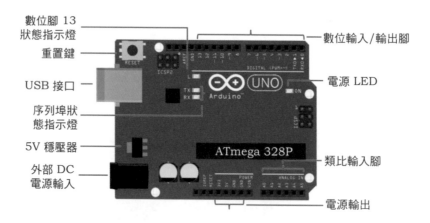

圖 1-3　Arduino Uno 板硬體外觀

　　Arduino Uno 板有兩個外部中斷（2:INT0、3:INT1）、一組 UART 串列埠（0:RX，1:TX）、一組 TWI（Two Wire Interface）介面（A4:SDA，A5:SCL）及一組 SPI（Serial Peripheral Interface）介面（10:SS，11:MOSI，12:MISO，13:SCK）。在 PC 端撰寫編譯完成的 Arduino 草稿碼（sketch），會經由串列埠上傳至 ATmega328 微控制器中，並且以串列埠狀態指示燈 TX、RX 來指示通信狀態。

　　Arduino 擴充模組常使用 UART、TWI、SPI 與 Arduino Uno 板進行雙向資料傳輸。TWI 相容於 I2C（Inter-Integrated Circuit Bus），I2C 發音是「I-square-C」，I2C 是積體電路間介面匯流排的縮寫，在 1982 年由荷蘭飛利浦半導體公司（Philips Semiconductor）所開發，主要目的是為了讓微控制器或 CPU 以較少的接腳數連接眾多的低速周邊裝置。Atmel 公司為了規避 I2C Bus 專利，就將其產品改名為 TWI。

　　在供電部分，Arduino Uno 板可以直接由 USB 供電，也可以外接 9V 電源到外部 DC 電源輸入插座，再經 Uno 板上的穩壓器轉換輸出 5V 供電。Uno 板上另外提供 5V、3.3V、GND 供應外部模組使用。在圖 1-3 所示 Arduino Uno 板的右邊有一組如圖 1-4 所示 ICSP（In-Circuit Serial Programming）接腳，功用與 SPI 介面相同，是用來**將 bootloader 啟動程式燒錄至 ATmega328P 微控制器**，bootloader 程式讓我們可以經由 USB 介面直接將 PC 電腦端 Sketch 草稿碼上傳到 ATmega328P 微控制器。

```
1 - MISO      2 - +Vcc
3 - SCK       4 - MOSI
5 - Reset     6 - Gnd
      ICSP
```

圖 1-4　ICSP 接腳

1-2-2 Leonardo 板

如圖 1-5 所示 Arduino Leonardo 板，是將 ATmega328 與 ATmega8U2 兩個微控制器的功能整合在 ATmega32U4 單一顆微控制器中，而 USB 通訊則是以軟體方式來完成。Arduino Leonardo 板使用 16 MHz 晶體振盪器，有 20 支數位輸入 / 輸出腳（其中 7 支可當 PWM 輸出腳）及 12 支類比輸入腳，每支類比輸入腳提供 10 位元的解析度。Leonardo 板內含 32KB 的 Flash 記憶體（其中 4KB 當作 bootloader），2.5KB 的 SRAM 記憶體及 1KB 的 EEPROM 記憶體。

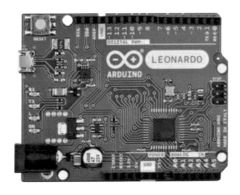

圖 1-5　Arduino Leonardo 板（圖片來源：arduino.cc）

Leonardo 板每支數位 I/O 腳有 40mA 的驅動能力，3.3V 電源最大輸出電流 50mA。Leonardo 板有 14 支數位 I/O 腳 0~13（其中 3、5、6、9、10、11、13 等 7 支數位腳可當作 PWM 輸出）及 12 支具有 10 位元解析度的類比輸入腳 A0~A5 及 A6-A11（使用數位腳 4、6、8、9、10、12），當類比腳不用時，也可以當成數位 I/O 腳 14~19 使用。Leonardo 板有五個外部中斷（3:INT0、2:INT1、0:INT2、1:INT3、7:INT4），一組 UART 串列埠（0:RX，1:TX），支援一組 TWI 通信（2:SDA，3:SCL）及一組 SPI 通信。

1-2-3 Mega 2560 板

如圖 1-6 所示 Arduino Mega 2560 板，使用 Atmega2560 微控制器及 16 MHz 石英晶體振盪器。在 Mega2560 微控制器中內建 USB 通信功能，不需再使用專用的 USB 介面晶片。Mega2560 板內含 256KB 的 Flash 記憶體（8KB 當作 bootloader），8KB 的 SRAM 記憶體及 4KB 的 EEPROM 記憶體。Mega2560 板每支數位 I/O 腳有 20mA 的驅動能力，3.3V 電源最大輸出電有 50mA 輸出。

圖 1-6　Arduino Mega 2560 板（圖片來源：arduino.cc）

1-2-4　Micro 板

如圖 1-7 所示 Arduino Micro 板，與郵票大小相同，但**可以直接插入麵包板中**，使用 ATmega32u4 微控制器及 16 MHz 石英晶體振盪器。在 ATmega32u4 微控制器中內建 USB 通信功能，不需再使用專用的 USB 介面晶片。Micro 板內含 32KB 的 Flash 記憶體（4KB 當作 bootloader），2.5KB 的 SRAM 記憶體及 1KB 的 EEPROM 記憶體。Micro 板沒有直流電源插孔（DC Jack），工作電壓 5V，每支數位 I/O 腳有 20mA 的驅動能力，3.3V 電源最大輸出電流 50mA。

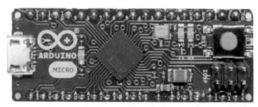

圖 1-7　Arduino Micro 板（圖片來源：arduino.cc）

1-2-5　Nano 板

如圖 1-8 所示 Arduino Nano 板，與郵票大小相同，使用 ATmega328 微控制器及 16 MHz 石英晶體振盪器。Nano 板使用 FTDI 公司的 USB 介面晶片來處理 USB 傳輸通信，必須安裝 FIDI 介面晶片的驅動程式。Nano 板內含 32KB 的 Flash 記憶體（其中 2KB 當作 bootloader），2KB 的 SRAM 記憶體及 1KB 的 EEPROM 記憶體。Nano 板沒有直流電源插孔，工作電壓為 5V，每支數位 I/O 腳有 40mA 的驅動能力，3.3V 電源最大輸出電流 50mA。

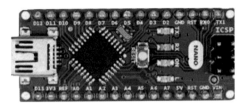

圖 1-8　Arduino Nano 板（圖片來源：arduino.cc）

Nano 板有 14 支數位輸入 ／ 輸出腳 0~13（其中 3、5、6、9、10、11 等 6 支數位腳可當作 PWM 輸出）及 8 支具有 10 位元解析度的類比輸入腳 A0~A7。Nano 板有兩個外部中斷，一組 UART 串列埠，支援一組 TWI 通信及一組 SPI 通信。

如表 1-2 所示 Arduino 家族最受歡迎控制板的特性比較，包含 Uno 板、Leonardo 板、Mega 2560 板、Micro 板及 Nano 板等。

表 1-2　Arduino 家族最受歡迎控制板的特性比較

主要特性	Uno	Leonardo	Mega 2560	Micro	Nano
微控制器	Atmega328	ATmega32u4	Atmega2560	ATmega32u4	Atmega328
USB 介面 IC	ATmega16u2	內建	內建	內建	FTDI
數位 I/O 腳	14	14	54	20	14
類比輸入腳	6	12	16	12	8
PWM 輸出腳	6	7	15	7	6
Flash 記憶體	32KB	32KB	256KB	32KB	32KB
bootloader	0.5KB	4KB	8KB	4KB	2KB
SRAM	2KB	2.5KB	8KB	2.5KB	2KB
EEPROM	1KB	1KB	4KB	1KB	1KB
UART	1	1	4	1	1
SPI	1	1	1	1	1
TWI(相容 I2C)	1	1	1	1	1
外部中斷腳	2	5	6	5	2
時脈速度	16MHz	16MHz	16MHz	16 MHz	16 MHz
I/O 電流	20mA	40mA	20mA	20mA	40mA
3.3V 電流	50mA	50mA	50mA	50mA	50mA

1-3　Arduino 軟體介紹

Arduino 板所使用的 ATmega AVR 微控制器，支援線上燒錄（In-System Programming，簡記 ISP）功能，利用 ISP 功能預先將**燒錄程式（Bootloader）**儲存在微控制器中。只需將 Arduino 板經由 USB 介面與電腦連接，不需使用任何燒錄器，即可進行燒錄動作，將程式上傳（upload）至 ATmega AVR 微控制器中執行。

1-4　Arduino 整合開發環境

Arduino 整合開發環境（Integrated Development Environment，簡記 IDE）結合了編輯、驗證、編譯及燒錄等功能來發展應用程式，只要連上 Arduino 官方網站 arduino.cc，即可下載最新版的 IDE 軟體。Arduino 使用類似 C/C++高階語言來編寫原始程式檔，**原始程式檔案的副檔名為.ino**。在 Windows 系統上，只要將 Arduino IDE 解壓縮後即可使用，完全不需要再安裝。

1-4-1　下載 Arduino 開發環境

Arduino IDE 軟體支援 Windows、Mac OS、Linux 等作業系統而且完全免費。在本節中將介紹如何下載 Arduino IDE 及其使用方法，所使用的 Arduino IDE 軟體，也可以隨時到官方網站 arduino.cc 下載更新。

STEP 1

1. 輸入官方網址 arduino.cc。
2. 點選 SOFTWARE 選項，開啟下拉視窗。
3. 點選 DOWNLOADS 選項。

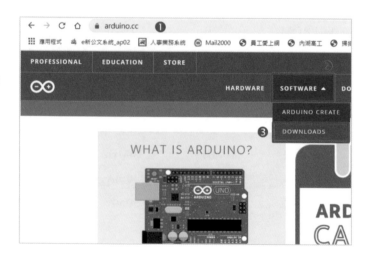

STEP 2

1. 請依自己所使用的作業系統，選擇下載所需的開發環境。以 Windows 環境為例，點選『Windows ZIP』下載 ZIP 壓縮檔。

2. 或是點選『Win7 and newer』直接安裝。

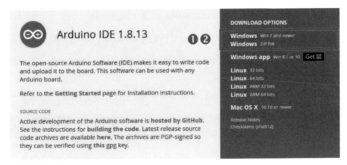

STEP 3

1. 點選『JUST DOWNLOAD』開始下載 Arduino IDE 軟體壓縮檔。

2. 當您將 Arduino 控制板連接到電腦 USB 埠口時，系統會自動安裝 Arduino IDE 驅動程式。

STEP 4

1. 切換至【本機】【下載】資料夾。

2. 在【本機】【下載】資料夾中可以看到下載後的壓縮檔『arduino-1.8.8-windows』。以左鍵雙擊，將其解壓縮到想要的位置。

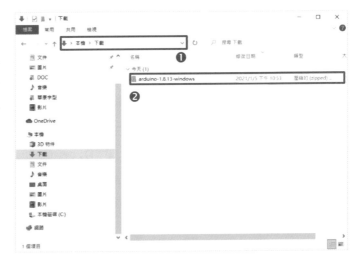

如表 1-3 所示 Arduino 資料夾說明，除了 Arduino IDE 執行檔 arduino.exe 之外，有幾個重要的資料夾如 drivers 資料夾中包含微控制器、USB 介面等驅動程式，examples 資料夾中包含常用範例程式，libraries 資料夾中包含常用函式庫。

表 1-3　Arduino 資料夾說明

資料夾或檔案	功能	說明
drivers	驅動程式	微控制器、USB 介面等驅動程式。
examples	範例程式	由 Arduino 官方所撰寫的範例程式，在 IDE 環境下點選【檔案】【範例】即可開啟內建的範例程式。
libraries	函式庫	由 Arduino 官方所撰寫的程式庫，如 Keyboard (矩陣鍵盤)、LiquidCrystal(液晶顯示器)、Servo (伺服馬達)、Stepper(步進馬達)、Ethernet (乙太網路)、WiFi (無線網路)等。另外，也可以經由網路下載開發商或創客(Maker) 所撰寫的函式庫。

1-4-2　Arduino 板驅動程式

Arduino IDE 使用 USB 介面來建立與 Arduino 板的連線，不同 Arduino 板所使用的 USB 晶片不同，電腦必須正確安裝驅動程式才能工作，早期的 Arduino 板如 Arduino Duemilanove 板，是使用 FTDI 廠商生產的通訊晶片，驅動程式可以在【drivers】資料夾中找到，較新的 Arduino 板，如 Arduino Uno 板，與電腦連接時，會自動安裝驅動程式。Microsoft 公司自 2020 年 1 月 14 日後，已不再提供 Windows 7 的技術協助和軟體更新，因此本書將以 **Windows 10 作業系統**來說明。

1-4-3　Arduino 開發環境使用說明

1. 點選  arduino，快按兩下滑鼠左鍵。

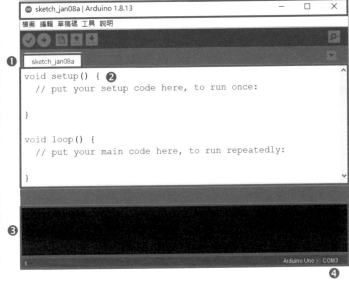

1. Arduino 預設檔案名稱為 sketch_jan08a，以今天日期作為結尾，讓使用者可以記得開發專案檔的日期。本例 jan08a 代表 1 月 8 日所建立，後面的小寫 a 表示第 1 次新建的草稿檔，第 2 次之後為 b、c、d 等。

2. 程式編輯區：包含 setup( ) 及 loop( ) 兩個必要函式。編輯區的操作方式與一般文書編輯器大致相同。

3. 訊息視窗：顯示編譯後所產生的錯誤訊息。

4. 使用的串列埠名稱。

表 1-4　Arduino IDE 功能說明

快捷鈕	英文名稱	中文功能	說明
	Verify	驗證	編譯專案檔的草稿碼並驗證語法是否正確？
	Upload	上傳	編譯並且上傳可執行檔至 Arduino 控制板。
	New	新增	新增一個專案檔。
	Open	開啟	開啟副檔名為 ino 的 Arduino 專案檔。
	Save	儲存	儲存專案檔。
	Serial Monitor	序列埠監控視窗	又稱終端機，是電腦與 Arduino 板通訊介面。

1-4-4 執行第一個 Arduino 程式

STEP 1

1. 以 USB 線連接如右圖所示
   Arduino Uno 板的 USB Type B
   埠口與電腦 USB Type A 埠口。

2. 檢查綠色電源 LED 燈是否有
   亮？若有亮代表供電正常。

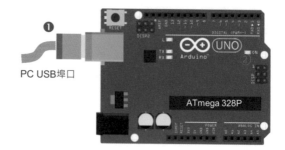

PC USB埠口

ATmega 328P

STEP 2

1. 點選資料夾中的 arduino 圖示，
   開啟 Arduino IDE 軟體。

2. 點選【檔案】【範例】【01.Basics】
   【Blink】，開啟 Blink.ino 草稿
   碼。

3. Blink.ino 是一個可以讓連接於
   數位腳 D13 的內建 LED 指示燈
   L（橙色）閃爍（1 秒亮、1 秒暗）
   的小程式。

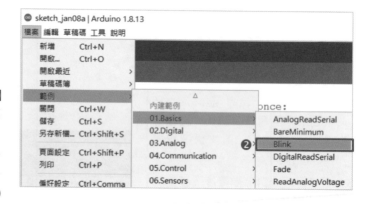

STEP 3

1. 點選上傳鈕 ，編譯並上傳專
   案檔至 Arduino Uno 板上。

2. 上傳過程中，在訊息列會出現
   『上傳中…』訊息。上傳完成後
   會出現『上傳完畢』訊息。

3. 檢視 Arduino Uno 板上連接至
   D13 的 L 指示燈（橙色）是否能
   夠正確閃爍？如果正確閃爍，表
   示上傳成功。

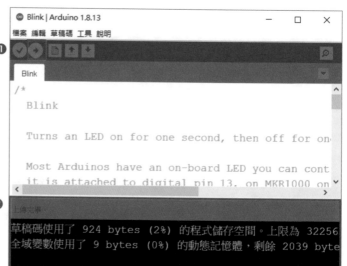

延伸練習

1. **機械語言**：電腦是由電子電路所構成，其中主動元件如同開關只工作在飽和區與截止區等二值準位 0 或 1 來表示關閉或開啟。由 0 與 1 組成指令機械碼，並且由電腦直接執行，無須翻譯。機械語言最難學習，現被組合語言或高階語言取代。

2. **組合語言**：又稱為低階語言，是製造商依其生產晶片的特性來開發，可以發揮晶片最高的執行效率、程式碼小而且是完全免費，在學習的同時可以了解微控制器的硬體架構。缺點是較難學習。

3. **高階語言**：是以人類的日常語言為基礎的一種編程語言，使用一般人容易接受的文字來表示，使程式設計人員編寫程式更容易。高階語言具有結構化、簡單、易學、可攜性高、硬體升級容易等優點，但是高階語言最大的問題是必須負擔較高的軟體費用，執行效率較組合語言低且程式碼較大。早期電腦業的發展主要在美國，因此一般的高階語言都是以**英語**來設計。

4. **串列埠**：串列埠（Serial port）主要用於資料的串列傳輸，一般電腦常見的串列埠標準協定為 RS-232，有 9 針及 25 針兩種 D 型接頭型式，在電腦中的**代號為 COM**。因為 RS-232 協定的傳輸速率較慢，已被傳輸速率較快的 USB 介面所取代，如圖 1-9 所示通用序列匯流排（Universal Serial Bus，簡記 USB）介面標準，是連接電腦系統與外部裝置的一種序列埠匯流排標準。USB1.1 的傳輸速率為 12Mbps，USB2.0 的傳輸速率為 480Mbps，USB3.0 的傳輸速率為 5Gbps，USB4.0 的傳輸速率為 40 Gbps 且 100%採用 **Type-C** 型式的接頭，連接**無方向性**，是目前功能最全、體積最小、速度最快的 USB 介面接口。

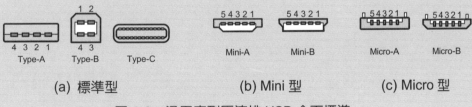

(a) 標準型　　　　　　(b) Mini 型　　　　　　(c) Micro 型

圖 1-9　通用序列匯流排 USB 介面標準

CHAPTER **2**

基本電路原理

2-1　電的基本概念

常用的電學名稱如電荷、電壓、電流、電阻、功率等，一般都以發現此物理現象的科學家來命名成電學單位如表 2-1 所示。

表 2-1　常用電學單位

單位系統	符號	電學單位
電荷	Q	庫侖(coulomb，簡記 C)
電壓	V	伏特(volt，簡記 V)
電流	I	安培(ampere，簡記 A)
電阻	R	歐姆(ohm，簡記 Ω)
功率	P	瓦特(watt，簡記 W)

如果以表 2-1 所示單位來表示數值，有時可能會太小或太大，而造成閱讀上的困難，因此有必要再將其轉換成表 2-2 所示常用十倍數符號來**簡化數值表示**。

表 2-2　常用十倍數符號

符號	中文名稱	英文名稱	倍數
T	兆	tera	10^{12}
G	十億	giga	10^9
M	百萬	mega	10^6
k	仟	kilo	10^3
m	毫	milli	10^{-3}
μ	微	micro	10^{-6}
n	奈	nano	10^{-9}
p	微微	pico	10^{-12}

2-1-1 庫侖

　　庫侖的單位為（Coulomb，簡記 C），符號 Q，這是為了紀念法國物理學家 Charles Augustin de Coulomb 對電學的貢獻。庫侖定律是指在真空中兩個靜止點電荷之間的交互作用力，作用力 F 與距離 d 的平方成反比，而與靜止點電荷電量 Q_1、Q_2 的乘積成正比，即

$$F = K \frac{Q_1 Q_2}{d^2} \quad 【牛頓，Nt】$$

　　如圖 2-1 所示，作用力的方向在它們的連線上，同極性電荷相斥，異極性電荷相吸。一般電池上以**毫安小時（mAH）**來標示電荷容量。例如 1000mAH 充電池，在負載電流 500mA 的情形下，可以使用 2 小時。

| (a) 同性相斥 | (b) 異性相吸 |

圖 2-1　庫侖定律之作用力

2-1-2 電壓

　　電壓為**電位**、**電位差**、**電動勢**、**端電壓**及**電壓降**之通稱，單位為伏特（volt，簡記 V），符號 V，這是為了紀念義大利物理學家伏特（Alessandro Volta）先生對電學的貢獻。依電壓對時間的變化分類，如圖 2-2 所示可以分成**直流電**及**交流電**兩種，直流電的電壓值及極性不隨時間而改變，例如電池即為直流電。交流電的電壓值及極性會隨著時間而改變，例如家用 110V 電源即為交流電壓。

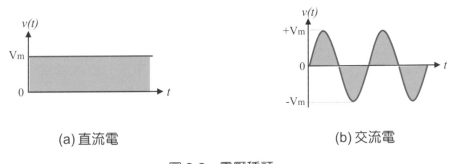

| (a) 直流電 | (b) 交流電 |

圖 2-2　電壓種類

2-1-3　電流

電流的單位為安培（ampere，簡記 A），符號 I，這是為了紀念法國數學兼物理學家安培（Andre M. Ampere）先生對電學的貢獻。當我們在導體上外加電壓時，在導線內部的自由電子會沿著一定的方向流動而形成電流（current）。因此**電流定義為在單位時間內，通過導體截面積的電荷量**，即

$$I = \frac{Q}{A} \quad 【安培，A】$$

2-1-4　電阻

電阻的單位為歐姆（ohm，簡記Ω），符號 R，這是為了紀念德國物理學家歐姆（George Simon ohm）先生對電學的貢獻。歐姆提出了有名的**歐姆定律：導體兩端的電壓與通過導體的電流成正比**，即

$$R = \frac{V}{I} \quad 【歐姆，Ω】$$

依其製造材料的不同，可分為碳膜電阻、可變電阻、熱敏電阻、光敏電阻、水泥電阻等。體積較大的電阻器，如水泥電阻是直接以**文數字標示**電阻值、誤差百分率及額定功率值等，而體積較小的電阻器，如圖 2-3 所示常用碳膜四環式色碼電阻，是以**色環**來表示電阻值。如表 2-3 所示四環式色碼電阻表示法，由左而右依序第一環表示**十位數值**，第二環表示**個位數值**，第三環表示**倍數**，第四環表示**誤差**。例如某一色碼電阻由左而右顏色順序為：**棕、黑、紅、金**，其電阻值為 $10 \times 10^2 \pm 5\% Ω = 1kΩ \pm 5\%$。

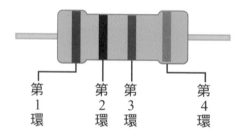

圖 2-3　四環式色碼電阻

表 2-3　四環式色碼電阻表示法

顏色	第一環(十位數)	第二環(個位數)	第三環(倍數)	第四環(誤差)
黑	0	0	10^0	
棕	1	1	10^1	
紅	2	2	10^2	
橙	3	3	10^3	
黃	4	4	10^4	
綠	5	5	10^5	
藍	6	6	10^6	
紫	7	7	10^7	
灰	8	8	10^8	
白	9	9	10^9	
金			10^{-1}	±5%
銀			10^{-2}	±10%
無				±20%

2-1-5　功率

功率的單位為瓦特（watt，簡記 W），符號 P，這是為了紀念英國發明家瓦特（James Watt）先生對工業革命的貢獻。功率是指作功的比率，在電學上的定義：**單位時間內所消耗的電能**，可寫成

$$P = IV = I^2R = \frac{V^2}{R} \quad 【瓦特，W】$$

2-2　數字系統

在數位系統中，為了提高電路運作的可靠性，常使用二進位（binary，簡記 B）數字系統，有別於人類自古以來早已習慣的十進位（decimal，簡記 D）數字系統。在二進位數字系統中僅含 0 與 1 兩種數字資料，因此在倍數符號的表示也與十進位數字系統不同，如表 2-4 所示二進位數字系統倍數符號，每個單位相差 2^{10} 倍。

表 2-4　二進位數字系統倍數符號

符號	中文名稱	英文名稱	倍數
T	兆	tera	2^{40}
G	十億	giga	2^{30}
M	百萬	mega	2^{20}
k	仟	kilo	2^{10}

2-2-1　十進位表示法

　　十進位（decimal，簡記 D）數字系統使用 0、1、2、3、4、5、6、7、8、9 等十個阿拉伯數字來表示數值 N，且數值的最左方數字為最大有效位數（most significant digital，簡記 MSD），最右方數字為最小有效位數（least significant digital，簡記 LSD）。在 Arduino 程式中，**十進位數值不需在數值前加上任何前置符號**，例如 1234，數值 1234 加權可表示為

$$1234 = 1 \times 10^3 + 2 \times 10^2 + 3 \times 10^1 + 4 \times 10^0$$

2-2-2　二進位表示法

　　二進位（binary，簡記 B）數字系統使用 0、1 兩個阿拉伯數字來表示數值 N，且數值的最左方數字為最大有效位元（most significant bit，簡記 MSB），最右方數字為最小有效位元（least significant bit，簡記 LSB），二進位數字系統使用於數位系統中。在 Arduino 程式中，**二進位數值需在數值前加上前置符號 B**，例如二進位數值 B0101，數值 B0101 加權可表示為

$$B0101 = 0 \times 2^3 + 1 \times 2^2 + 0 \times 2^1 + 1 \times 2^0 = 5$$

2-2-3　十六進位表示法

　　使用二進位數字系統來表示較大數值時，會因為數字過長而不易閱讀，因此在數位系統中常使用十六進位（hexadecimal，簡記 H）數字系統來表示。十六進位數字系統使用 0~9 十個阿拉伯數字及 A、B、C、D、E、F 六個英文字母，共十六個數字來表示數值 N，其中英文字母 A、B、C、D、E、F 分別表示數字 10、11、12、13、14、15。在 Arduino 程式中，**十六進位數值需在數值前加上前置符號 0x**，例如十六進位數值 0x1234 可表示為

$$0x1234 = 1 \times 16^3 + 2 \times 16^2 + 3 \times 16^1 + 4 \times 16^0 = 4660$$

2-2-4 常用進位轉換

如表 2-5 所示常用十進位、二進位及十六進位之進位轉換，在電腦系統中的每一個二進位數字代表一個位元（bit），每 8 個位元代表一個位元組（byte），每 16 個位元代一個字元組（word）。

表 2-5　常用進位轉換

十進位	二進位	十六進位
0	0000	0
1	0001	1
2	0010	2
3	0011	3
4	0100	4
5	0101	5
6	0110	6
7	0111	7
8	1000	8
9	1001	9
10	1010	A
11	1011	B
12	1100	C
13	1101	D
14	1110	E
15	1111	F

2-3　個人手工具

所謂「工欲善其事，必先利其器」，在使用 Arduino 板進行電子電路實驗或專題製作時，對基本手工具要有一定的認識與熟練使用，才能發揮事半功倍的效果。除了購買 Arduino Uno 板之外，還需準備常用的基本手工具如麵包板、電烙鐵、尖口鉗、斜口鉗、剝線鉗等。

2-3-1　麵包板

如圖 2-4(a) 所示為 85mm×55mm 規格的麵包板（Bread board），價格約 50 元，經常應用在學校教學或研究單位的電子電路實驗上，完全不需使用電烙鐵焊接，就可以直接將電子電路中所使用到的電子元件。**利用單心線迅速連接**，並且進行電路特性測量，以驗證電路功能的正確性。麵包板使用簡單，具有快速更換電子元件或電路連線的優點，能有效減少開發產品所需的時間。經由麵包板實驗成功後再繪製並製作印刷電路板（printed circuit board，簡記 PCB），並且使用電烙鐵將電子元件焊接在 PCB 上，以完成專題電路的製作。

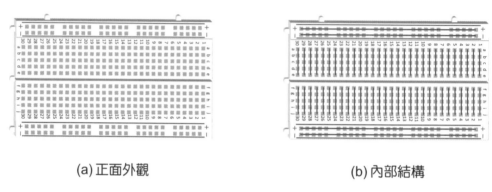

(a) 正面外觀　　　　　　　　　　　　(b) 內部結構

圖 2-4　麵包板

如圖 2-4(b) 所示為麵包板的內部結構，**水平**為電源正、負端接線處，**每 25 個插孔，內部由長條形的銅片連接導通**，共有 100 孔。**垂直**為電路接線處，**每 5 個插孔，內部由長條形的銅片連接導通**，共有 300 孔。對於較大的電子電路，也可以利用麵包板上、下、左、右側的卡榫，輕鬆擴展組合更大的麵包板來使用。在使用麵包板進行電子電路實驗時，應避免將過粗的單心線或元件插入麵包板插孔內，以免造成插孔鬆弛而導致電路接觸不良的故障。如果所使用的單心線或元件已經彎曲，應先用尖口鉗將其拉直，比較容易插入麵包板插孔。

2-3-2　原型擴充板

本書使用如圖 2-5 所示 Arduino 原型（proto）擴充板及 45mm×35mm 小型麵包板會比較方便實驗的進行。原型擴充板的所有針腳，可以與本書所採用的 Arduino Uno 板完全相容。通常都是將麵包板以雙面膠黏貼於擴充板上，再將元件插置於麵包板上，以重複使用。在使用麵包板進行電子電路實驗時，應**避免將過粗的單心線或元件插入麵包板插孔內**，以免造成插孔鬆弛而導致電路接觸不良的故障。如果所使用的單心線或元件已經彎曲，應先使用尖口鉗將其拉直，比較容易插入麵包板插孔。

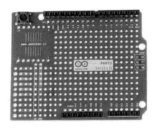 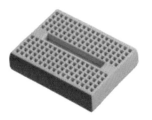

(a) 原型擴充板　　　　　　　　(b) 45mm×35mm 麵包板

圖 2-5　Arduino 原型（proto）擴充板

2-3-3　電烙鐵

　　如圖 2-6 所示電烙鐵，價格約 100~200 元，主要是用於電子元件及電路的焊接。電烙鐵由烙鐵頭、加熱絲、握柄及電源線等四部分所組成。電烙鐵的工作原理是使用交流電源加熱電熱絲，並且將熱源傳至烙鐵頭來焊接。常用電烙鐵電熱絲最大功率規格有 30W、40W 等，所使用的烙鐵頭宜選用合金材料，且在每次焊接前先使用海綿清潔烙鐵頭，才不會因為焊錫氧化焦黑而不易焊接。

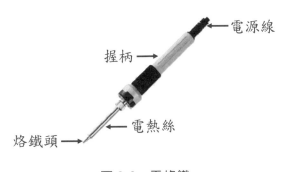

圖 2-6　電烙鐵

2-3-4　尖口鉗

　　如圖 2-7 所示電子用尖口鉗，價格約在 100~200 元之間，一般皆使用尖口鉗來整平電子元件或單心線，並將其插入至麵包板或 PCB 中，不但可以使電路排列整齊美觀，而且檢修也比較容易。

圖 2-7　尖口鉗

2-3-5 斜口鉗

如圖 2-8 所示電子用斜口鉗，價格約在 100~200 元之間，一般皆使用斜口鉗來剪除多餘的電子元件接腳或過長的單心線頭。斜口鉗應避免用來剪除較粗的單心線，以免造成斜口處的永久崩壞。單心線又稱為實心線，是由單一銅線導體及絕緣層組成，常用的標準線規為美規（american wire gauge 簡記 **AWG**），單位以吋（inch）表示，我國標準線規是由中央標準局規定，其線徑單位則以公厘（mm）表示。一般電子電路所使用的線規為 24 AWG（0.5mm）或 26 AWG（0.4mm）。

圖 2-8　斜口鉗

2-3-6 剝線鉗

如圖 2-9 所示電子用剝線鉗，價格約在 100~200 元之間，剝線鉗同時具有剝線、剪線、壓接等多項功能，購買時要依自己所使用線材規格選用合適的剝線鉗。

圖 2-9　剝線鉗

2-4　三用電表介紹

三用電表依其顯示方式可以分為**指針式**及**數位式**兩種，一般初學者常使用數位式三用電表，學習快速、判讀容易，而且準確度高。三用電表最基本的功能是用來測量電壓、電流及電阻等三種數值，不同製造商的檔位設置會有些微不同，有些製造商會增加測量電晶體的型號、接腳及電晶體放大率 hFE 值，因此又稱為數位式萬用電表（Digital Multimeter）。如圖 2-10 所示數位式三用電表，可以測量直流電壓 DCV、交流電壓 ACV、直流電流 DCA、交流電流 ACA 及電阻值等。

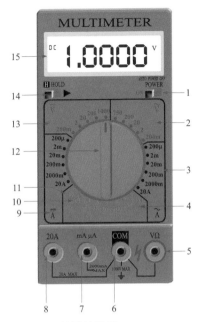

1. 電源開關
2. 交流電壓檔
3. 交流電流檔
4. 歐姆檔
5. 電壓、電阻輸入正端
6. 共同接地端
7. mA、µA 電流輸入正端
8. 20A 電流輸入正端
9. 直流電流檔
10. 短路測試檔
11. 二極體測試檔
12. 刻度調整旋鈕
13. 直流電壓檔
14. 顯示值鎖定開關
15. 顯示面板

圖 2-10　數位式三用電表

2-4-1　電壓測量

　　使用三用電表測量元件端電壓時，三用電表必須與待測元件**並聯**如圖 2-11 所示，先將三用電表切換至適當的直流電壓檔位，再將紅色測試棒接元件的電壓正極，黑色測試棒接元件的電壓負極，電表讀值即為電壓值。

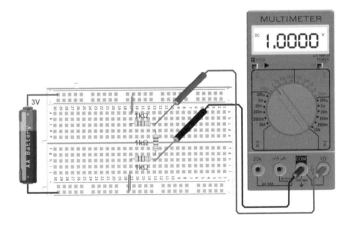

圖 2-11　電壓測量

2-4-2　電流測量

使用三用電表測量流過元件的電流時，三用電表必須與待測元件**串聯**如圖 2-12 所示，第一先移除待測元件的一端接腳，其次將三用電表切換至直流電流 DCA20m 檔位，最後再將紅、黑色測試棒依圖所接妥。如果待測電流太小或太大時，須切換直流電流檔的檔位範圍。先從最高檔位依序下降，以避免電表燒毀。

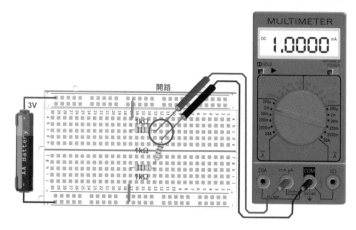

圖 2-12　電流測量

2-4-3　電阻測量

使用三用電表測量電阻器的電阻值時，三用電表必須與待測元件**並聯**如圖 2-13 所示，先將三用電表切換至歐姆檔位，再做**歐姆歸零**動作，最後再將紅、黑色測試棒接至電阻器兩端。如果待測電阻值太小或太大時，必須切換歐姆檔的檔位範圍。

圖 2-13　電阻測量

2-5 基本元件及符號

　　電子元件的符號是用來表示元件功能或動作的概略外觀，有時候元件的外觀會因為製造廠商、使用規格的不同而有些微差異。除了認識元件符號及外觀之外，如果能夠再進行簡單的元件功能實驗，必能更加了解元件的特性。如表 2-6 所示為本書實作練習中所使用到的基本元件及其符號、外觀。

表 2-6　基本元件及符號、外觀

元件名稱	符號	外觀
直流電源		
接地		
滑動開關		
按鍵開關		
電阻器		
可變電阻		
熱敏電阻		
光敏電阻		
陶質電容		
電解電容		
二極體		
發光二極體		
NPN 電晶體		
PNP 電晶體		

CHAPTER

3

Arduino 語言基礎

3-1　C 語言架構

　　C 語言是一種常用的高階語言，由函式（function）所組成，所謂函式是指**執行某一特定功能的程式集合**。當我們在設計 C 語言程式時，首先會依所需的功能先寫一個函式，然後再由主程式或函式去執行另一個函式。在函式名稱後面會接一組小括號「( )」，通知編譯器此為一個函式，而不是變數，而在小括號內也可包含引數（或稱為參數），引數是用來將主程式中的變數數值或位址傳至函式中來運算。

　　下面為一個簡單的 C 語言結構，當 C 語言由作業系統（如 Windows、Mac OS、Linux 等）取得控制權之後，即會開始執行 main( ) 函式中的程式，main( ) 函式由其名稱「**main**」暗示有「**主要**」的意思，**代表在 C 語言中是第一個被執行的函式。**在每個函式後面都有一組大括號「{ }」，代表函式主體的開始與結束，其中左邊大括號「{」，代表函式的開始，右邊大括號「}」代表函式的結束。在函式內的程式稱為敘述，**每一行敘述必須以分號結束**。為了增加程式的可讀性，常在敘述的後面加上註解，如果是多行註解，是由斜線與星號「/*」開始，並以星號與斜線「*/」結束，如果是單行註解，除了使用斜線與星號的組合之外，也可以使用雙斜線「//」開始。C 語言編譯器會忽略註解中的文字。

範例

```
main( )                              //主函式名稱，括號內可包含引數。
{                                    //函式開始。
    printf( "I love C language" );   //一個敘述，並以分號結束敘述。
}                                    //函式結束。
```

3-2　Arduino 語言架構

　　Arduino 程式與 C 語言程式很相似，但語法更簡單而且易學易用，完全將微控制器中複雜的暫存器設定寫成函式，使用者只需輸入**參數**即可。Arduino 程式主要由**結構**（structure）、**數值**(values)及**函式**（functions）等三個部分組成。

　　下面為 Arduino 語言結構，包含 setup( ) 及 loop( ) 兩個函式。setup( ) 函式由其名稱「setup」暗示執行「**設定**」的動作，主要用來初始化變數、設定變數初值、設定接腳模式為輸入（INPUT）或輸出（OUTPUT）等。在每次通電或重置 Arduino 控制板時，**setup( ) 函式只會被執行一次**。loop( ) 函式由其名稱「loop」暗示執行

「**迴圈**」的動作,用來設計程式控制 Arduino 板執行所需的功能,**loop( ) 函式會重複執行**。

範例

```
void setup( )                //初始化變數、設定接腳模式等。
{  }
void loop( )                 //迴圈。
{  }
```

3-3 Arduino 的變數與常數

在 Arduino 程式中常使用變數(variables)與常數(constants)來取代記憶體的實際位址,好處是程式設計者不需要知道那些位址是可以使用的,而且程式將會更容易閱讀與維護。一個變數或常數的宣告是為了保留記憶體空間給某個資料來儲存,至於安排那一個位址,則是由編譯器統一來分配。

3-3-1 變數名稱

Arduino 語言的變數命名規則與 C 語言相似,**變數的第一個字元必須是英文字母或底線符號「_」**,之後再緊接著字母或數字,而且第一個字元不可以是數字。因此我們在命名變數名稱時,應該以容易閱讀為原則,例如 col、row 代表行與列,就比 i、j 更容易了解。

3-3-2 資料型態

由於每一種資料型態(data type)在記憶體中所佔用的空間不同,因此在宣告變數的同時,也必須指定變數的資料型態,如此編譯器才能夠配置適當的記憶體空間給這些變數來存放。在 Arduino 語言中所使用的資料型態大致可分成**布林、整數**及**浮點數**等三種,其中整數資料型態有 char(字元)、int(整數)、long(長整數)等三種,配合 signed(有號數)、unsigned(無號數)等前置修飾字組合,可以改變資料的範圍。浮點數資料型態有 float、double 兩種,常應用於需要更高解析度的類比輸入值。另外,布林資料型態 boolean(或 bool)定義範圍為 true 及 false,是用來提高程式的可讀性。這些資料型態描述如表 3-1 所示。

表 3-1　資料型態

資料型態	位元數	範圍
boolean	8	true（定義為非 0），false（定義為 0）
char	8	−128~+127
unsigned char	8	0~255
byte	8	0~255
int 註1	16	−32,768~+32,767
unsigned int 註2	16	0~65,535
word	16	0~65,535
long	32	−2,147,483,648~+2,147,483,647
unsigned long	32	0~4,294,967,295
short	16	−32,768~+32,767
float	32	−3.4028235E+38~+3.4028235E+38
double 註3	32	−3.4028235E+38~+3.4028235E+38

註 1：在 Arduino Due 板為 32 位元，其餘為 16 位元。

註 2：在 Arduino Due 板為 32 位元，其餘為 16 位元。

註 3：在 Arduino Due 板為 64 位元，其餘為 32 位元。

3-3-3　變數宣告

　　宣告一個變數，必須指定變數的名稱及資料型態，當變數的資料型態指定後，編譯器將會配置適當的記憶體空間來儲存這個變數。宣告範例如下：

範例

```
int led=10;                  //宣告整數變數 led，初值 10。
char myChar='A';             //宣告字元變數 myChar，初值 A。
float sensorVal=12.34        //宣告浮點數變數 sensorVal，初值 12.34
```

　　如果一個以上的變數具有相同的變數型態，也可以只用一個資料型態的名稱來宣告，而變數之間用**逗號分開**。如果變數有初值時，也可以在宣告變數時一起設定。宣告範例如下：

範例

```
int year=2013,moon=7,day=11;     //宣告整數變數 year、moon、day 及其初值。
```

3-3-4　變數生命週期

　　所謂變數的生命週期是指變數保存某個數值，佔用記憶體空間的時間長短，可以區分為**區域變數**（local variables）及**全域變數**（global variables）兩種。

1. 全域變數

　　全域變數被宣告在任何函式之外，當執行 Arduino 程式時，全域變數即被產生並且配置記憶體空間給這些全域變數。在程式執行期間，全域變數都能保存數值，直到程式結束執行時，才會釋放這些佔用的記憶體空間。全域變數並不會禁止與其無關的函式進行存取動作，因此在使用上要特別小心，避免變數數值可能被不經意地更改。因此**除非有特別需求，還是儘量使用區域變數**。

2. 區域變數

　　區域變數又稱為自動變數，被宣告在函式的大括號「{ }」內，當函式被呼叫使用時，這些區域變數就會自動的產生，系統會配置記憶體空間給這些區域變數，當函式結束時，這些區域變數又自動的消失並且釋放所佔用的記憶體空間。

〔範例〕

```
int total;                    //全域變數 total 在所有函數內皆有效。
void setup( )
{
    //初值設定
}
void loop( ) {
    int i;                    //區域變數 i 只有在 loop( )函數內才有效。
    for(int j=0; j<100; j++)  //區域變數 j 只有在 for 迴圈內才有效。
    {
        //敘述式
    }
}
```

3-3-5　變數型態轉換

　　在 Arduino 程式中可以使用 char(x)、byte(x)、int(x)、word(x)、long(x)、float(x) 等資料型態轉換函式來改變變數的資料型態，引數 x 可以是任何型態的資料。

3-4 運算子

電腦除了能夠儲存資料之外,還必須具備運算的能力,在運算時所使用的符號稱為運算子(operator)。常用的運算子可以分為**算術運算子**、**關係運算子**、**邏輯運算子**、**位元運算子**與**指定運算子**等五種。當敘述中包含不同運算子時,Arduino 微控制器會先執行算術運算子,其次是關係運算子,最後才是邏輯運算子。我們也可以使用小括號( )來改變運算的順序。

3-4-1 算術運算子

如表 3-2 所示算術運算子(Arithmetic Operators),當算式中有一個以上的算術運算子時,將會先進行乘法、除法與餘數的運算,然後再計算加法與減法的運算。當算式中的算術運算子具有相同優先順序時,由左至右依序運算。

表 3-2　算術運算子

算術運算子	動作	範例	說明
+	加法	a+b	a 內含值與 b 內含值相加。
-	減法	a-b	a 內含值與 b 內含值相減。
*	乘法	a*b	a 內含值與 b 內含值相乘。
/	除法	a/b	取 a 內含值除以 b 內含值的商數。
%	餘數	a%b	取 a 內含值除以 b 內含值的餘數。
++	遞增	a++	a 的內含值加 1,即 a=a+1。
--	遞減	a--	a 的內含值減 1,即 a=a-1。

範例
```
void setup( )
{  }
void loop( )
{
    int a=20, b=3;          //宣告整數變數 a=20、b=3。
    int c, d, e, f;         //宣告整數變數 c、d、e、f。
    c=a+b;                  //執行加法運算 c=a+b=20+3=23。
    d=a-b;                  //執行減法運算 d=a-b=20-3=17。
    e=a/b;                  //執行除法運算,e=a/b=20/3=6。
    f=a%b;                  //執行餘數運算,f=a%b=20%3=2。
```

```
    a++;                    //執行遞增運算，a=a+1=20+1=21。
    b--;                    //執行遞減運算，b=b-1=3-1=2。
}
```

3-4-2 關係運算子

如表 3-3 所示關係運算子(Comparison Operators)，關係運算子會比較兩個運算元的值，然後傳回布林（boolean）值。關係運算子的優先順序全都相同，依照出現的順序由左而右依序執行。

表 3-3 關係運算子

關係運算子	動作	範例	說明
==	等於	a==b	a 等於 b? 若為真，結果為 true，否則為 false。
!=	不等於	a!=b	a 不等於 b? 若為真，結果為 true，否則為 false。
<	小於	a<b	a 小於 b? 若為真，結果為 true，否則為 false。
>	大於	a>b	a 大於 b? 若為真，結果為 true，否則為 false。
<=	小於等於	a<=b	若 a 小於或等於 b，結果為 true，否則為 false。
>=	大於等於	a>=b	若 a 大於或等於 b，結果為 true，否則為 false。

範例
```
const int led=13;               //定義變數 led 為數位腳 D13。
void setup( )
{  }
void loop( )
{
    int x=200;                  //宣告整數變數 x，初始值為 200。
    if(x>100)                   //x 大於 100?
        digitalWrite(led, HIGH); //若 x 大於 100 則點亮 LED。
    else                        //x 小於或等於 100。
        digitalWrite(led, LOW);  //x 小於或等於 200，則關閉 LED。
}
```

3-4-3 邏輯運算子

如表 3-4 所示邏輯運算子（Boolean Operators），在邏輯運算中，凡是非 0 的數即為真（true），若為 0 即為假（false）。對及（AND）運算而言，兩數皆為真時，結果才為真。對或（OR）運算而言，有任一數為真時，其結果即為真。對反（NOT）運算而言，若數值原為真，經反運算後變為假，若數值原為假，經反運算後變為真。

表 3-4　邏輯運算子

邏輯運算子	動作	範例	說明
&&	AND	a&&b	a 與 b 兩變數執行邏輯 AND 運算。
||	OR	a||b	a 與 b 兩變數執行邏輯 OR 運算。
!	NOT	!a	a 變數執行邏輯 NOT 運算。

範例

```
void setup( )
{  }
void loop( )
{
    boolean a=true, b=false, c, d, e;      //宣告布林變數 a、b、c、d、e。
    c=a&&b;                                //執行邏輯 AND 運算後，c=false。
    d=a||b;                                //執行邏輯 OR 運算，c=true。
    e=!a;                                  //執行 NOT 運算，e=false。
}
```

3-4-4　位元運算子

如表 3-5 所示位元運算子（Bitwise Operators），是將兩變數的**每一個位元**皆作邏輯運算，位元值 1 為真，位元值 0 為假。對右移位元運算而言，若變數為無號數，則執行右移位元運算後，填入的位元值為 0；反之若變數為有號數，則填入的位元值為最高有效位元。對左移位元運算而言，無論為無號數或有號數，填入位元值皆為 0。

表 3-5　位元運算子

位元運算子	動作	範例	說明
&	AND	a&b	a 與 b 兩變數的每一相同位元執行 AND 邏輯運算。
|	OR	a|b	a 與 b 兩變數的每一相同位元執行 OR 邏輯運算。
^	XOR	a^b	a 與 b 兩變數的每一相同位元執行 XOR 邏輯運算。
~	補數	~a	將 a 變數中的每一位元反相(0、1 互換)。
<<	左移	a<<4	將 a 變數內含值左移 4 個位元。
>>	右移	a>>4	將 a 變數內含值右移 4 個位元。

範例

```
void setup( )
{   }
void loop( )
{
    char a=B0011;              //宣告字元變數 a=B0011(二進值)。
    char b=B1111;              //宣告字元變數 b=B1111 (二進值)。
    char c=0x80;               //宣告有號數字元變數 c=0x80(十六進值)。
    unsigned char d, e, f, l, m, n; //宣告無號數字元變數 d、e、f、l、m、n。
    d=a&b;                     //執行位元 AND 邏輯運算,d=B0011。
    e=a|b;                     //執行位元 OR 邏輯運算,e=B1111。
    f=a^b;                     //執行位元 XOR 邏輯運算,f=B1100。
    l=~a;                      //執行位元反 NOT 邏輯運算,l=~a=B1100。
    m=b<<1;                    //b 變數內容左移 1 位元,執行後 m=B11110。
    n=c>>1;                    //c 變數內容右移 1 位元,執行後 n=0xc0。
}
```

3-4-5　複合運算子

如表 3-6 所示複合運算子（Compound Operators），是將指定運算子（等號）與算術運算子或位元運算子結合起來。複合運算子將等號兩邊經由算術運算子或位元運算子運算完成後,再指定給等號左邊的變數。

表 3-6　複合運算子

複合運算子	動作	範例	說明
+=	加	a+=b	與 a=a+b 運算相同。
-=	減	a-=b	與 a=a-b 運算相同。
*=	乘	a*=b	與 a=a*b 運算相同。
/=	除	a/=b	與 a=a/b 運算相同。
%=	餘數	a%=b	與 a=a%b 運算相同。
&=	位元 AND	a&=b	與 a=a&b 運算相同。
|=	位元 OR	a|=b	與 a=a|b 運算相同。
^=	位元 XOR	a^=b	與 a=a^b 運算相同。

範例

```
void setup( )
{  }
void loop( ) {
    int x=2;                    //宣告整數變數 x，設定初值為 2。
    char a=B00100101;           //宣告字元變數 a=B00100101(二進值)。
    char b=B00001111;           //宣告字元變數 b=B00001111(二進值)。
    x+=4;                       //x=x+4=2+4=6。
    x-=3;                       //x=x-3=6-3=3。
    x*=10;                      //x=x*10=3*10=30。
    x/=2;                       //x=15。
    x%=2;                       //x=x%2=15%2=1。
    a&=b;                       //a=a&b=B00000101。
    a|=b;                       //a=a|b=B00001111。
    a^=b;                       //a=a^b=B00000000。
}
```

3-4-6　運算子的優先順序

運算式結合常數、變數及運算子即能產生數值，當運算式中超過一個以上的運算子時，將會依表 3-7 所示運算子的優先順序運算。如果不能確定運算子的優先順序，建議最好使用小括號( )，**將必須優先運算的運算式括弧起來，較不會產生錯誤**。

表 3-7　運算子的優先順序

優先順序	運算子	說明
1	( )	括號
2	~ !	補數、NOT 運算
3	++、--	遞增、遞減
4	*，/，%	乘法，除法，餘數
5	+，-	加法，減法
6	<<，>>	移位
7	<>，<=，>=	關係
8	==，!=	相等、不等
9	&	位元 AND 運算
10	^	位元 XOR 運算
11			位元 OR 運算

優先順序	運算子	說明
12	&&	邏輯 AND 運算
13	||	邏輯 OR 運算
14	*= , /= , %/ , += , -= , &= , ^= , |=	複合運算

3-5　Arduino 程式流程控制

所謂程式流程控制，是在**控制程式執行的方向**，Arduino 程式流程控制可分成三大類，即迴圈控制指令：for、while、do…while，條件控制指令：if、switch case，及無條件跳躍指令：goto、break、continue。

3-5-1　迴圈控制指令

1. 迴圈控制指令：for 迴圈

如圖 3-1 所示 for 迴圈，是由初值運算式、條件運算式與增量或減量運算式三部分組成，彼此之間必須以**分號**隔開。for 迴圈內的敘述必須使用大括號「{ }」包起來，如果只有一行敘述時，可以省略大括號。

(1) 初值：初值可由任何數值開始。

(2) 條件：若條件為真，則執行括號「{ }」中的敘述，否則離開迴圈。

(3) 增（減）量：每執行一次迴圈內的動作後，依增（減）量遞增（遞減）。

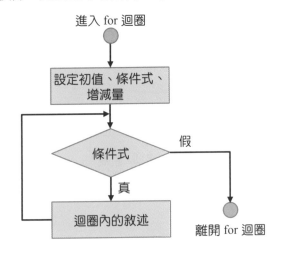

圖 3-1　for 迴圈

格式 for（初值；條件；增量或減量）
```
{
    //敘述式;
}
```

範例
```
void setup( )
{  }
void loop( )
{
    int i, s=0;              //宣告整數變數 i 及 s=0。
    for(i=0; i<=10; i++)     //當 i<=10 時，執行 for 迴圈。
        s=s+i;               //s=1+2+…+10。
}
```

結果
```
s=55
```

2. 迴圈控制指令：while 迴圈

　　如圖 3-2 所示 while 迴圈，為先判斷型迴圈，當條件式為真時，則執行大括號「{ }」中的敘述，直到條件式為假不成立時，才結束 while 迴圈。在 while 條件式中沒有初值運算式及增量(或減量)運算式，因此必須在敘述中設定。

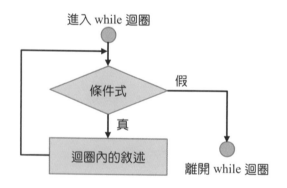

圖 3-2　while 迴圈

格式 while（條件式）｛敘述式;｝

範例

```
void setup( )
{  }
void loop( )
{   int i=0, s=0;          //宣告整數變數。
     while(i<=10)           //當 i 小於或等於 10 時，執行 while 迴圈。
     {
            s=s+i;          //s=1+2+3+…+10。
            i++;            //i 遞增。
     }
}
```

結果

s=55

3. 迴圈控制指令：do-while 迴圈

如圖 3-3 所示 do-while 迴圈，為**後判斷型**迴圈，會先執行大括號「｛｝」中的敘述一次，然後再判斷條件式，當條件式為真時，則繼續執行大括號「｛｝」中的動作，直到條件式為假時，才結束 do-while 迴圈。因此 do-while 迴圈至少執行一次。

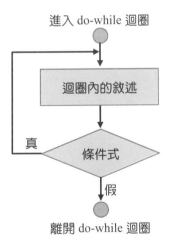

圖 3-3　do-while 迴圈

格式 do { 敘述; } while (條件式)

範例

```
void setup( )
{  }
void loop( )
{
    int i=0,s=0;          //宣告整數變數。
    do {
            s=s+i;        //s=1+2+3+…+10。
            i++;          //i 遞增。
    }
    while(i<=10)          //當 i 小於或等於 10 時,繼續執行 while 迴圈。
}
```

結果

```
s=55
```

3-5-2　條件控制指令

1. 條件控制指令:if 敘述

　　如圖 3-4 所示 if 敘述,會先判斷條件式,若條件式為真時,則執行一次大括號「{}」中的敘述,若條件式為假時,則不執行大括號中的敘述。if 敘述內如果只有一行敘述時,可以省略大括號「{ }」。但如果有一行以上敘述時,一定要加上大括號「{}」,否則在 if 敘述內只會執行第一行敘述,其餘敘述則視為在 if 敘述之外。

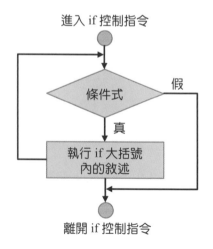

圖 3-4　if 敘述

格式 if (條件式) { 敘述式; }

範例
```
void setup( )
{  }
void loop( )
{
    int a=2,  b=3,  c=0;        //宣告整數變數。
    if(a>b)                      //a 大於 b?
            c=a;                 //若 a 大於 b，則 c=a。
}
```

結果

c=0

2. 條件控制指令：if-else 敘述

如圖 3-5 所示 if-else 敘述，會先判斷條件式，若條件式為真時，則執行敘述 1，若條件式為假時，則執行敘述 2。在 if 敘述或 else 敘述內，如果只有一行敘述時，可以不用加大括號「{}」。但如果有一行以上敘述時，一定要加上大括號「{}」。

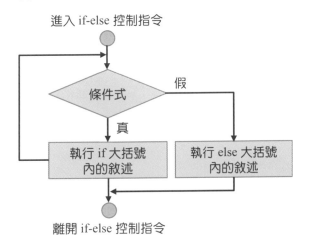

圖 3-5　if-else 敘述

格式　if (條件式) { 敘述 1; }　　　　//條件成立則執行敘述 1。
　　　　else { 敘述 2; }　　　　　　　　//條件不成立則執行敘述 2。

範例

```
void setup( )
{  }
void loop( )
{
    int a=3, b=2, c=0;      //宣告整數變數。
    if(a>b)                 //a 大於 b?
            c=a;            //若 a 大於 b，則 c=a。
    else                    //若 a 小於或等於 b。
        c=b;                //則 c=b。
}
```

結果

```
c=3
```

3. 條件控制指令：巢狀 if-else 敘述

　　如圖 3-6 所示巢狀 if-else 敘述，必須注意 if 與 else 的配合，其原則是 else 要與最接近且未配對的 if 配成一對。通常我們都是以 `tab` 定位鍵或空白字元來對齊配對的 if-else，才不會有錯誤動作出現。在 if 敘述內或 else 敘述內，如果只有一行敘述時，可以不用加大括號「{}」。但如果有一行以上敘述時，一定要加上大括號「{}」。

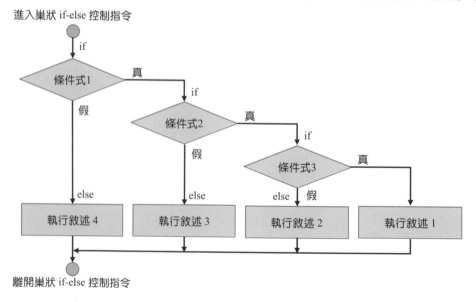

圖 3-6　巢狀 if-else 敘述

格式 if (條件 1)
    if (條件 2)
        if (條件 3) { 敘述 1; }   //條件 1、2、3 成立則執行敘述 1。
        else { 敘述 2; }   //條件 1、2 成立且條件 3 不成立。
    else { 敘述 3; }   //條件 1 成立且條件 2 不成立。
else { 敘述 4; }   //條件 1 不成立。

範例

```
void setup( )
{  }
void loop( )
{
    int score=75;
    char grade;
    if(score>=60)                    //成績大於或等於 60 分?
        if(score>=70)                //成績大於或等於 70 分?
            if(score>=80)            //成績大於或等於 80 分?
                if(score>=90)        //成績大於或等於 90 分?
                    grade='A';       //成績大於或等於 90 分，等級為 A。
                else                 //成績在 80~90 分之間。
                    grade='B';       //成績在 80~90 分之間，等級為 B。
            else                     //成績在 70~80 分之間。
                grade='C';           //成績在 70~80 分之間，等級為 C。
        else                         //成績在 60~70 分之間。
            grade='D';               //成績在 60~70 分之間，等級為 D。
    else                             //成績小於 60 分。
        grade='E';                   //成績小於 60 分，等級為 E。
}
```

結果

```
grade='C'
```

4. 條件控制指令：if-else if 敘述

如圖 3-7 所示 if-else if 敘述，必須注意 if 與 else if 的配合，其原則是 else if 要與最接近且未配對的 if 配成一對，通常我們都是以 ▉tab▉ 定位鍵或空白字元來對齊配對的 if-else，才不會有錯誤動作出現。在 if 敘述、else if 或 else 敘述內，如果只有一行敘述時，可以不用加大括號{}。但是一行以上敘述時，一定要加上大括號「{}」，否則在 if 敘述內只會執行第一行敘述，其餘敘述視為在 if 敘述外。

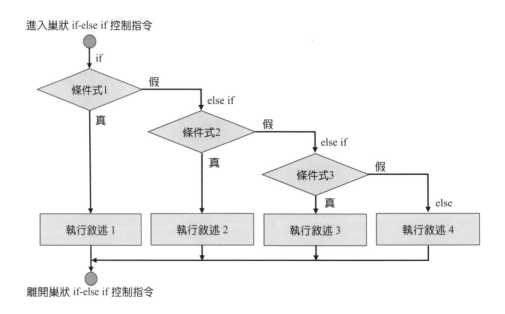

圖 3-7　if-else if 敘述

格式
```
if( 條件 1 )      { 敘述 1; }
else if ( 條件 2 ) { 敘述 2; }
else if ( 條件 3 ) { 敘述 3 ;}
else { 敘述 4; }
```

範例

`void setup( )`	
`{ }`	
`void loop( )`	
`{`	
`    int score=75;`	//成績。
`    char grade;`	//等級。
`    if(score>=90 && score<=100)`	//成績大於或等於 90 分？
`        grade='A';`	//成績大於或等於 90 分，等級為 A。
`    else if(score>=80 && score<90)`	//成績在 80~90 分之間？
`        grade='B';`	//成績在 80~90 分之間，等級為 B。
`    else if(score>=70 && score<80)`	//成績在 70~80 分之間？
`        grade='C';`	//成績在 70~80 分之間，等級為 C。
`    else if(score>=60 && score<70)`	//成績在 60~70 分之間？
`        grade='D';`	//成績在 60~70 分之間，等級為 D。
`    else`	//成績小於 60 分。
`        grade='E';`	//成績小於 60 分，等級為 E。
`}`	

結果

```
grade='C'
```

5. 條件控制指令：switch-case 敘述

　　如圖 3-8 所示 switch-case 敘述，與 if-else if 敘述類似，但 switch-case 敘述的格式較清楚而且有彈性。if-else if 敘述是二**選**一的程式流程控制指令，而 switch-case 則是**多選**一的程式流程控制指令。switch 以條件式運算的結果與 case 所指定的條件值比對，若與某個 case 中的條件值比對相同，則執行該 case 所指定的敘述，若所有的條件值都不符合，則執行 default 所指定的敘述。在 switch 內的條件式運算結果必須是整數或字元。如果要結束 case 中的動作，可以使用 break 敘述，但是一次只能跳出一層迴圈，如果要一次結束多個迴圈，可以使用 goto 指令，但程式的流程將變得更凌亂，所以應盡量**少用或不用 goto 指令**。

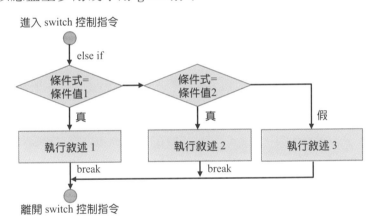

圖 3-8　switch-case 敘述

格式
```
switch（條件式）{
    case 條件值 1:
        敘述 1;            //條件式等於條件值 1 時，執行敘述 1。
        break;            //結束 switch 敘述。
    case 條件值 2:
        敘述 2;            //條件式等於條件值 2 時，執行敘述 2。
        break;            //結束 switch 敘述。
    default:
        敘述 n;    }       //所有的條件值都不等於條件式時，執行敘述 n。
```

範例

```
void setup( )
{  }
void loop(  )
{
      int score=75;                    //成績。
      int value;                       //整數數值。
      char grade;                      //等級。
      value=score/10;                  //取出成績十位數值。
      switch(value)                    //以成績十位數值作為判斷條件。
      {
          case 10:                     //成績為 100 分。
              grade='A';               //成績為 100 分，等級為 A。
              break;                   //結束迴圈。
          case 9:                      //成績大於或等於 90 分？
                grade='A';             //成績大於或等於 90 分，等級 A。
              break;                   //結束迴圈。
          case 8:                      //成績在 80~90 分之間？
                grade='B';             //成績在 80~90 分之間，等級 B。
              break;                   //結束迴圈。
          case 7:                      //成績在 70~80 分之間？
                grade='C';             //成績在 70~80 分之間，等級 C？
              break;                   //結束迴圈。
          case 6:                      //成績在 60~70 分之間？
                grade='D';             //成績在 60~70 分之間，等級為 D。
              break;                   //結束迴圈。
          default:                     //成績小於 60 分？
                grade='E';             //成績小於 60 分，等級為 E。
              break;                   //結束迴圈。
      }
}
```

結果

```
grade='C'
```

3-5-3　無條件跳躍指令

1. goto 敘述

　　goto 敘述可以結束所有迴圈的執行，但是為了程式的結構化，應盡量**少用** goto **敘述**，因為使用 goto 敘述會造成程式流程的混亂，使得程式閱讀更加困難。goto 敘述所指定的標記名稱必須與 goto 敘述在同一個函式內，不能跳到其他的函式內。標記名稱與變數寫法相同，唯一的區分是標記名稱後面須**再加上一個冒號**。

格式　goto 標記名稱

範例

```
void setup( )
{  }
void loop( )
{
    int i, j, k;                        //宣告整數變數 i,j,k。
    for(i=0;  i<1000;  i++)             //i 迴圈。
        for(j=0;  j<1000;  j++)         //j 迴圈。
            for(k=0;  k<1000;  k++)     //k 迴圈。
                if(analogRead(0)>500)   //類比接腳 0 讀值大於 500?
                    goto exit;          //讀值大於 500，結束 i,j,k 迴圈。
    exit:                               //標記 exit。
}
```

結果

若類比接腳 A0 讀值大於 500，則結束迴圈。

3-6　函式

　　所謂函式（function）是指將一些常用的敘述集合起來，並且以一個名稱來代表，如同在組合語言中的副程式。當主程式必須使用到這些敘述集合時，再去呼叫執行此函式，如此不但可以減少程式碼的重複，同時也增加了程式的**可讀性**。在呼叫執行函式前必須先宣告該函式，傳至函式的引數資料型態及函式傳回值的資料型態，都必須與函式原型定義的相同。

3-6-1 函式原型

　　所謂函式原型就是**指定傳至函式引數的資料型態與函式傳回值的資料型態**，函式原型的宣告包含函式名稱、傳至函式的引數資料型態及函式傳回值的資料型態。當被呼叫的函式必須傳回數值時，函式的最後一個敘述必須使用 return 敘述。使用 return 敘述有兩個目的：一是將控制權轉回給呼叫函式，另一是將 return 敘述後面小括號「( )」中的數值傳回給呼叫函式。return 敘述只能從函式傳回一個數值。

格式　傳回值型態 函數名稱 (引數 1 型態 引數 1，引數 2 型態 引數 2，…)

```
void func1(void);        //函式無傳回值，無引數。
void func2(char i);      //函式無傳回值，有 char 型態引數 i。
char func3(void);        //函式有 char 型態的傳回值，無引值。
char func4(char i);      //函式有 char 型態的傳回值及引數 i。
```

範例

```
void setup( )
{   }
void loop( )
{
    int x=5, y=6, sum;        //宣告整數變數 x=5,y=6,sum。
    sum=area(x, y);           //呼叫 area 函數。
}
int area(int x, int y)        //計算面積函式 area( )。
{
    int s;
    s=x*y;                    //執行 s=x*y 運算。
    return(s);                //傳回面積 s 值。
}
```

結果

```
sum=30。
```

3-7 陣列

所謂陣列（array）是指存放在連續記憶體中的一群**相同資料型態**的集合，陣列也如同變數一樣需要先宣告，編譯器才會知道陣列的資料型態及大小。陣列的宣告包含四個項目：

1. 資料型態：在陣列中每個元素的資料型態皆相同。

2. 陣列名稱：陣列名稱命名規則與變數宣告方法相同。

3. 陣列大小：陣列可以是多維的，但必須指定大小，編譯器才能為陣列配置記憶體空間。

4 陣列初值：與變數相同，可以事先指定初值或不指定。

3-7-1 一維陣列

前述使用變數宣告來定義變數名稱及其資料型態，一次只能記錄一筆資料，如果我們要記錄多筆資料時，就必須重複宣告變數並給予不同的變數名稱，程式將會變得冗長而且沒有效率。使用陣列可以記錄多筆相同資料型態的資料，但只需要宣告一個陣列名稱，再使用註標或稱為索引值（index）來存取陣列中的元素（element）。

如圖 3-9 所示一維陣列，以記錄五個學生的成績為例，陣列宣告為 student[5]={65,70,75,80,85}，索引的起始值由 0 開始，第 n 個元素為 student[n-1]，因此第 1 個元素為 student[0]=65、第 2 個元素為 student[1]=70、…、第 5 個元素為 student[4]=85。一維陣列使用**連續的記憶體空間**來存取資料。

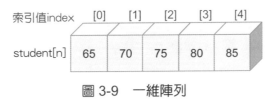

| 索引值index | [0] | [1] | [2] | [3] | [4] |

| student[n] | 65 | 70 | 75 | 80 | 85 |

圖 3-9　一維陣列

格式　資料型態 陣列名稱[陣列大小 n]={行 0 初值,行 1 初值,…, 行 n-1 初值};

範例

```
void setup( )
{  }
void loop( )
{
    int n;                      //陣列註標。
    int a[5]={1,2,3,4,5};       //宣告一維整數陣列。
}
```

結果

```
a[0]=1, a[1]=2, a[2]=3, a[3]=4, a[4]=5
```

3-7-2　二維陣列

　　二維陣列與一維陣列相同，都是使用連續的記憶體空間，只是使用較適合一般人直覺理解的二維方式來呈現資料。以記錄兩位學生四科成績為例，如果第一位學生四科成績分別為 60、70、80、90，第二位學生四科成績分別為 65、75、85、95。一維陣列宣告為 s[10]={1,60,70,80,90,2,65,75,85,95}，或是宣告為 s1[4]={60,70,80,90} 及 s2[4]={65,75,85,95}。二維陣列宣告為 s[2][4]={{60,70,80,90},{65,75,85,95}}，如圖 3-10 所示，第一位學生四科成績分別為 s[0][0]=60、s[0][1]=70、s[0][2]=80、s[0][3]=90，第二位學生四科成績分別為 s[1][0]=65、s[1][1]=75、s[1][2]=85、s[1][3]=95。

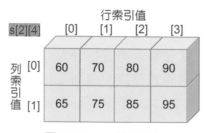

圖 3-10　二維陣列

格式　資料型態 陣列名[m][n]=
```
{    {第 0 行初值,第 1 行初值,…, 第 n-1 行初值},      //列 0 初值。
     {第 0 行初值,第 1 行初值,…, 第 n-1 行初值},      //列 1 初值。
                :
     {第 0 行初值,第 1 行初值,…, 第 n-1 行初值} };    //列 m-1 初值。
```

範例
```
void setup( )
{  }
void loop( )
{   int m,n;                              //陣列註標。
    int a[2][3]= { {0,1,2},{3,4,5}  };    //宣告二維整數陣列。
}
```

結果

```
a[0][0]=0, a[0][1]=1, a[0][2]=2, a[1][0]=3, a[1][1]=4, a[1][2]=5
```

3-7-3　以陣列傳引數

　　在前面章節中，我們將變數作為引數傳入函式中，是將變數的數值傳給函式，同時在函式中會另行再配置一個記憶體空間給這個變數，此種方法稱為**傳值呼叫**，傳值呼叫不會改變原變數的內含值。如果要將陣列資料傳入函數中，則必須傳給函式兩個引數：一為陣列的位址，一為陣列的大小，此種方法稱為**傳址呼叫**。當傳遞陣列給函式時，並不會將此陣列複製一份給函式，只是傳遞陣列的位址給函式，函式再利用這個位址與索引值去存取原來在主函式的陣列。傳址呼叫會改變原變數的內含值。

【範例】

```
void setup( )
{ }
void loop( )
{   int result;                        //宣告整數變數 result。
    int a[5]={1, 2, 3, 4, 5};          //宣告五個元素的整數陣列 a[5]。
    int size=5;                        //宣告整數變數 size。
    result=sum(a, size);               //傳址呼叫函式 sum。
      Serial.println(result);          //顯示結果。
}
int sum(int a[ ],int size)             //函數 sum。
{
    int i;                             //宣告整數變數 i。
    int result=0;                      //宣告整數變數 result。
    for(i=0; i<size; i++)
        result=result+a[i];            //計算陣列中所有元素的總和。
    return(result);                    //傳回計算結果。
```

【結果】

```
result=15
```

3-8 前置命令

前置命令類似組合語言中的**虛擬指令**，是針對編譯器所下的指令，Arduino 語言在程式編譯之前，會將程式中含有「#」記號的敘述先行處理，這個動作稱為前置處理，是由前置命令處理器（preprocessor）負責。前置命令可以放在程式的任何地方，但是**通常都放在程式的最前面**，方便管理檢視。

3-8-1 #define 前置命令

使用#define 前置命令可以定義一個**巨集名稱來代表一個字串**，這個字串可以是一個常數、運算式或是含有引數的運算式。當程式中有使用到這個巨集名稱時，前置處理器就會將這些巨集名稱以其所代表的字串來替換，使用愈多次的相同巨集名稱時，就會佔用更多的記憶體空間，但是函式只會佔用定義一次函式所需的記憶體空間。雖然巨集較佔用記憶體空間，但是執行速度較函式快。以老師的講義為例，巨集是學生需要時就影印一份，而函式則是學生需要時再向老師借用，不用時再歸還。

格式 #define 巨集名稱 字串

範例
```
#define PI 3.14159          //定義巨集 PI=3.14159。
#define  AREA(x)  PI*x*x     //定義巨集 AREA(X)=PI*x*x。
void setup( )
{  }
void loop( )
{
    float result=AREA(2);    //計算圓面積。
}
```

結果
```
result=12.57
```

3-8-2 #include 前置命令

使用#include 前置命令可以將一個標頭檔案載入至一個原始檔案中，標頭檔必須以 h 為附加檔名。在#include 後面的標頭檔有兩種敘述方式：一是使用雙引號「"」，另一是使用角括號「< >」。如果是以雙引號將標頭檔名包圍，則前置命令處理器會先從原始檔案所在目錄開始尋找標頭檔，找不到時再到其他目錄中尋找。若是以角括號將標頭檔名包圍，則前置命令處理器會先從**標頭目錄**中尋找。在 Arduino 語言中定義了一些實用的周邊標頭檔，以簡化程式設計，例如 EEPROM 記憶體（EEPROM.h）、伺服馬達（Servo.h）、步進馬達（Stepper.h）、SD 卡（SD.h）、LCD 顯示器（LiquidCrystal.h）、TFT 顯示器（TFT.h）、乙太網路（Ethernet.h）、Wi-Fi（WiFi.h）、SPI 介面（SPI.h）、I2C 介面（Wire.h）、聲音介面（Audio.h）、USB 介面（USBHost.h）等。

格式　#include　<標頭檔>
　　　　　#include　"標頭檔"

範例

```
#include <Servo.h>              //載入 Servo.h 標頭檔案。
Servo myservo;                  //定義 Servo 物件 myservo。
int pos = 0;                    //宣告一個整數變數 pos，存取伺服器轉動角度。
void setup( )
{
    myservo.attach(9);          //servo 連接至數位接腳 9。
}
void loop( )
{
    for(pos =0; pos<180; pos+=1)    //由 0°~180°每次轉動 1°。
    {
        myservo.write(pos);         //伺服器轉動至指定的角度。
        delay(15);                  //延遲 15ms。
    }
    for(pos=180; pos>=1; pos-=1)    //由 180°~0°每次轉動 1°。
    {
        myservo.write(pos);         //伺服器轉動至指定的角度。
        delay(15);                  //延遲 15ms。
    }
}
```

CHAPTER **4**

LED 控制實習

4-1 認識發光二極體

發光二極體（Light Emitter Diode，簡記 LED）的技術發展日益成熟，LED 常被製作成各種封裝方式，普遍應用於日常生活中。從小功率的家庭用照明燈，儀器與 3C 產品用指示燈、顯示屏。到大功率的醫用照明燈、病床燈，商用聚光燈、崁燈、條燈，交通用號誌燈、建築用景觀燈、戶外用太陽能燈、表演燈等，應用領域廣泛。

如圖 4-1 所示電磁波頻譜圖，LED 所發出的光是一種波長介於 380 奈米（nm）至 760 奈米（nm）之間的電磁波，屬於**可見光**。**LED 發光顏色與製造材料有關，而與工作電壓大小無關**，製造 LED 的主要半導體材料為砷化鎵（GaAs）、砷磷化鎵（GaAsP）或磷化鎵（GaP），常見的 LED 顏色有紅色、黃色、綠色、藍色、白色等，色彩三原色之紅光波長最長，其次為綠光，最短的為藍光。在可見光波長區間之外的為**不可見光**，例如紅外光及紫外光（UV）等。

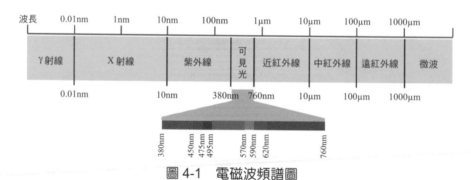

圖 4-1 電磁波頻譜圖

4-1-1 LED 發光原理

如圖 4-2 所示發光二極體，為 PN 二極體的一種，LED 的長腳為 **P 型**（positive，正），又稱為**陽極**（anode，簡記 A），短腳為 **N 型**（negative，負），又稱為**陰極**（cathode，簡記 K）。LED 的發光原理是利用外加順向偏壓，使其內部的電子、電洞漂移至接面附近結合後，再以光的方式釋放出能量。

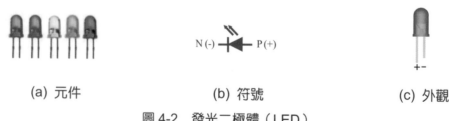

（a）元件　　　　　　　　（b）符號　　　　　　　　（c）外觀

圖 4-2 發光二極體（LED）

4-1-2　LED 測量方法

　　如圖 4-3 所示 LED 測量方法，首先將數位式三用電表切換至 ➤ 檔，將紅棒連接 LED 的 P 型接腳（長腳），黑棒連接 LED 的 N 型接腳（短腳），此時 LED 因**順偏而導通發亮**，同時電表顯示 LED 的導通電壓值。如果是使用指針式三用電表，必須切換至 R×1 歐姆檔，並且將黑棒（內接電池正端）連接 LED 的 P 型端，紅棒（內接電池負端）連接 LED 的 N 型端。

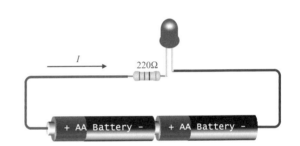

(a) 電表測量　　　　　　　　　　　　(b) LED 應用電路

圖 4-3　LED 測量方法

　　當 LED 外加順向偏壓導通發亮時，其導通電壓約在 **1.5V~2.0V** 之間，而其發光強度與順向電流成正比。因此，我們可以使用不同工作週期的脈寬調變信號（Pulse Width Modulation，簡記 PWM）來控制 LED 的發光強度，Arduino Uno 板數位腳 3、5、6、9、10、11 可以輸出 PWM 信號。

　　如圖 4-3(b) 所示 LED 應用電路，外加電壓必須大於 LED 導通電壓，同時串聯一個限流電阻，限制流過 LED 的電流，LED 才會導通發亮。如果限流電阻值太大，則流過 LED 的電流太小，LED 發光亮度不足。反之，如果限流電阻值太小，則流過 LED 的電流太大，LED 將會燒毀。一般設計 LED 的**順向電流約在 10mA~30mA 之間**，如以 Arduino Uno 板數位腳來驅動 LED，使用 220Ω或 330Ω的限流電阻即可。

4-1-3 串列式全彩 LED

有時候我們需要使用如圖 4-4 所示全彩 LED 來增加色彩的顯示效果，但一個全彩 LED 需要使用 Arduino 板三支輸出埠腳來控制紅（red，簡記 R）、綠（green，簡記 G）、藍（blue，簡記 B）三種顏色，對於 Arduino Uno 板而言，最多有 20 支數位腳 D0~D19，扣除 D0、D1 串列介面埠，也只能控制 6 個全彩 LED。

(a)　　元件外觀　　　　　　　　　　　(b)　　接腳

圖 4-4　全彩 LED

如圖 4-5(a) 所示由 WORLDSEMI 公司生產的串列式全彩 LED 驅動 IC WS2811，包含紅、綠、藍三個通道的 LED 驅動輸出 OUTR、OUTG、OUTB，每個顏色由 8 位元數位值控制，輸出不同脈寬的 PWM 信號產生 256 階顏色變化，因此每次傳入驅動 IC 的資料包含紅、綠、藍三色共 24 位元數位值。WS2811 有 400kbps 及 800kbps 兩種數據傳送速率，不需再外接任何電路，傳送距離可以達到 20 公尺。如圖 4-5(b) 所示 WS2812 是將驅動 IC WS2811 封裝在 5050 全彩 LED 中，如圖 4-5(c) 所示 **WS2812B 是 WS2812 的改良版**，亮度更高、顏色更均勻，同時也提高了安全性、穩定性及效率。

(a) WS2811　　　　　　　(b) WS2812　　　　　　　(c) WS2812B

圖 4-5　串列式全彩 LED 驅動 IC

1. 全彩 LED 應用電路

　　如圖 4-6 所示 WS2811 應用電路，使用串列通信傳輸。在通電重置後，DIN 腳接收從控制器傳送過來的數據，第一個傳送過來的 24 位元數據由第一個 WS2811 提取並閂鎖在內部閂鎖器（latch）中，其餘數據由內部整形電路整形放大後，經由 DO 腳輸出傳送給下一個 WS2811，餘依此類推。未接收到 50μs 以上的低電位 RESET 訊號時，OUTR、OUTG、OUTB 等輸出腳訊號維持不變。**當接收到 RESET 訊號後，WS2811 才會將接收到的 24 位元 PWM 信號分別輸出到 OUTR、OUTG、OUTB 腳。**

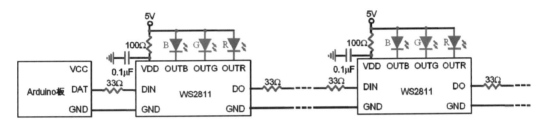

圖 4-6　WS2811 應用電路

2. 串列式全彩 LED 模組

　　串列式全彩 LED 常包裝成如圖 4-7 所示串列式全彩 LED 模組，以方便使用。常見的全彩 LED 模組有環形、方形及長條形等數量不同的包裝。可依實際使用場合選用合適包裝的產品，也可以購買 WS2812 串列式全彩 LED，自行組合成所需的數量及形狀。

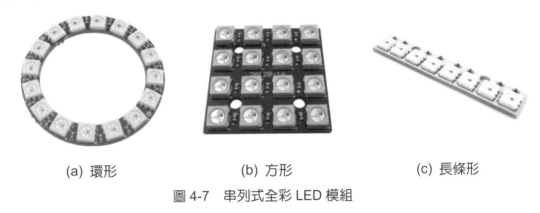

|(a) 環形|(b) 方形|(c) 長條形|

圖 4-7　串列式全彩 LED 模組

　　在使用 Arduino Uno 板控制串列式全彩 LED 模組之前，必須先安裝 Adafruit_NeoPixel 函式庫。如圖 4-8 所示開源代碼平台下載網址 https://github.com/ adafruit/Adafruit_NeoPixel。下載完成後，開啟 Arduino IDE，點選【草稿碼→匯入程式庫→加入.ZIP 程式庫…】將 **Adafruit_NeoPixel 函式庫**加入。

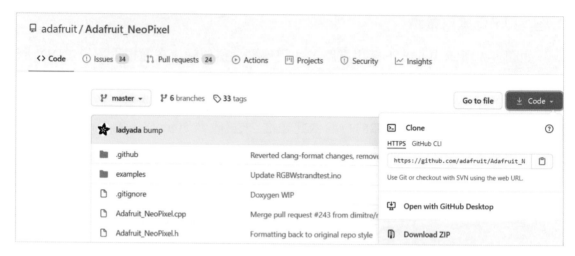

圖 4-8　串列式全彩 LED 函式庫下載網址

　　使用 Adafruit_NeoPixel 函式庫必須先指定一個物件（Object）名稱，設定方法如下所示。

格式 `Adafruit_NeoPixel 物件=Adafruit_NeoPixel (NUMPIXELS,PIN,TYPE)`

　　有三個參數必須設定，第一個參數 NUMPIXELS 為 16 位元無號整數，設定所使用串列式 **LED 數量**，如果設定值為 16，則 LED 編號為 0~15；第二個參數 PIN 為 8 位元無號整數，設定 Arduino 板所使用的**控制腳位**；第三個參數 TYPE 為 8 位元無號整號，設定 **LED 型別**，如表 4-1 所示 TYPE 參數設定說明，通常設定為 NEO_GRB+ NEO_KHZ800。例如我們使用 16 燈的串列式全彩 LED，並使用 Arduino 板的數位腳 2 來傳送 LED 資料位元流，則其指令格式如下：

格式 `Adafruit_NeoPixel pixels=Adafruit_NeoPixel (16,2,NEO_GRB+ NEO_KHZ800)`

表 4-1　Adafruit_NeoPixel( ) 函式庫的 TYPE 參數設定說明

Type 參數	說明
NEO_KHZ400	400 kHz 位元流(bitstream)。
NEO_KHZ800	800 kHz 位元流，多數 NeoPixel 產品使用。
NEO_GRB	GRB 位元流，多數 NeoPixel 產品使用。
NEO_RGB	RGB 位元流。

　　Adafruit_NeoPixel 函式庫可以使用如表 4-2 所示的方法（Method），使用指令格式為**物件.方法**，例如要初始化串列式全彩 LED，其指令格式如下：

格式 `pixels.begin( )`

表 4-2　Adafruit_NeoPixel( ) 函式庫的方法

方法 (Method)	說明
begin( )	初始化並將 LED 設置為關閉狀態。
setBrightness(n)	設定串列式全彩 LED 的亮度，n=0(最暗)~255(最亮)。
getBrightness( )	讀取串列式全彩 LED 的 8 位元亮度值 n。
setPixel Color(n,red,green,blue)	設定第 n 個 LED 位元的 R、G、B 顏色值。
getPixelColor(n)	讀取第 n 個 LED 位元的 32 位元顏色值=R×2^{16}+G×2^{8}+B。
Color(red,green,blue)	將 R、G、B 格式轉換成 32 位元顏色值=R×2^{16}+G×2^{8}+B。
numPixels( )	讀取先前設定的 LED 數量(16 位元無號整號)。
setPin(Pin)	設定 Arduino 板所使用的控制腳位。
getPin()	讀取 Arduino 板所使用的控制腳位。
show()	更新所設定第 n 個 LED 位元的顏色。

4-2　函式說明

4-2-1　setup( ) 函式

　　Arduino 原始設計目的是希望設計師、藝術師及其他非電子專業人士，都能透過 Arduino 所提供的技術，快速而且簡單的設計出與真實世界互動的應用。Arduino 的語法非常簡單，很類似 C / C++ 語法，包含兩個部分：一為 **setup( ) 函式**，一為 **loop( ) 函式**，與 C 語言最大不同處是：**Arduino 程式沒有 main( ) 主函式**。

　　Arduino 建立很多常用的函式庫，簡化煩雜的暫存器參數設定，只要了解函式的使用方法及參數設定，即可很快的完成實用電路設計。Arduino 的 setup( ) 函式只會在開機或重置時執行一次，主要用來初始化變數、定義接腳模式（輸入或輸出）、設定函式初值及參數等。

4-2-2　loop( ) 函式

　　Arduino 的 loop( ) 函式會重複執行在 loop 函式內的指令，以控制 Arduino 板完成所需的動作。如果只需執行一次的指令，可以放置在 setup( ) 函式中。

4-2-3　pinMode( ) 函式

Arduino 的 pinMode( ) 函式功用是**設定數位輸入 / 輸出腳（input/output，簡記 I/O）的模式**。函式有兩個參數，第一個參數 pin 是定義數位接腳編號，在 Arduino Uno 板上有編號 0~13 等 14 支數位 I/O 腳。第二個參數 mode 是設定接腳模式，包含 INPUT、INPUT_PULLUP 及 OUTPUT 三種模式，其中 INPUT 設定接腳為高阻抗（high-impedance）輸入模式，INPUT_PULLUP 設定接腳為內含上升電阻（internal pull-up resistors）輸入模式，而 OUTPUT 設定接腳為輸出模式。必須注意的是 Arduino 的函式有大小寫區別，因此**函式名稱或參數的大小寫都要相同**。

格式 `pinMode(pin, mode)`

範例

```
pinMode(2,INPUT);                 //設定數位接腳 D2 為高阻抗輸入模式。
pinMode(3,INPUT_PULLUP);          //設定數位接腳 D3 為內含上升電阻輸入模式。
pinMode(13,OUTPUT);               //設定數位接腳 D13 為輸出模式。
```

4-2-4　digitalWrite( ) 函式

Arduino 的 digitalWrite( ) 函式功用是**設定數位接腳的狀態**，函式的第一個參數 pin 是定義數位接腳編號，第二個參數 value 是設定接腳的狀態，有兩種狀態：一為高態（HIGH），另一為低態（LOW）。如果所要設定的數位接腳已經由 pinMode( ) 函式設定為輸出模式，則高態電壓為 5V (或 3.3V)，低態電壓為 0V。

格式 `digitalWrite(pin, value)`

範例

```
pinMode(13, OUTPUT);              //設定數位接腳 D13 為輸出模式。
digitalWrite(13, HIGH);           //設定數位接腳 D13 輸出高態電壓。
```

4-2-5　analogWrite( ) 函式

analogWrite( ) 函式功用是**輸出脈波調變訊號（Pulse Width Modulation，簡記 PWM）至指定接腳**，頻率大約是 500Hz。PWM 訊號可以用來控制 LED 的亮度或是直流馬達的轉速。在使用 analogWrite( ) 函式輸出 PWM 信號時，不需要先使用 pinMode( ) 函式設定接腳為輸出模式。

analogWrite( ) 函式有 pin 及 value 兩個參數必須設定，pin 參數設定 PWM 信號輸出腳，大多數的 Arduino 板使用 **3、5、6、9、10 和 11** 等接腳輸出 PWM 信號，

PWM 工作週期等於 $t_{on}/T \times 100\%$。value 參數設定 PWM 信號的脈波寬度 t_{on}，其值為 0~255，而 T 值固定為 255，因此直流電壓等於 $5V \times (value/255) \times 100\%$。

如圖 4-9 所示 PWM 信號，當 value=0 時，工作週期為 0%，直流電壓為 0；當 value=63 時，工作週期為 25%，直流電壓為 1.25V；當 value=127 時，工作週期為 50%，直流電壓為 2.5V；當 value=191 時，工作週期為 75%，直流電壓為 3.75V；當 value=255 時，工作週期為 100%，直流電壓為 5V。

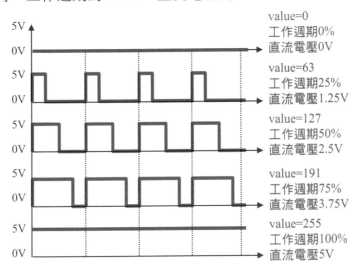

圖 4-9　PWM 信號

格式 `analogWrite(pin, value)`

範例

`analogWrite(5,127);` //輸出工作週期 50%的 PWM 信號至接腳 5。

4-2-6　delay( ) 函式

Arduino 的 delay( ) 函式功能是用來**設定毫秒延遲時間**，只有一個參數 ms，代表設定值為毫秒之意。ms 參數的資料型態為 unsigned long，可以設定範圍為 $0 \sim (2^{32} - 1)$，因此最大可以設定約 50 天的延遲（@石英晶體頻率 16MHz）。此函式沒有傳回值。

格式 `delay(ms)`

範例

`delay(1000);` //設定延遲 1 秒=1000 毫秒。

4-2-7　delayMicroseconds( ) 函式

Arduino 的 delayMicroseconds( ) 函式功用是**設定微秒延遲時間**，只有一個參數 μs，代表微秒之意。μs 參數的資料型態為 unsigned int，可以設定範圍為 $0\sim(2^{16}-1)$，因此最大可以設定約 65 毫秒的延遲（@石英晶體頻率 16MHz）。此函式沒有傳回值。

格式　`delayMicroseconds(μs)`

範例

```
delayMicroseconds(1000);          //設定延遲 1 毫秒=1000 微秒。
```

4-2-8　millis( ) 函式

Arduino 的 millis( ) 函式功用是**測量 Arduino 板從開始執行到目前為止所經過的時間，單位 ms**。這個函式沒有參數，但有一個傳回值，其資料型態為 unsigned long，可以測量範圍為 $0\sim2^{32}-1$，因此最大約 50 天（@石英晶體頻率為 16MHz）。

格式　`millis( )`

範例

```
unsigned long time;               //定義資料型態為 unsigned long 的變數。
time=millis( );                   //傳回 Arduino 板開始執行至目前為止的毫秒時間。
```

4-2-9　micros( ) 函式

Arduino 的 micros( ) 函式功用是**測量 Arduino 板開始執行至目前為止所經過的時間，單位 μs**。這個函式沒有參數，但有一個傳回值，其資料型態為 unsigned long，可以測量範圍為 $0\sim(2^{32}-1)$，最大約 70 毫秒（@石英晶體頻率為 16MHz）。

格式　`micros( )`

範例

```
unsigned long time;               //定義資料型態為 unsigned long 的變數。
time=micros( );                   //傳回 Arduino 板開始執行至目前為止的微秒時間。
```

4-3 實作練習

4-3-1 一個 LED 閃爍實習

一 功能說明

如圖 4-10 所示電路接線圖，利用 Arduino Uno 板控制一個 LED 閃爍，亮 1 秒、暗 1 秒。本例使用 Arduino Uno 板數位腳 D13 內接橙色 LED，如圖 4-10 標示「L」的位置。如您是從官方網站上購買 Arduino Uno 板，ATmega328P 微控制器已事先下載範例程式 Blink.ino，功能與本例相同。

二 電路接線圖

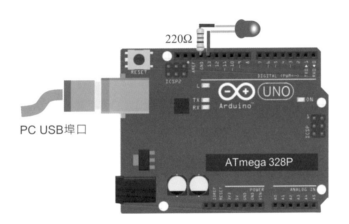

220Ω

PC USB埠口

ATmega 328P

圖 4-10　一個 LED 閃爍實習電路圖

三 程式：ch4_1.ino

```
const int led = 13;                    //LED 連接至數位接腳 D13。
//初值設定
void setup( )
{
    pinMode(led, OUTPUT);              //設定數位腳 13 為輸出模式。
    digitalWrite(led,LOW);            //關閉 LED。
}
//主迴圈
void loop( )
{   digitalWrite(led, HIGH);          //點亮 LED。
    delay(1000);                       //延遲 1 秒。
```

```
    digitalWrite(led,LOW);              //關閉 LED。
    delay(1000);                        //延遲 1 秒。
}
```

 練習

1. 設計 Arduino 程式，控制一個 LED 閃爍，0.5 秒亮、0.5 秒暗。
2. 設計 Arduino 程式，控制兩個 LED 交替閃爍，0.5 秒亮、0.5 秒暗。

4-3-2　四個 LED 單燈右移實習

一 功能說明

　　如圖 4-12 所示電路接線圖，利用 Arduino Uno 板數位腳 10~13 控制四個 LED，執行每秒單燈右移。如圖 4-11 所示 LED 單燈右移變化，每四次變化重複一個循環。N 值為整數，第 4N+1 次表示第 1、5、9、13 等狀態，第 4N+2 次表示第 2、6、10、14 等狀態，第 4N+3 次表示第 3、7、11、15 等狀態，第 4N+4 次表示第 4、8、12、16 等狀態。當 Arduino Uno 板輸出為高電位則 LED 點亮，當 Arduino Uno 板輸出為低電位則 LED 不亮。

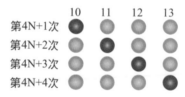

圖 4-11　LED 單燈右移變化

二 電路接線圖

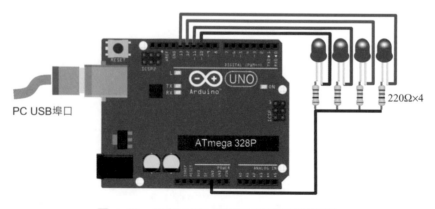

圖 4-12　四個 LED 單燈右移實習電路圖

三 程式：ch4_2.ino

```
int led[ ] = {10,11,12,13};        //四個 LED 連接至數位腳 10~13。
int i;                             //迴圈變數。
//初值設定
void setup( )
{
  for(i=0; i<4; i++)               //設定數位腳 10~13 為輸出模式。
    pinMode(led[i], OUTPUT);
}
//主迴圈
void loop( )
{
    for(i=0; i<4; i++)             //四個 LED 依序右移。
    {
        digitalWrite(led[i], HIGH);  //點亮 LED。
        delay(1000);                 //延遲 1 秒。
        digitalWrite(led[i], LOW);   //關閉 LED。
    }
}
```

練習

1. 設計 Arduino 程式，控制四個 LED 單燈左移。
2. 設計 Arduino 程式，控制四個 LED 單燈閃爍右移。

4-3-3 四個 LED 霹靂燈變化實習

一 功能說明

如圖 4-12 所示電路接線圖，利用 Arduino Uno 板數位腳 10~13，控制四個 LED 執行霹靂燈移位變化，每 0.5 秒變化一次狀態。如圖 4-13 所示霹靂燈變化，移位 8 次一個循環，N 值為整數。程式 ch4_3A 使用旗標判斷方法，當 LED 右移至最右邊則改變 LED 移位方向為左移，當 LED 左移至最左邊則改變 LED 移位方向為右移。程式 ch4_3B 使用查表方法，建立一個二維陣列表格儲存 LED 狀態。查表方法較旗標判斷方法簡單而且可以完成更複雜的變化，但佔用較多的記憶體空間。

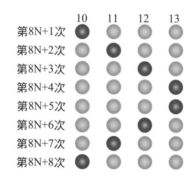

<table>
<tr><td></td><td>10</td><td>11</td><td>12</td><td>13</td></tr>
<tr><td>第8N+1次</td><td>●</td><td>○</td><td>○</td><td>○</td></tr>
<tr><td>第8N+2次</td><td>○</td><td>●</td><td>○</td><td>○</td></tr>
<tr><td>第8N+3次</td><td>○</td><td>○</td><td>●</td><td>○</td></tr>
<tr><td>第8N+4次</td><td>○</td><td>○</td><td>○</td><td>●</td></tr>
<tr><td>第8N+5次</td><td>○</td><td>○</td><td>○</td><td>○</td></tr>
<tr><td>第8N+6次</td><td>○</td><td>○</td><td>●</td><td>○</td></tr>
<tr><td>第8N+7次</td><td>○</td><td>●</td><td>○</td><td>○</td></tr>
<tr><td>第8N+8次</td><td>●</td><td>○</td><td>○</td><td>○</td></tr>
</table>

圖 4-13　四個 LED 執行霹靂燈變化

二 電路接線圖

如圖 4-12 所示電路。

三 程式：ch4_3A.ino

```
const int led[ ]={10, 11, 12, 13};    //四個 LED 連接至數位接腳 10~13。
int i;                                //LED 索引值。
int j=0;                              //LED 索引值。
int direct=0;                         //LED 移位方向控制。
//初值設定
void setup( )
{
    for(i=0; i<4; i++)
        pinMode(led[i], OUTPUT);      //設定數位接腳 10~13 為輸出模式。
}
//主迴圈
void loop( )
{
    for(i=0; i<4; i++)                //設定第 10~13 號數位腳輸出狀態為 LOW。
        digitalWrite(led[i],LOW);
    digitalWrite(led[j],HIGH);        //設定第 j 號數位腳輸出狀態為 HIGH。
    delay(200);                       //延遲 0.2 秒。
    if(direct==0)                     //LED 在右移位狀態？
    {
        if(j==3)                      //已右移至最右方？
            direct=1;                 //改為左移。
        else                          //尚未移至最右方。
            j=j+1;                    //繼續右移。
    }
```

```
        else                            //LED 在左移位狀態。
    {
        if(j==0)                        //已左移至最左方?
            direct=0;                   //改為右移。
        else                            //尚未移至最左方。
            j=j-1;                      //繼續左移。
    }
}
```

四 程式：ch4_3B.ino

```
const int led[ ]={10,11,12,13};      //使用數位腳 10~13。
int i, j;                            //迴圈變數。
const int ledmap[8][4]=
{  {1,0,0,0}, {0,1,0,0}, {0,0,1,0}, {0,0,0,1},   //8 種變化。
  {0,0,0,1}, {0,0,1,0}, {0,1,0,0}, {1,0,0,0},  };
//初值設定
void setup( )
{
    for(i=0;i<4;i++)                 //設定數位腳 10~13 為輸出埠。
        pinMode(led[i],OUTPUT);
}
//主迴圈
void loop( )
{
    for(i=0;i<8;i++)                 //8 種變化。
    {
        for(j=0;j<4;j++)             //4 個 LED。
        {
            if(ledmap[i][j]==1)      //如果資料為邏輯 1，則點亮 LED。
                digitalWrite(led[j],HIGH);
            else                     //如果資料為邏輯 0，則關閉 LED。
                digitalWrite(led[j],LOW);
        }
        delay(200);                  //移位間隔時間為 0.2 秒。
    }
}
```

練習

1. 設計 Arduino 程式,控制四個 LED 執行霹靂燈閃爍移位變化。
2. 設計 Arduino 程式,控制四個 LED 執行如圖 4-14 所示音量燈變化。

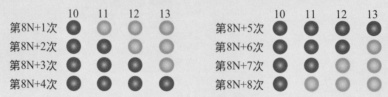

圖 4-14　音量燈變化

4-3-4　一個 LED 亮度變化實習

一 功能說明

　　如圖 4-15 所示電路接線圖,利用 Arduino Uno 板 PWM 訊號輸出接腳 6,控制一個 LED 亮度由最暗變化到最亮。在 Arduino Uno 板中有 3、5、6、9、10、11 等 6 支接腳可以輸出 PWM 訊號,當 PWM 訊號的工作週期愈大,平均直流電壓愈大,則 LED 愈亮。

二 電路接線圖

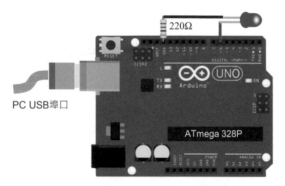

圖 4-15　一個 LED 亮度變化實習電路圖

三 程式:ch4_4.ino

```
const int led = 6;              //LED 連接至 PWM 信號輸出腳 6。
int brightness = 0;             //LED 的亮度。
int lighten = 5;                //LED 的亮度變化量。
//初值設定
void setup( )
```

```
{   }
//主迴圈
void loop( )
{
    analogWrite(led,brightness);          //設定 LED 亮度。
    if(brightness<250)                    //LED 未達最亮?
        brightness=brightness+lighten;    //設定 LED 的亮度。
    else                                  //LED 已達最大亮度,重設 LED 最暗。
        brightness=0;
    delay(50);                            //LED 亮度變化間隔 50ms。
}
```

練習

1. 設計 Arduino 程式,控制一個 LED 呼吸燈,使 LED 由最暗變化到最亮,再由最亮變化到最暗。
2. 設計 Arduino 程式,控制兩個 LED 執行四個 LED 右移呼吸燈變化。LED 連接在 3 及 5 兩支 PWM 信號腳。

4-3-5　四個 LED 單燈右移呼吸燈變化實習

功能說明

　　如圖 4-16 所示電路接線圖,利用 Arduino Uno 板控制四個 LED 執行右移呼吸燈變化。LED 連接在 3、5、6、9 等四支 PWM 訊號腳。

電路接線圖

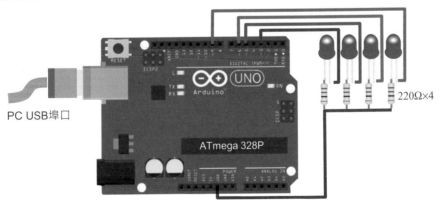

圖 4-16　四個 LED 單燈右移呼吸燈變化實習電路圖

程式：ch4_5.ino

```
const int led[ ] = {3, 5, 6, 9};   //使用3、5、6、9四支PWM腳控制四個LED亮度變化。
int brightness = 0;               //LED亮度。
int lighten = 5;                  //LED亮度變化量。
int direct=0;                     //direct=0由暗變亮，direct=1由亮變暗。
int i=0;                          //作用中的LED。
//初值設定
void setup( )
{  }
//主迴圈
void loop( )
{
    analogWrite(led[i], brightness);    //控制LED亮度。
    delay(10);                          //LED亮度變化間隔時間。
    if(direct==0)                       //由暗漸亮?
    {
        if(brightness<250)              //未達最大亮度?
            brightness = brightness + lighten;   //增加亮度。
        else                            //已達最大亮度。
            direct=1;                   //改變為由亮漸暗。
    }
    else
    {
        if(brightness>0)                //未達最小亮度?
        brightness = brightness - lighten;   //減少亮度。
        else                            //已達最小亮度。
        {
            direct=0;                   //改變為由暗漸亮。
            i++;                        //移位到下一個LED。
            if(i>=4)                    //已移位至最右邊的LED?
            i=0;                        //回到最左邊的LED。
        }
    }
}
```

練習

1. 設計 Arduino 程式,控制四個 LED 執行左移呼吸燈變化,每一個 LED 亮度由暗逐漸變亮,再由亮逐漸變暗。
2. 設計 Arduino 程式,控制四個 LED 執行左右來回呼吸燈變化。每一個 LED 亮度由暗逐漸變亮,再由亮逐漸變暗。

4-3-6　雨滴燈實習

功能說明

如圖 4-16 所示電路接線圖,利用 Arduino Uno 板控制四個 LED 執行如圖 4-17 所示右移雨滴燈變化。PWM 訊號接腳輸出不同工作週期訊號,即可控制 LED 的亮度。雨滴燈變化如同慧星,前頭最亮,亮度由頭至尾依序變暗。

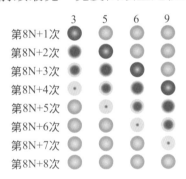

圖 4-17　四個 LED 雨滴燈變化

電路接線圖

如圖 4-16 所示電路。

程式:ch4_6.ino

```
const int led[ ] ={3, 5, 6, 9};        //LED 連接至 PWM 訊號輸出接腳。
int varNums, ledNums;                  //LED 變化狀態及亮度。
const int brightness[8][4]=            //LED 變化資料。
  { {250, 0, 0, 0},{100, 250, 0, 0},{50, 100, 250, 0},{5, 50, 100, 250},
    {0, 5, 50, 100},{0, 0, 5, 50},{0, 0, 0, 5},{0, 0, 0, 0} };
//初值設定
void setup( )
{  }
```

```
//主迴圈
void loop( ) {
    for(varNums=0; varNums<8; varNums++) {    //雨滴燈變化。
        for(ledNums=0; ledNums<4; ledNums++)
            analogWrite(led[ledNums], brightness[varNums][ledNums]);
        delay(100);
    }
}
```

練習

1. 設計 Arduino 程式，利用 Arduino Uno 板執行左移雨滴燈變化。
2. 設計 Arduino 程式，利用 Arduino Uno 板執行左右來回拖尾霹靂燈變化。先執行右移雨滴燈變化，再執行左移雨滴燈變化

4-3-7　串列式全彩 LED 顯示七彩顏色實習

◢ 功能說明

　　如圖 4-18 所示電路接線圖，使用 Arduino Uno 板，控制 16 位環形串列式全彩 LED 模組，**16 燈同時**依序顯示**紅**、**橙**、**黃**、**綠**、**藍**、**靛**、**紫**、白等八種顏色。

◢ 電路接線圖

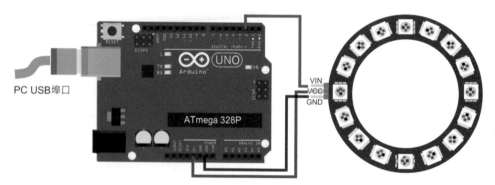

PC USB埠口

VIN
VCC
GND

圖 4-18　16 位元串列式全彩 LED 實習電路圖

◢ 程式：ch4_7.ino

```
#include <Adafruit_NeoPixel.h>        //使用 Adafruit_NeoPixel 函式庫。
#define PIN 2                         //使用 Arduino Uno 數位腳 2。
#define NUMPIXELS 16                  //16 位元串列式全彩 LED。
```

```
unsigned int brightness=255;            //最大亮度。
unsigned int rgb[ ][3]={{255,0,0},{255,127,0},{255,255,0},{0,255,0},
                                        //紅、橙、黃、綠。
                {0,0,255},{75,0,130},{143,0,255},{255,255,255}};
                                        //藍、靛、紫、白。
int i,j;                                //迴圈變數。
Adafruit_NeoPixel pixels = Adafruit_NeoPixel(NUMPIXELS,PIN,NEO_GRB +
NEO_KHZ800);
//初值設定
void setup( )  {
    pixels.begin( );                    //初始化串列式全彩 LED。
    pixels.setBrightness(brightness);   //設定 LED 亮度。
}
//主迴圈
void loop( )  {
    for(i=0;i<8;i++)  {
        for(j=0; j<NUMPIXELS; j++)
        {
            pixels.setPixelColor(j,rgb[i][0],rgb[i][1],rgb[i][2]);
                                        //設定 LED 顏色。
            pixels.show();              //更新 LED 顏色。
        }
        delay(1000);                    //間隔 1 秒，變換顏色。
    }
}
```

🌱 練習

1. 使用 Arduino Uno 板，控制 16 位環形串列式全彩 LED 模組，**單燈移位** 16 燈後，依序變化顯示紅、橙、黃、綠、藍、靛、紫、白等八種顏色。

2. 使用 Arduino Uno 板，控制 16 位環形串列式全彩 LED 模組，**依序點亮** 16 燈後，依序變化顯示紅、橙、黃、綠、藍、靛、紫、白等八種顏色。

延 伸 練 習

1. 順向偏壓：若在二極體的 P 型端加上電源電壓正極，N 型端加上電源電壓負極，二極體的空乏區寬度將會變小，使得大量的多數載子通過接面，形成順向電流 I_D。順向電流愈大，亮度愈強。

2. 逆向偏壓：若在二極體的 P 型端加上電源電壓負極，N 型端加上電源電壓正極，二極體的空乏區寬度將會變大，只有小量的少數載子通過接面，形成逆向電流 I_S。

3. 釋放能量：一般 PN 二極體的電子、電洞復合時，會以熱的形式釋放能量，發光二極體則是以光的形式釋放能量。如圖 4-19 所示常用 PN 二極體，有整流（rectify）二極體、稽納（zener）二極體、開關（switch）二極體等。整流二極體的功用是將交流電轉換成單向脈動直流電。稽納二極體的功用是穩壓，而高頻開關二極體用於高速交換電路。

(a) 整流二極體　　　　(b) 稽納二極體　　　　(c) 開關二極體

圖 4-19　常用 PN 二極體

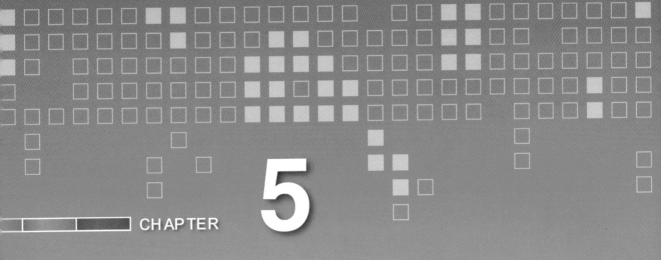

CHAPTER

5

開關控制實習

5-1 認識開關

　　開關的種類很多，主要用途是接通或斷開電路，當開關接通（ON）時，允許電流通過，反之當開關斷開（OFF）時，電路電流為零。如圖 5-1 所示常用機械開關，如**搖動開關**、**滑動開關**及**按鍵開關**等，都是利用金屬片接觸面與接點接觸而產生接通狀態。一般會在接點上電鍍抗腐蝕金屬，以避免因氧化物所產生的接點接觸不良現象，有時也會使用導電塑膠等非金屬接觸面導電材料，來提高接點接觸的可靠性。

(a) 搖動開關　　　　　(b) 滑動開關　　　　　(c) 按鍵開關

圖 5-1　常用機械開關

5-1-1　滑動開關

　　滑動開關依其結構可以分為**單刀單投**及**單刀雙投**兩種型式，如圖 5-1(b) 所示滑動開關屬於單刀雙投開關，如圖 5-2 所示指撥開關屬於單刀單投開關。

(a) 元件　　　　　　　　　　　　　　(b) 符號

圖 5-2　指撥開關

　　如圖 5-3 所示指撥開關電路，有兩種接線方式，如圖 5-3(a) 所示高電位產生電路，平時開關斷開，輸出電壓 $V_o = 0$，當開關接通，輸出電壓為 $V_o = +5V$。如圖 5-3(b) 所示低電位產生電路，平時開關斷開，輸出電壓 $V_o = +5V$，當開關接通，輸出電壓為 $V_o = 0$。本例使用低電位產生電路，並且使用 Arduino 輸出埠內接上升電阻。

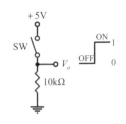

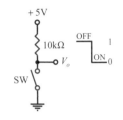

(a) 高電位產生電路　　　　　　　　(b) 低電位產生電路

圖 5-3　指撥開關電路

5-1-2　按鍵開關

有時候使用滑動開關在操作上不是很方便，如輸入電話號碼等，此時我們可以改用如圖 5-4 所示按鍵開關。按鍵開關的應用很廣泛，如電話按鍵、手機按鍵及電腦鍵盤等。但是必須消除按鍵開關的**機械彈跳**（bounce）現象，才不會造成誤動作。

(a) 元件　　　　　　　　　　　　　(b) 符號

圖 5-4　按鍵開關

如圖 5-5 所示按鍵開關電路，有兩種接線方式，圖 5-5(a) 為正脈波產生電路，平時開關斷開時，輸出電壓為 0，按下開關時，輸出電壓為 +5V。圖 5-5(b) 為負脈波產生電路，平時開關斷開時，輸出電壓為 +5V，按下開關時，輸出電壓為 0V。

(a) 正脈波產生電路　　　　　　　　(b) 負脈波產生電路

圖 5-5　按鍵開關電路

理想上每按一下按鍵開關，輸出只會產生一個脈波輸出。實際上開關會有機械彈跳的問題存在，也就是說按一下按鍵開關可能產生不固定次數的脈波輸出。如圖 5-6 所示脈波產生電路的機械彈跳現象，機械彈跳時間約在 **10ms~20ms** 之間。本例使用**延遲除彈跳程序**來解決機械彈跳問題，在開關穩定狀態下檢測狀態，以避免誤動作產生。**延遲除彈跳程序**簡單，但延遲時間過短則無法有效除彈跳，延遲時間過長則按鍵反應不敏靈。第 7 章會再介紹**高精準度除彈跳程序**來解決這個問題。

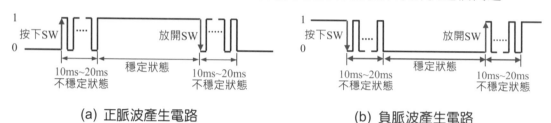

    (a) 正脈波產生電路   (b) 負脈波產生電路

圖 5-6 　脈波產生電路的機械彈跳現象

5-1-3 　矩陣鍵盤

如圖 5-7 所示 4×4 矩陣鍵盤，由 16 個常開型按鍵開關組合而成，每個開關有兩個接點，開關的第一個接點相互連接形成列（row，簡記 R），共有 R0~R3 四列，開關的第二個接點相互連接形成行（column，簡記 C），共有 C0~C3 四行。

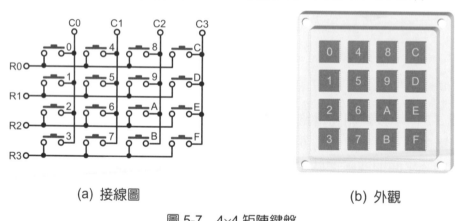

    (a) 接線圖   (b) 外觀

圖 5-7 　4×4 矩陣鍵盤

1. 矩陣鍵盤掃描原理

以圖 5-8 所示 4×4 矩陣鍵盤電路為例，在每列串接一個 10kΩ 上升電阻，或是利用 Arduino Uno 板內部的 20kΩ 上升電阻（**設定輸入模式為 INPUT_PULLUP**），將列輸入提升至高電位。每次只要掃描驅動 C0~C3 的其中一行為低電位，如同將該行接地，而保持其餘各行為高電位，再讀取目前所掃描驅動行的四個按鍵狀態。當該行的某個按鍵被按下時，所讀取的按鍵狀態為邏輯 0，否則為邏輯 1。

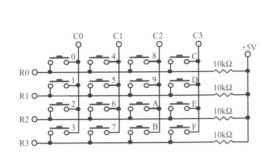
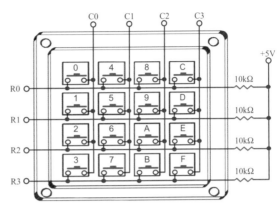

(a) 接線圖 (b) 元件

圖 5-8 4×4 矩陣鍵盤電路

送到 C0~C3 四行的掃描碼依序為 0111、1011、1101、1110，每輸出一次掃描碼到 C0~C3 等四行，Arduino Uno 控制板就讀取 R0~R3 四列的按鍵碼，最後再如表 5-1 所示矩陣鍵盤掃描碼及按鍵碼來決定按鍵值。

表 5-1 矩陣鍵盤掃描碼、按鍵碼及按鍵值對應關係

掃描碼	按鍵碼	按鍵值	掃描碼	按鍵碼	按鍵值
0111	0111	0	1101	0111	8
0111	1011	1	1101	1011	9
0111	1101	2	1101	1101	A
0111	1110	3	1101	1110	B
1011	0111	4	1110	0111	C
1011	1011	5	1110	1011	D
1011	1101	6	1110	1101	E
1011	1110	7	1110	1110	F

5-2　函式說明

5-2-1　digitalWrite( ) 函式

　　Arduino 的 digitalWrite( ) 函式功用是**設定數位接腳狀態**，函式的第一個參數 pin 是在定義數位接腳編號，第二個參數 value 是在設定接腳狀態，有兩種狀態：一為**高態（HIGH）**，另一為**低態（LOW）**。如果所要設定的數位接腳已經由 pinMode( ) 函式設定為輸入模式 INPUT，且寫入 digitalWrite( ) 函式的狀態為 HIGH 時，將會開啟該數位接腳的內部 20kΩ 上拉電阻。

格式　`digitalWrite(pin,value)`

範例

```
pinMode(2,INPUT);              //設定數位腳 D2 為輸入模式。
digitalWrite(2,HIGH);          //開啟數位腳內部上拉電阻。
pinMode(3,INPUT_PULLUP)        //設定數位腳 D3 為輸入模式且使用內部上拉電阻。
```

5-2-2　digitalRead( ) 函式

　　Arduino 的 digitalRead( ) 函式功用是**讀取所指定數位輸入腳的狀態**，函式只有一個參數 pin，用來定義數位接腳編號，有兩種輸入狀態：一為高態（HIGH），另一為低態（LOW）。

格式　`digitalRead(pin)`

範例

```
pinMode(13,INPUT);             //設定數位腳 D13 為輸入模式。
int val=digitalRead(13);       //讀取數位腳 D13 的輸入狀態並存入變數 val 中。
```

5-3　實作練習

5-3-1　一個指撥開關控制一個 LED 亮與暗實習

■ 功能說明

　　如圖 5-9 所示電路接線圖，使用一個單刀單投指撥開關控制一個 LED 亮與暗。當開關接通（ON）時，LED 亮；反之當開關斷開（OFF）時，LED 暗。

二 電路接線圖

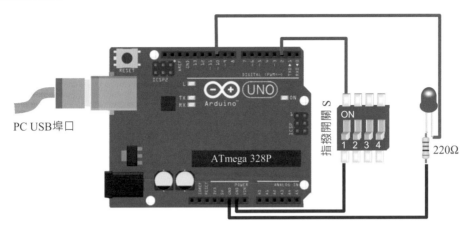

圖 5-9　一個指撥開關控制一個 LED 亮與暗實習電路圖

三 程式：ch5_1.ino

```
const int sw=2;                    //開關連接數位腳 2。
const int led=13;                  //LED 連接數位腳 13。
int val;                           //指撥開關狀態。
//初值設定
void setup( ) {
    pinMode(sw,INPUT_PULLUP);      //設定數位腳 D2 為輸入埠並使用內部上升電阻。
    pinMode(led,OUTPUT);           //設定數位腳 D13 為輸出埠。
}
//主迴圈
void loop( ) {
    val=digitalRead(sw);           //讀取指撥開關狀態。
    if(val==LOW)                   //開關接通？
        digitalWrite(led,HIGH);    //開關接通，點亮 LED。
    else                           //開關斷開。
        digitalWrite(led,LOW);     //關閉 LED。
}
```

練習

1. 設計 Arduino 程式，使用一個指撥開關控制一個 LED，當開關接通（ON）時，LED 每秒閃爍一次，當開關斷開（OFF）時，LED 關閉。
2. 設計 Arduino 程式，使用一個指撥開關控制一個 LED，當開關接通（ON）時，LED 每 0.5 秒快速閃爍一次，反之當開關斷開（OFF）時，LED 每秒慢速閃爍。

5-3-2 一個指撥開關控制四個 LED 單燈移位實習

一 功能說明

如圖 5-10 所示電路接線圖，使用一個指撥開關控制四個 LED 單燈移位。當開關斷開時，LED 單燈右移；當開關接通時，LED 單燈左移，每 0.5 秒變化 1 次。

二 電路接線圖

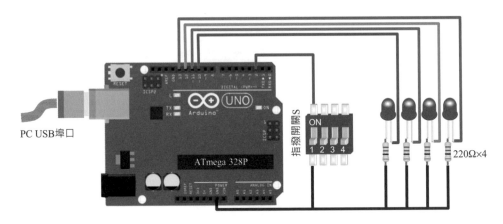

圖 5-10 一個指撥開關控制四個 LED 單燈移位實習電路圖

三 程式：ch5_2.ino

```
const int sw=2;                    //指撥開關連接至數位腳 D2。
const int led[ ]={10,11,12,13};    //四個 LED 連接至數位腳 10~13。
int i,j=0;                         //迴圈變數。
int val;                           //指撥開關狀態。
//初值設定
void setup( )
{
    pinMode(sw,INPUT_PULLUP);      //設定數位腳 2 為輸入埠，並內接上升電阻。
    for(i=0;i<4;i++)
        pinMode(led[i],OUTPUT);    //設定數位腳 10~13 為輸出埠。
}
//主迴圈
void loop( )
{
    val=digitalRead(sw);           //讀取指撥開關狀態。
    for(i=0;i<4;i++)               //關閉四個 LED。
        digitalWrite(led[i],LOW);
```

```
    if(val==HIGH)                            //指撥開關未接通?
    {
        digitalWrite(led[j],HIGH);           //單燈每 0.5 秒右移一次。
        delay(500);                          //移位間隔時間為 0.5 秒。
        if(j==3)                             //右移至最右邊?
            j=0;                             //回至最左邊。
        else                                 //未至最右邊。
            j=j+1;                           //右移至下一個燈。
    }
    else                                     //指撥開關接通。
    {
        digitalWrite(led[j],HIGH);           //單燈每 0.5 秒右移一次。
        delay(500);                          //移位間隔時間為 0.5 秒。
        if(j==0)                             //左移至最左邊?
            j=3;                             //回至最右邊。
        else                                 //未至最左邊。
            j=j-1;                           //左移至下一個燈。
    }
}
```

練習

1. 設計 Arduino 程式，使用一個指撥開關控制四個 LED 移位。當開關斷開（OFF）時，LED 每秒單燈閃爍右移一次；當開關接通（ON）時，LED 每秒單燈閃爍左移一次。
2. 設計 Arduino 程式，使用一個指撥開關控制四個 LED 移位。當開關斷開（OFF）時，LED 單燈右移；當開關接通（ON）時，目前的 LED 單燈閃爍。

5-3-3　一個按鍵開關控制一個 LED 亮與暗實習

功能說明

　　如圖 5-11 所示電路接線圖，使用一個按鍵開關控制一個 LED 亮與暗。每按一下按鍵開關，LED 改變 ON/OFF 狀態。若 LED 原來狀態為暗，按一下按鍵開關，LED 亮；反之若 LED 原來狀態為亮，按一下按鍵開關，LED 暗。

二 電路圖及麵包板接線圖

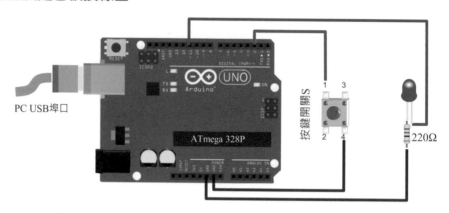

圖 5-11　一個按鍵開關控制一個 LED 亮與暗實習電路圖

三 程式：ch5_3.ino

```
const int sw=2;                       //按鍵開關連接至數位接腳 D2。
const int led=13;                     //LED 連接至數位接腳 D13。
const int debounceDelay=20;           //按鍵開關穩定所需的時間。
int ledStatus=LOW;                    //LED 初始狀態為 LOW。
int val;                              //按鍵開關狀態。
//初值設定
void setup( )
{
    pinMode(sw,INPUT_PULLUP);         //設定數位第 2 腳為輸入埠，並且使用內建上升電阻。
    pinMode(led,OUTPUT);              //設定數位腳 D13 為輸出模式。
}
//主迴圈
void loop( )
{
    val=digitalRead(sw);              //讀取按鍵開關狀態。
    if(val==LOW)                      //按下按鍵開關？
    {
        delay(debounceDelay);                 //消除按鍵開關的機械彈跳。
        while(digitalRead(sw)==LOW)           //按鍵開關已放開？
            ;                                 //等待放開按鍵開關。
        ledStatus=!ledStatus;                 //改變 LED 狀態。
        digitalWrite(led,ledStatus);          //設定 LED 狀態。
    }
}
```

練習

1. 設計 Arduino 程式,使用一個按鍵開關控制一個 LED 閃爍與暗。每按一下按鍵開關,LED 的狀態將會改變。若 LED 原來狀態為暗,按一下按鍵開關,LED 閃爍,若 LED 原來狀態為閃爍,按一下按鍵開關,LED 暗。
2. 設計一個調光燈,使用一個按鍵開關控制一個 D10 上 LED 亮度。LED 初始狀態不亮,按一下開關,LED 亮度增一級,按五次後 LED 最亮。再按一下開關 LED 不亮。

5-3-4 一個按鍵開關控制四個 LED 移位方向實習

一 功能說明

如圖 5-12 所示電路接線圖,使用一個按鍵開關控制四個 LED 移位方向。每按一下開關,LED 的改變移動方向。若 LED 原移動方向為單燈右移,按一下開關時,變為單燈左移;若 LED 原移動方向為單燈左移,按一下開關,變為單燈右移。

二 電路接線圖

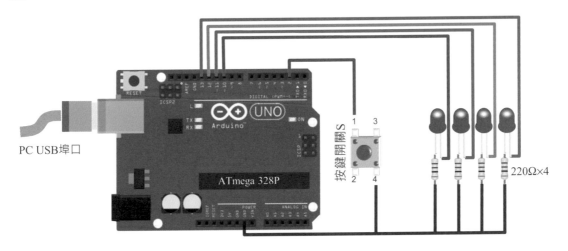

圖 5-12 一個按鍵開關控制四個 LED 左右移實習電路圖

三 程式:ch5_4.ino

```
const int sw=2;                    //按鍵開關連接至數位接腳 D2。
const int led[ ]={10,11,12,13};    //LED 連接至數位接腳 10~13。
const int debounceDelay=20;        //按鍵開關穩定所需的時間。
int val;                           //按鍵開關狀態。
int i;                             //迴圈變數。
```

```
int j=3;                              //指定第 j 個 LED。
int direct=0;                         //direct=0:右移，direct=1:左移。
//初值設定
void setup( )
{
    pinMode(sw,INPUT_PULLUP);         //設定數位腳 2 為輸入埠，並使用內建上升電阻。
    for(i=0;i<4;i++)
        pinMode(led[i],OUTPUT);       //設定數位接腳 10~13 為輸出埠。
}
//主迴圈
void loop( )
{
    val=digitalRead(sw);              //讀取按鍵開關狀態。
    if(val==LOW)                      //按下按鍵？
    {
        delay(debounceDelay);         //延遲 20ms，消除開關機械彈跳。
        while(digitalRead(sw)==LOW)   //按鍵已放開？
            ;
        direct=!direct;               //改變 LED 移動方向。
    }
    for(i=0;i<4;i++)
        digitalWrite(led[i],LOW);     //設定四個 LED 為不亮狀態。
    if(direct==0)                     //單燈左移？
    {
        digitalWrite(led[j],HIGH);    //設定第 j 個 LED 為點亮狀態。
        delay(500);                   //延遲 0.5 秒。
        if(j==0)                      //已左移至最左方？
            j=3;                      //重設 LED 位置在右方。
        else                          //未至最左方。
            j=j-1;                    //單燈左移至下一個 LED。
    }
    else                              //單燈右移。
    {
        digitalWrite(led[j],HIGH);    //設定第 j 個 LED 為點亮狀態。
        delay(500);                   //移位間隔時間為 0.5 秒。
        if(j==3)                      //已移至最右方？
            j=0;                      //重設 LED 位置在最左方。
        else                          //未至最右方，右移至下一個 LED。
            j=j+1;                    //未至最右方，右移至下一個 LED。
```

```
        }
    }
```

🌱練習

1. 設計 Arduino 程式，使用一個按鍵開關控制四個 LED 移位方向。每按一下開關，LED 的移動方向改變，若 LED 原移動方向為閃爍右移，按一下開關時，改為閃爍左移；若 LED 原移動方向為閃爍左移，按一下開關時，改為閃爍右移。
2. 設計 Arduino 程式，使用一個按鍵開關控制四個 LED。按一下按鍵開關，LED 單燈右移，再按一下按鍵開關，目前動作中的 LED 持續閃爍。

5-3-5　矩陣鍵盤控制串列全彩 LED 實習

🔲 功能說明

　　如圖 5-13 所示電路接線圖，使用一個 4×4 矩陣鍵盤，控制 16 位串列全彩 LED 的顯示狀態。矩陣鍵盤 0~9 及 A~F 分別對應全彩 LED 編號 0~15，按鍵控制相對應 LED 的 ON/OFF 狀態。

🔲 電路接線圖

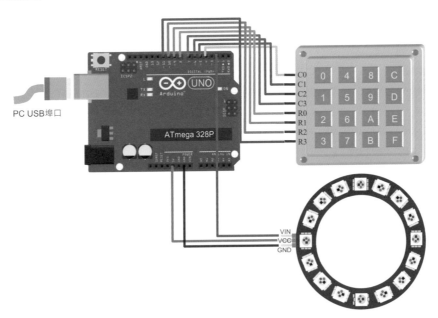

圖 5-13　矩陣鍵盤控制串列全彩 LED 實習電路圖

三 程式：ch5_5.ino

```
#include <Adafruit_NeoPixel.h>          //使用 Adafruit_NeoPixel 函式庫。
#define PIN 2                           //串列式全彩 LED 使用數位腳 D2 控制。
#define NUMPIXELS 16                    //16 位串列式全彩 LED 模組。
unsigned int brightness=255;           //最亮。
int i, j;                              //迴圈變數。
Adafruit_NeoPixel pixels = Adafruit_NeoPixel(NUMPIXELS,PIN,NEO_GRB +
NEO_KHZ800);
int ledNum=0;                          //LED 編號。
int ledStatus[16];                     //LED 狀態。
const int numCols=4;                   //矩陣鍵盤有 4 行。
const int numRows=4;                   //矩陣鍵盤有 4 列。
const int debounceDelay=20;            //消除機械彈跳的延遲時間。
const int col[ ]={4, 5, 6, 7};         //矩陣鍵盤 4 行連接至數位腳 4~7。
const int row[ ]={8, 9, 10, 11};       //矩陣鍵盤 4 行連接至數位腳 8~11。
const int keyMap[numRows][numCols]=    //定義矩陣鍵盤按鍵位置。
{ {0,4, 8,12}, {1,5, 9,13}, {2,6,10,14}, {3,7,11,15} };
//初值設定
void setup( )
{
    pixels.begin( );                    //初始化串列式全彩 LED 模組。
    pixels.setBrightness(brightness);   //設定 LED 亮度。
    for(i=0;i<numCols;i++)              //設定行掃描信號。
    {
        pinMode(col[i],OUTPUT);         //設定行為輸出埠。
        digitalWrite(col[i],HIGH);      //設定所有行掃描信號為高電位。
    }
    for(i=0;i<numRows;i++)             //設定列為輸入埠。
        pinMode(row[i],INPUT_PULLUP);   //使用內建上升電阻。
    for(i=0;i<NUMPIXELS;i++)           //關閉所有 LED。
        pixels.setPixelColor(i,0,0,0);  //不顯示。
    pixels.show( );                     //更新 LED 顯示狀態。
}
//主迴圈
void loop( )
{
    int key=getKey( );                  //讀取矩陣鍵盤狀態。
    if(key>=0 && key<=15)               //已有按鍵輸入？
    {
        ledStatus[key]=!ledStatus[key]; //改變相對應 LED 狀態。
```

```
        if(ledStatus[key]==0)                //LED 狀態為邏輯 0？
            pixels.setPixelColor(key,0,0,0); //關閉 LED。
        else                                 //LED 狀態為邏輯 1。
            pixels.setPixelColor(key,255,255,255); //點亮 LED。
        pixels.show( );                      //更新 LED 顯示狀態。
    }
}
//矩陣鍵盤掃描函式
int getKey( )                                //矩陣鍵盤掃描函式。
{
    int i,j;                                 //宣告區域整數變數。
    int key=-1;                              //清除鍵值。
    for(i=0;i<numCols;i++)                   //掃描 4 行。
    {
        digitalWrite(col[i],LOW);            //輸出低態掃描信號。
        for(j=0;j<numRows;j++)               //讀取掃描行的 4 個鍵值資料。
        {
        if(digitalRead(row[j])==LOW)         //按下按鍵？
        {
            delay(debounceDelay);            //消除機械彈跳。
            while(digitalRead(row[j])==LOW)  //按鍵未放開？
                ;                            //等待按鍵放開。
            key=keyMap[j][i];                //轉換鍵值。
        }
        }
        digitalWrite(col[i],HIGH);           //關閉掃描信號。
    }
    return(key);                             //傳回鍵值。
}
```

練習

1. 設計 Arduino 程式，使用一個 4×4 矩陣鍵盤按鍵 0~7，控制 16 位串列全彩 LED 模組的顯示狀態。按鍵功能說明如下表 5-2 所示。

表 5-2　按鍵功能說明

按鍵	功能	按鍵	功態
0	16 位 LED 全亮紅光	8	紅光單燈右旋一圈
1	16 位 LED 全亮橙光	9	橙光單燈右旋一圈
2	16 位 LED 全亮黃光	A	黃光單燈右旋一圈
3	16 位 LED 全亮綠光	B	綠光單燈右旋一圈
4	16 位 LED 全亮藍光	C	紅光單燈右旋一圈
5	16 位 LED 全亮靛光	D	靛光單燈右旋一圈
6	16 位 LED 全亮紫光	E	紫光單燈右旋一圈
7	16 位 LED 全亮白光	F	16 位 LED 全暗

延 伸 練 習

1. **矩陣鍵盤**：矩陣鍵盤的應用相當廣泛，例如計算機、自動櫃員機（ATM）、電腦鍵盤、收銀機等，都是利用多工掃描方式檢測按鍵狀態，再利用並列或串列方式將按鍵碼傳回微控制器處理。

2. **按鍵排列**：對於有 N 個按鍵的矩陣鍵盤，最佳的排列方式是**接近正方形**，例如 64 鍵矩陣鍵盤可以排列成 2×32、4×16、8×8 等方式，但所需控制腳不同，其中 2×32 排列需要 2+32=34 個 I/O 腳控制，4×16 排列需要 4+16=20 個 I/O 腳控制，而 8×8 排列只需要 8+8=16 個 I/O 腳控制即可。

CHAPTER

6

串列埠實習

6-1 認識串列通訊

在計算機的普及應用下，為了讓資源能夠共享，將彼此的電腦連接起來，藉由通訊協定（Protocol）連線傳送或接收訊息以達到資料傳輸的目的，稱為資料通訊或**數據通訊**。微電腦與周邊裝置的通訊介面（Communication port）主要有兩種：**並列**（parallel）介面與**串列**（serial）介面，並列介面一次可以傳輸 8 位元或更多位元的資料，而串列介面一次只能傳輸 1 位元的資料。雖然串列介面的傳輸速度比不上並列介面，但是串列介面所使用的傳輸線材較少，而且佈線也較整齊，現今資訊設備多採用串列介面。

6-1-1 RS-232 介面

在 USB 介面尚未普及之前，很多周邊裝置如滑鼠、數據機、搖桿、條碼掃描機等都是使用 RS-232C 介面。RS-232C 介面是由美國電子工業協會（Electronic Industries Association，簡記 EIA）制定的標準，是屬於串列介面的一種。EIA 另外還制定了 RS-422A 及 RS-485 等工業標準，電壓特性比較如表 6-1 所示。因為 RS-232C 與 TTL / CMOS 的邏輯準位不同，所以需要使用如 MAX232 等介面 IC 來轉換。

表 6-1　傳輸介面電壓特性比較

特性	TTL	CMOS	RS-232C	RS-422A	RS-485
低電位(LOW)	≤0.4V	≤0.05VDD	+5V~+15V	+2V~+6V	+2V~+6V
高電位(HIGH)	≥2.4V	≥0.95VDD	-5V~-15V	-2V~-6V	-2V~-6V

如圖 6-1 所示 RS-232C 介面，包含 9pin D 型接頭及 25pin D 型接頭兩種，因為 25pin D 型接頭較佔空間，現今僅存 9pin D 型接頭或完全被 USB 介面所取代。RS-232C 串列介面在電腦中的**代號是 COMnn**，其中 nn 是由電腦作業系統配置的裝置編號。

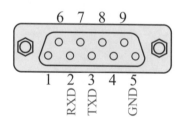

(a) 9 pin D 型接頭

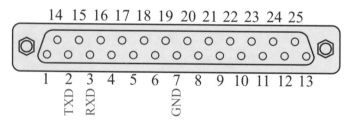

(b) 25 pin D 型接頭

圖 6-1　RS-232 介面

6-1-2　USB 介面

如圖 6-2 所示通用串列匯流排（Universal Serial Bus，簡記 USB），是由 Intel、Microsoft、Compaq 等幾家大廠所推動的一種串列介面標準，具有**隨插即用、熱插拔**等特性。所謂熱插拔就是在電腦開機的狀態下，就可隨插即用。USB 介面是目前在電腦上應用最廣泛的通訊介面，主要目的是在整合複雜的周邊連接埠成為單一標準，現今幾乎所有周邊裝置皆有支援 USB 介面。以 Arduino Uno 所使用的標準型 Type-A 為例，包含四條線，中間兩條線負責資料傳送與接收，兩邊兩條線為電源線與接地線，**USB 介面屬於串列介面的一種**，透過串聯方式最多可以串接 127 個裝置，具有速度快、連線簡單及不需要外接電源等優點。

早期 USB1.1 介面傳輸速度為 12Mbps，USB 2.0 可達 480Mbps，而 USB3.0 更可達 5Gbps。USB4.0 的傳輸速率為 40 Gbps 且 100%採用 Type-C 型式的接頭，連接無方向性，是目前功能最全、體積最小、速度最快的 USB 接口。

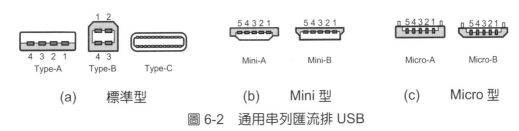

| (a)　標準型 | (b)　Mini 型 | (c)　Micro 型 |

圖 6-2　通用串列匯流排 USB

6-1-3　Arduino 串列介面

早期的 Arduino 板採用 RS-232 介面，現今皆採用 USB 介面，在 Arduino 板上的 USB 接頭旁邊有一個晶片負責 USB 介面與 TTL 介面的信號轉換。一個標準的 Arduino 板至少有一個硬體串列埠，使用數位 0（RXD：接收埠）及數位腳 1（TXD：傳送埠）與電腦連線互動。在 Arduino IDE 中內建序列埠監控程式（Serial Monitor）來顯示 Arduino 板所傳輸的文、數字資料內容。Arduino 提供 **Serial 串列函式庫，用來簡化串列通訊的複雜性**，使用者可以輕鬆使用 Serial 函式庫來設定連線，傳送及接收資料。

6-2　函式說明

6-2-1　Serial.begin( ) 函式

　　要建立一個串列通訊連線，必須有相同的**通訊協定**及**傳輸速率**。所謂「通訊協定」是指資料的傳輸格式，如圖 6-3 所示串列埠通訊協定，由 1 個開始位元、8 個資料位元及 1 個停止位元所組成。開始位元及結束位元皆為邏輯 1，資料位元視實際傳輸的位元內容，在閒置狀態下之埠腳為高阻抗。**傳輸速率**又稱為**鮑率（Baud rate）**，是指每秒中可以傳輸的單位，單位通常是指位元數。可以設定的傳輸速率為 300 bps 到 115200 bps 之間，在 Arduino 板中常見的傳輸速率選擇為 9600 bps。

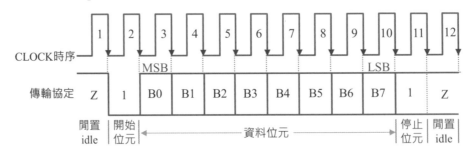

圖 6-3　串列埠通訊協定

　　我們可以點選【工具】【序列埠監控視窗】或按下 🔍 鈕，來開啟如圖 6-4 所示 Arduino IDE 內建序列埠通訊軟體 Serial Monitor。系統自動配置序列埠，此處為 COM3。

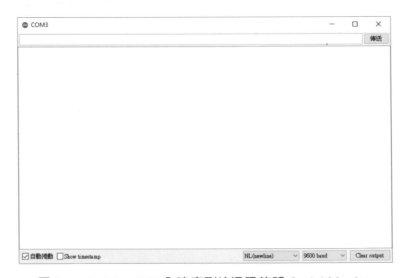

圖 6-4　Arduino IDE 內建序列埠通訊軟體 Serial Monitor

Serial Monitor 預設傳輸協定為 **1 個開始位元、8 個資料位元及 1 個停止位元、無同位元及 1 個停止位元**。可以設定的傳輸速率為 300、600、1200、2400、4800、9600、14400、19200、28800、38400、57600 或 115200 等 baud，預設值為 9600 baud。可使用 Serial.begin( ) 函式來設定傳輸速率，傳送與接收兩端要使用相同的速率，否則會出現亂碼或者什麼資料都沒有。傳輸速率由參數 speed 來設定，格式如下：

格式　`Serial.begin(speed)`

範例

```
Serial.begin(9600);              //設定傳輸速率為 9600bps。
```

6-2-2　Serial.print( ) 函式

為了讓不同電腦在讀取相同文件時不會有不同的結果與意義，現今採用最通用的單位元組電腦編碼系統，稱為**美國資訊交換標準代碼**（American Standard Code for Information Interchange，簡記 ASCII），ASCII 共定義 128 個字元如附錄 A 所示。

Serial.print( ) 函式的功用是**將 ASCII 文字或數值輸出到序列埠**，有兩個參數可以使用：第一個參數 val 設定所要輸出的文字或數值，第二個參數 format 設定數值的格式，有 BIN（二進位）、OCT（八進位）、DEC（十進位）及 HEX（十六進位）等四種數值格式可以選擇，預設輸出格式為十進位。如果 val 參數是實數，預設輸出兩位小數位數，可以使用 format 參數設定輸出小數的位數，並以四捨五入方式進位。

格式　`Serial.print(val)`
　　　　`Serial.print(val, format)`

範例

```
Serial.begin(9600);            //設定傳輸速率為 9600bps。
Serial.print('A');             //輸出字元 A。
Serial.print("Hello");         //輸出字串 Hello。
Serial.print(65，BIN);          //輸出數值 65 的二進位值 1000001。
Serial.print(65，OCT);          //輸出數值 65 的八進位值 101。
Serial.print(65，DEC);          //輸出數值 65 的十進位值 65。
Serial.print(65，HEX);          //輸出數值 65 的十六進位值 41。
Serial.print(12.3456);         //輸出數值 12.35（未設定 format 參數，預設取小數兩位）。
Serial.print(12.3456, 1);      //輸出數值 12.3。
Serial.print(12.3456, 2);      //輸出數值 12.35。
Serial.print(12.3456,3);       //輸出數值 12.346。
Serial.print(12.3456,4);       //輸出數值 12.3456。
```

6-2-3 Serial.println( ) 函式

Serial.println( ) 函式與 Serial.print( ) 函式有相同的格式，唯一不同的是：輸出 val 文字或數值資料結束後，再輸出一個歸位字元（ASCII 13 或 \r）與一個換行字元（ASCII 10 或\n），簡單來說就是在**輸出文字或數值資料結束後，游標移至下一列的開頭。**

格式
```
Serial.println(val)
    Serial.println(val, format)
```

6-2-4 Serial.write( ) 函式

Serial.write( ) 函式功用是**將 ASCII 文字或數值輸出到序列埠**，如果是設定 val 數值參數，輸出為數值的 ASCII 文字；如果是設定 str 字串參數，輸出為字串；如果是設定無號數字元（unsigned char）的 buf 陣列文字或數值資料，輸出為 ASCII 文字，長度由 len 參數決定。

格式
```
Serial.write(val)
    Serial.write(str)
    Serial.write(buf,len)
```

範例
```
byte buf[ ]={'1','2','3','4'};          //宣告緩衝區。
void setup( )
{
    Serial.begin(9600);                 //初始化序列埠，設定鮑率 9600bps。
}
void loop( )
{
    Serial.write(65);                   //輸出字元 A。
    Serial.write("ABC");                //輸出字元 ABC。
    Serial.write(buf,sizeof(buf));      //輸出字元陣列內容 1234。
    Serial.println( );
}
```

6-2-5　Serial.available( ) 函式

Serial.available( ) 函式功用是**取得序列埠所讀取到的位元組數目**，包含 0x0D 及 0x0A 兩個位元組。Serial.available( ) 函式沒有參數，傳回值為位元組數目。序列埠緩衝區最多可以儲存 64 位元組。

格式　`Serial.avaliable( )`

範例

```
int num=Serial.available( );      //取得序列埠所讀取到的位元組數目，存入 num 中。
```

6-2-6　Serial.read( ) 函式

Serial.read( ) 函式功用是**讀取電腦傳入的 8 位元數值資料**，沒有參數，傳回值為 8 位元數值資料。

格式　`Serial.read( )`

範例

```
char ch=Serial.read( );           //讀取電腦傳入的 8 位元數值資料，存入 ch 中。
```

6-3　實作練習

6-3-1　Arduino 板傳送訊息給電腦實習

一 功能說明

如圖 6-6 所示電路接線圖，Arduino 板透過序列埠，傳送 26 個大寫英文字母及 10 進 ASCII 碼訊息給電腦。使用 USB 接線將電腦與 Arduino 板連接，將程式上傳至 Arduino 板後，再開啟序列埠監控視窗來顯示如圖 6-5 所示序列埠監控視窗顯示傳送內容。本例使用 Serial.write() 函式顯示 A、B、C 等字元，使用 Serial.print( ) 及 Serial.println( ) 顯示字元 A、B、C 等字元相對應的 ASCII 碼 65、66、67 等。

圖 6-5　序列埠監控制視窗顯示傳送內容

二 電路接線圖

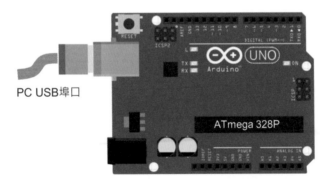

PC USB埠口

圖 6-6　Arduino 傳送訊息給電腦

三 程式：ch6_1.ino

```
byte val=65;                    //定義第一個字元大寫字母 A 的 ASCII 碼 val=65。
//初值設定
void setup( )
{
    Serial.begin(9600);         //初始化串列埠，設定鮑率為 9600bps。
}
//主迴圈
void loop( )
{
    for(int i=0;i<26;i++)       //26 個大寫英文字母。
```

```
    {
        Serial.write(val+i);      //輸出字母字元至電腦。
        Serial.print('=');        //輸出等號字元'='至電腦。
        Serial.println(val+i);    //輸出 ASCII 碼至電腦。
        delay(1000);              //延遲 1 秒後，再輸出下一個字母。
    }
}
```

練習

1. 設計 Arduino 程式，使用 Arduino 板傳送 26 個小寫英文字母及 10 進 ASCII 碼訊息至電腦，例如 a=97。
2. 設計 Arduino 程式，使用 Arduino 板傳送 26 個大寫英文字母及 16 進 ASCII 碼訊息至電腦，例如 A=41H。

6-3-2　Arduino 板傳送 LED 狀態給電腦實習

功能說明

如圖 6-8 所示電路接線圖，使用 Arduino 板控制四個 LED 每秒單燈右移一次，同時將四個 LED 狀態傳送至電腦。LED 亮時的狀態為邏輯 1，LED 暗時的狀態為邏輯 0。將 Arduino 與電腦連接，然後將程式上傳至 Arduino 板後，再開啟序列埠監控視窗來顯示如圖 6-7 所示 Arduino 板所傳送的四個 LED 狀態。

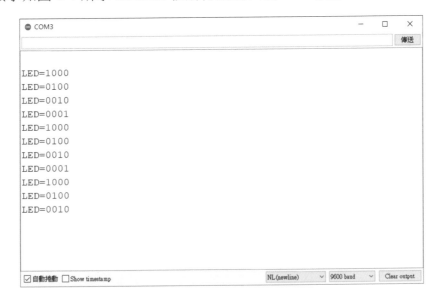

圖 6-7　四個 LED 狀態傳送至電腦

二 電路接線圖

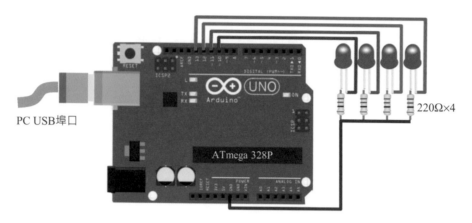

PC USB埠口

220Ω×4

ATmega 328P

圖 6-8　從 Arduino 板傳送 LED 狀態至電腦實習電路

三 程式：ch6_2.ino

```
int led[ ]={10,11,12,13};              //四個 LED 連接至數位腳 10~13。
int i, j;                              //迴圈變數。
//初值設定
void setup( )
{
    Serial.begin(9600);                //初始化序列埠，設定鮑率為 9600bps。
    for(i=0;i<4;i++)
        pinMode(led[i], OUTPUT);       //設定數位腳 10~13 為輸出模式。
}
//主迴圈
void loop( )
{
    for(i=0;i<4;i++)                   //四個 LED 單燈右移。
    {
        digitalWrite(led[i],HIGH);     //點亮 LED。
        Serial.print("LED=");          //序列視窗顯示字串"LED="。
        for(j=0;j<4;j++)               //序列視窗顯示四個 LED 狀態。
        {
            if(j==i)
                Serial.print("1");     //作用中的 LED 顯示邏輯 1。
            else
                Serial.print("0");     //非作用中的 LED 顯示邏輯 0。
        }
        Serial.println( );             //換列。
```

```
        delay(1000);                      //延遲 1 秒。
        digitalWrite(led[i], LOW);    //關閉作用中的 LED。
    }
}
```

練習

1. 設計 Arduino 程式，Arduino 板控制四個 LED 每秒單燈左移一次，同時將四個 LED 狀態傳送至電腦。當 LED 亮時，狀態為 HIGH；當 LED 暗時，狀態為 LOW。

2. 設計 Arduino 程式，設計 Arduino 程式，Arduino 板控制四個 LED 每秒單燈閃爍右移一次，同時將四個 LED 狀態傳送至電腦。當 LED 亮時，狀態為 HIGH；當 LED 暗時，狀態為 LOW。

6-3-3 Arduino 板接收電腦訊息實習

⬤ 功能說明

　　Arduino 板接收電腦訊息，並於序列埠監控視窗顯示 10 進 ASCII 碼。使用 USB 接線將 Arduino 板與電腦連接，然後將程式上傳至 Arduino 板後，接著開啟如圖 6-9 所示序列埠監控視窗。首先將序列埠監控視窗的換列設定為**沒有行結尾**，接著在傳送欄位以電腦鍵盤輸入大寫字母 A，按下序列埠監控視窗中的 傳送 鈕，或是按下電腦鍵盤 Enter ↵ 鍵，序列埠監控視窗就會顯示大寫字母 A 的 ASCII 碼。

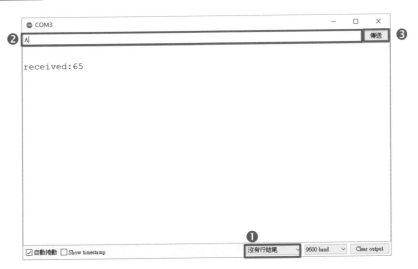

圖 6-9　Arduino 板接收電腦訊息

二 電路接線圖

如圖 6-6 所示電路圖。

三 程式：ch6_3.ino

```
int num = 0;                        //自串列埠中讀取可用位元組數目。
//初值設定
void setup( )
{
    Serial.begin(9600);             //初始化串列埠，設定傳輸速率為 9600。
}
//主迴圈
void loop( )
{
    if(Serial.available( )>0)       //是否至少有接收到一個可用的字元？
    {
        num=Serial.read();          //讀取字元資料。
        Serial.print("received:");  //輸出" received:"字串。
        Serial.println(num, DEC);   //輸出所讀取到的字元數值。
    }
}
```

練習

1. 設計 Arduino 程式，從 Arduino 板接收電腦訊息，並於 Serial Monitor 視窗顯示 16 進 ASCII 碼。例如輸入 A，顯示 41H。

2. 設計 Arduino 程式，從 Arduino 板接收電腦傳送訊息，並於 Serial Monitor 視窗顯示 所接收的字元。例如輸入 A，顯示 A。

6-3-4 電腦鍵盤控制 LED 閃爍速度實習

一 功能說明

如圖 6-10 所示電路接線圖，使用電腦鍵盤輸入鍵值 0~9 來控制 LED 閃爍速度。 鍵值 1 之 LED 閃爍速度為 100ms，鍵值 2 之 LED 閃爍速度 200ms，…，鍵值 9 之 LED 閃爍速度為 900ms，鍵值 0 之 LED 停止閃爍。

☰ 電路接線圖

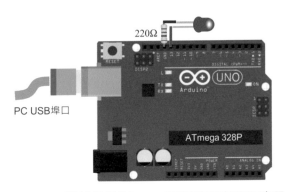

圖 6-10　電腦鍵盤控制 LED 閃爍速度實習電路圖

☰ 程式：ch6_4.ino

```
const int led=13;                      //LED 連接數位腳 13。
int key=0, flash=0 ;                   //按鍵值及 LED 閃爍速度。
void setup( ) {
    Serial.begin(9600);                //初始化序列埠，鮑率為 9600bps。
    pinMode(led, OUTPUT);              //設定數位腳 D13 為輸出模式。
    digitalWrite(led, LOW);           //關閉 LED。
}
void loop( )  {
    if (Serial.available( )>0)         //序列埠有按鍵資料?
    {
        key = Serial.read( );          //讀取序列埠按鍵值。
        key=key-'0';                   //將字元鍵值轉成數值鍵值。
        if(key>=0 && key<=9)           //鍵值為 0~9?
            keydata=key;               //儲存鍵值至 keydata。
    }
    if(keydata==0)                     //鍵值=0?
        digitalWrite(led, LOW);        //LED 停止閃爍。
    else
    {
        flash=keydata*100;            //設定 LED 閃爍速度。
        digitalWrite(led, HIGH);
        delay(flash);
        digitalWrite(led, LOW);
        delay(flash);
    }
}
```

練習

1. 設計 Arduino 程式，使用電腦鍵盤來控制 LED。鍵值 0：LED 不亮，鍵值 1：LED 亮，鍵值 2：LED 每 0.2 秒閃爍一次，鍵值 3：LED 每 1 秒閃爍一次。
2. 設計 Arduino 程式，使用電腦鍵盤來控制 LED 的亮度。鍵值 0：LED 不亮，鍵值 1：LED 最暗，鍵值 9：LED 最亮。（使用 PWM 信號輸出腳 10）

6-3-5　電腦鍵盤控制 LED 亮與暗實習

一 功能說明

　　如圖 6-12 所示電路接線圖，使用電腦鍵盤按鍵 0~3 分別控制四個 LED 的亮暗狀態，同時將 LED 目前狀態同步顯示於序列埠監控視窗中。

　　以按鍵 0 為例，按一下按鍵 0 則 LED0 亮，再按一下按鍵 0 則 LED 暗。如圖 6-11 所示為連續輸入 0、1、2、3 時，LED 顯示的狀態，1 表示 LED 亮，0 表示 LED 不亮。

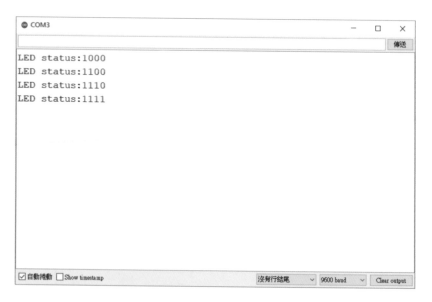

圖 6-11　序列埠監控視窗同步顯示 LED 目前狀態

⬛ 電路接線圖

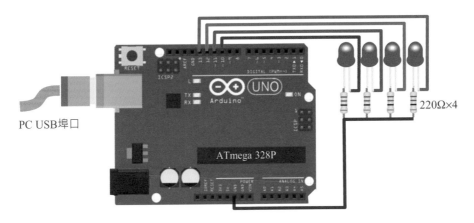

PC USB埠口

ATmega 328P

220Ω×4

圖 6-12　從 Arduino 板接收電腦訊息控制 LED 亮與暗實習電路圖

⬛ 程式：ch6_5.ino

```
int i;                              //陣列資料索引值。
int num;                            //鍵值。
int led[ ]={10,11,12,13};           //數位接腳 10~13 連接四個 LED。
int status[ ]={0,0,0,0};            //四個 LED 的狀態。
//初值設定
void setup( )
{
    Serial.begin(9600);             //初始化串列埠，設定鮑率為 9600bps。
    for(i=0;i<4;i++)                //設定數位接腳 10~13 為輸出模式。
        pinMode(led[i],OUTPUT);
    for(i=0;i<4;i++)                //設定 LED 初始狀態為暗。
        digitalWrite(led[i],LOW);
}
//主迴圈
void loop( )
{
    if(Serial.available( )>0)       //序列埠有資料?
    {
        num = Serial.read( );       //讀取按鍵值。
        num=num-'0';                //按鍵值轉成數值。
        if(num>=0 && num<=3)        //按 0~3 鍵?
        {
            status[num]=!status[num];       //改變 LED 狀態。
            digitalWrite(led[num], status[num]);        //更新 LED 顯示狀態。
```

```
            Serial.print("LED status : ");
            for(i=0;i<4;i++)              //序列埠監控視窗顯示 LED 狀態。
            {
                if(status[i]==1)
                    Serial.print("1");
                else
                    Serial.print("0");
            }
            Serial.println( );           //換列。
        }
    }
}
```

練習

1. 設計 Arduino 程式，使用電腦鍵盤按鍵 0~3 分別控制四個 LED 的亮暗狀態，同時將 LED 目前狀態將同步顯示於序列埠監控視窗中。以按鍵 0 為例，按一下按鍵 0 則 LED0 閃爍，再按一下按鍵 0 則 LED 暗。

2. 承上題，改用按鍵 A、B、C、D 來控制四個 LED 的亮暗狀態。

6-3-6　電腦鍵盤控制四個 LED 移位方向實習

一 功能說明

如圖 6-12 所示電路接線圖，使用電腦鍵盤控制四個 LED 的移位方向。按鍵 R 使 LED 每秒單燈右移一次，按鍵 L 使 LED 每秒單燈左移一次。

二 電路接線圖

如圖 6-12 所示電路。

三 程式：ch6_6.ino

```
int i;                                  //迴圈變數。
int j;                                  //作用中 LED 位置。
int key;                                //按鍵值。
int led[ ]={10,11,12,13};               //四個 LED 分別連接數位腳 10~13。
//初值設定
void setup( )
{
```

```
    Serial.begin(9600);                    //初始化序列埠，設定鮑率為 9600bps。
    for(i=0;i<4;i++)                       //設定數位腳 10~13 為輸出模式。
        pinMode(led[i],OUTPUT);
}
//主迴圈
void loop( )
{
    if (Serial.available( )>0)             //序列埠有資料?
        key = Serial.read( );              //讀取序列埠的按鍵值.
    if(key=='R' || key=='r')               //鍵值為 R 或 r?
    {
        j++;                               //LED 右移一位。
        if(j>3)                            //已移至最右邊?
            j=0;                           //重設 LED 在最左邊。
    }
    else if(key=='L' || key=='l')          //鍵值為 L 或 l?
    {
        j--;                               //LED 左移一位。
        if(j<0)                            //已移至最左邊?
            j=3;                           //重設 LED 在最右邊。
    }
    for(i=0;i<4;i++)                       //關閉所有 LED。
        digitalWrite(led[i],LOW);
    digitalWrite(led[j],HIGH);             //設定作用中 LED 為亮的狀態。
    delay(1000);                           //延遲 1 秒。
}
```

練習

1. 設計 Arduino 程式，使用電腦鍵盤控制四個 LED 的移位方向。按鍵 R：LED 每秒單燈右移一次，按鍵 L：LED 每秒單燈左移一次，按鍵 F：四個 LED 同時閃爍一次。
2. 設計 Arduino 程式，使用電腦鍵盤控制四個 LED 的移位方向。按鍵 R：LED 每秒單燈**閃爍**右移一次，按鍵 L：LED 每秒單燈**閃爍**左移一次，按鍵 F：四個 LED 同時閃爍一次。

延 伸 練 習

1. 單工（simplex）：只有傳送或接收的單一功能，例如：收音機只能接收信號，電台只能傳送信號。

2. 半雙工（half duplex）：同時具有傳送與接收的功能，但同一時間只能傳送或接收信號，無法同時做雙向的資料傳輸。例如警用對講機可雙方通話，但同一時間只能一方傳送信號、另一方接收信號。

3. 全雙工（full duplex）：同時具有傳送與接收的功能，且可以同時進行雙向資料傳輸，此種方式效率最高。例如電話可同時進行雙向通話。

七段顯示器實習

7-1　認識七段顯示器

如圖 7-1(a) 所示七段顯示器，由 8 個 LED 所組成，因此特性與 LED 相同。如圖 7-1(b) 所示七段顯示器正面腳位，**依順時針方向命名**為 a、b、c、d、e、f、g 及小數點 p。

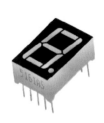

(a) 元件 　　　　　　　　　　　　　　　(b) 正面腳位

圖 7-1　七段顯示器

如圖 7-2 所示七段顯示器內部結構，可分成兩種型式：一為**共陽極**（common anode，簡記 CA）結構七段顯示器，各段陽極相連；一為**共陰極**（common cathode，簡記 CC）結構七段顯示器，各段陰極相連。

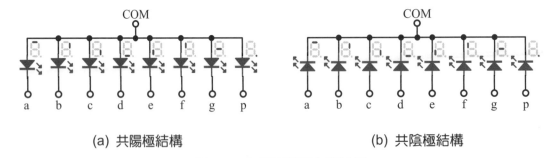

(a) 共陽極結構 　　　　　　　　　　　　(b) 共陰極結構

圖 7-2　七段顯示器內部結構

7-1-1　共陽極七段顯示器顯示原理

驅動共陽極七段顯示器的方法是將 COM 接腳加上+5V 電源，各段連接一個 220Ω限流電阻接地即會發亮，限流電阻是為了避免過大電流燒毀該段 LED。如表 7-1 所示共陽極七段顯示器 0~9 字型碼，使用 Arduino 板的 8 支輸出埠腳分別連接 a、b、c、d、e、f、g、p 等接腳，**輸出邏輯 1 則該段不亮，輸出邏輯 0 則該段點亮。**

表 7-1　共陽極七段顯示器 0~9 字型碼

字型	p	g	f	e	d	c	b	a	字型	p	g	f	e	d	c	b	a
0	1	1	0	0	0	0	0	0	5	1	0	0	1	0	0	1	0
1	1	1	1	1	1	0	0	1	6	1	0	0	0	0	0	1	0
2	1	0	1	0	0	1	0	0	7	1	1	1	1	1	0	0	0
3	1	0	1	1	0	0	0	0	8	1	0	0	0	0	0	0	0
4	1	0	0	1	1	0	0	1	9	1	0	0	1	0	0	0	0

7-1-2　共陰極七段顯示器顯示原理

　　驅動共陰極七段顯示器的方法是將 COM 接腳接地，各段連接一個 220Ω限流電阻接+5V 電源即會發亮，限流電阻是為了避免過大電流燒毀該段 LED。如表 7-2 所示共陰極七段顯示器 0~9 字型碼，使用 Arduino 板的 8 支輸出埠腳分別連接 a、b、c、d、e、f、g、p 等接腳，**輸出邏輯 1 則該段點亮，輸出邏輯 0 則該段不亮**。

表 7-2　共陰極七段顯示器字型碼

字型	p	g	f	e	d	c	b	a	字型	p	g	f	e	d	c	b	a
0	0	0	1	1	1	1	1	1	5	0	1	1	0	1	1	0	1
1	0	0	0	0	0	1	1	0	6	0	1	1	1	1	1	0	1
2	0	1	0	1	1	0	1	1	7	0	0	0	0	0	1	1	1
3	0	1	0	0	1	1	1	1	8	0	1	1	1	1	1	1	1
4	0	1	1	0	0	1	1	0	9	0	1	1	0	1	1	1	1

7-2　四連七段顯示器

如圖 7-3 所示四連七段顯示器，將四個七段顯示包裝在一起，可以減少電路板佈線的複雜度。四連七段顯示器**各段相同名稱的接腳連在一起**，而每一個七段顯示器都有一支驅動腳，由左而右依序為仟位數 D_3、佰位數 D_2、十位數 D_1 及個位數 D_0。

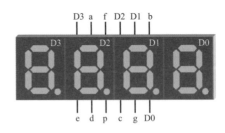

(a) 元件外觀　　　　　　　　　　(b) 正面接腳

圖 7-3　四連七段顯示器

7-2-1　多工掃描原理

Arduino Uno 板可用的數位腳包含 D0~D13 及 A0~A5（D14~D19）共 20 支，減去 D0、D1 當做串列通信介面 RX 及 TX，實際可用只有 18 支，最多也只能控制兩個七段顯示器。如果我們使用四連七段顯示器，就可以解決微控制器 I/O 腳不足的問題，但必須使用**多工掃描**的方式來輪流驅動每一個七段顯示器，才能顯示正確資料。

因為人眼的**視覺暫留**現象，畫面停留在視網膜的平均時間為 1/16 秒，約為 64ms。因此，我們可以使用多工掃描方式，在相同時間內只驅動一個七段顯示器，在小於視覺暫留時間內掃描完成所有的七段顯示器，人眼就會感覺是看到四位數同時顯示。對於四位數多工掃描而言，每一個七段顯示器的顯示時間選擇 2ms~5ms，就可以得到不錯的掃描顯示效果。使用**多工掃描的優點除了減少微控制器控制腳位需求外，還能減少功率消耗**。

1. 四位共陽多工掃描顯示原理

如圖 7-4 所示四連共陽多工掃描顯示原理，使用四個 **PNP 電晶體**當做開關，分別驅動一位七段顯示器，Arduino Uno 板輸出低電位驅動 PNP 電晶體的基極端，致使 PNP 電晶體導通，產生電流迴路供應七段顯示器。再輸出各段信號產生所需字型，當段信號為**低電位則 LED 點亮**，段信號為**高電位則 LED 不亮**。

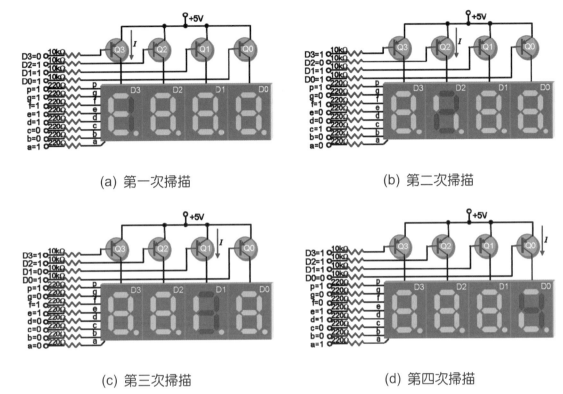

(a) 第一次掃描　　　　　　　　　　　　(b) 第二次掃描

(c) 第三次掃描　　　　　　　　　　　　(d) 第四次掃描

圖 7-4　四連共陽多工掃描顯示原理

　　以顯示數字 1234 為例，第一次掃描輸出段資料 pgfedcba=11111001B，並且致能 Q3 導通（**D3=0**），使千位數顯示器顯示數字 1。第二次掃描輸出段資料 pgfedcba=10100100B，並且致能 Q2 導通（**D2=0**），使百位數顯示器顯示數字 2。第三次掃描輸出段資料 pgfedcba=10110000B，並且致能 Q1 導通（**D1=0**），使十位數顯示器顯示數字 3。第四次掃描輸出段資料 pgfedcba=10011001B，並且致能 Q0 導通（**D0=0**），使個位數顯示器顯示數字 4。依序掃描千位數、百位數、十位數及個位數，**掃描四位顯示器的總時間，必須小於視覺暫留時間，才能看到完整畫面。**

2. 四位共陰多工掃描顯示原理

　　如圖 7-5 所示四位共陰多工掃描顯示原理，使用四個 **NPN 電晶體**當做開關分別驅動一位七段顯示器，Arduino Uno 板輸出高電位驅動 NPN 電晶體的基極，致使 NPN 電晶體導通，產生電流迴路供應七段顯示器。再輸出各段信號產生所需字型，當段信號為**高電位則 LED 點亮**，當段信號為**低電位則 LED 不亮**。

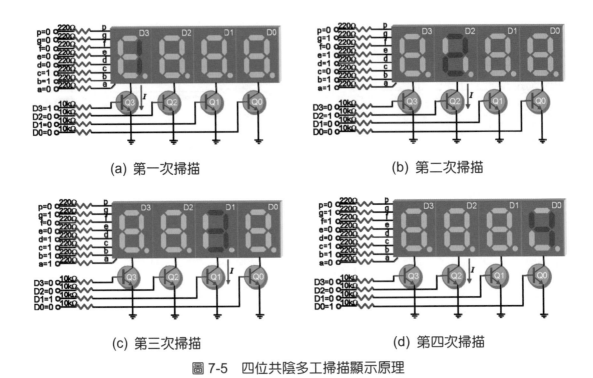

(a) 第一次掃描   (b) 第二次掃描

(c) 第三次掃描   (d) 第四次掃描

圖 7-5 四位共陰多工掃描顯示原理

以顯示數字 1234 為例,第一次掃描輸出段資料 pgfedcba=00000110B,並且致能 Q3 導通(**D3=1**),使千位數顯示器顯示數字 1。第二次掃描輸出段資料 pgfedcba=01011011B,並且致能 Q2 導通(**D2=1**),使百位數顯示器顯示數字 2。第三次掃描輸出段資料 pgfedcba=01001111B,並且致能 Q1 導通(**D1=1**),使十位數顯示器顯示數字 3。第四次掃描輸出段資料 pgfedcba=01100110B,並且致能 Q0 導通(**D0=1**),使個位數顯示器顯示數字 4。依序掃描千位數、百位數、十位數及個位數,**掃描四位顯示器的總時間,必須小於視覺暫留時間,才能看到完整畫面。**

7-3 串列式八位七段顯示模組

前節使用四連七段顯示器,雖然較單顆七段顯示器節省很多的數位腳使用,但已無多餘數位腳再供其他模組應用,例如按鍵開關或矩陣鍵盤。另外,如果程式因故沒有對四連七段顯示器進行多工掃描,顯示器將會無法正常顯示。

如圖 7-6(a) 所示串列式八位七段顯示模組,內部使用如圖 7-6(b) 所示MAX7219 IC,是一個傳輸速率 10MHz 的串列周邊介面(Serial Peripheral Interface,簡記 SPI)

驅動 IC，可以驅動**八個共陰極七段顯示器**，或是一個共陰極 **8×8 點矩陣 LED 顯示器**。MAX7219 的 DIG0~DIG7 腳位依序分別控制一位七段顯示器的電流迴路 COM 腳，八位七段顯示器由右而左依序為 DIG0、DIG1、DIG2、DIG3、DIG4、DIG5、DIG6 及 DIG7。另外，MAX7219 的 SEG DP、SEG A、SEG B、SEG C、SEG D、SEG E、SEG F、SEG G 則依序分別連接在七段顯示器的小數點 p 及 a、b、c、d、e、f、g 各段，其中 SEG DP 為 MSB 位元，SEG G 為 LSB 位元。**當 DIG 為低電位且 SEG 為高電位時，所對應七段顯示器位數的該段即會點亮。**

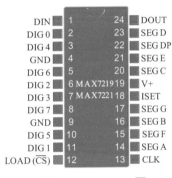

(a) MAX7219 接腳圖　　　　　　　(b) 顯示模組接腳圖

圖 7-6　串列式八位七段顯示模組

7-3-1　MAX7219 介面 IC

　　MAX7219 介面 IC 具有獨立的 LED 段驅動、150μA 低功率關機模式、顯示亮度控制、BCD 解碼器等功能。MAX7219 接腳功能說明如表 7-3 所示。

表 7-3　MAX7219 接腳功能說明

接腳	名稱	功能說明
1	DIN	串列資料輸入腳。在 CLK 脈波的正緣載入至 MAX7219 內部的 16 位元暫存器。
2,3,5~8,10,11	DIG0~DIG7	8 位驅動輸出腳，動作時輸出低電位，每支腳可以輸出 320mA，關閉時輸出高電位。
4,9	GND	接地腳。4 腳與 9 腳必須同時接地。
12	LOAD	致能腳。資料在 LOAD 信號的正緣被鎖定。
13	CLK	脈波輸入腳。最大速率為 10MHz，在脈波正緣，資料由 DIN 移入 MAX7219 內部暫存器，在脈波負緣，資料由 MAX7219 移出 DOUT。

接腳	名稱	功能說明
14~17,20~23	SEG A~SEG G ,SEG DP	7 段與小數點驅動輸出腳。動作時輸出高電位，每支腳可輸出 40mA，關閉時輸出低電位。
18	ISET	段驅動電流設定腳。ISET 腳連接一電阻 R 至電源腳 V+，電阻 R 值決定段驅動電流的大小。
19	V+	+5V 電源腳。
24	DOUT	串列資料輸出腳。DIN 的輸入資料經過 16.5 個 CLK 脈波後由 DOUT 輸出。主要是用來擴展多個 MAX7219 使用。

1. MAX7219 串列資料格式

如表 7-4 所示 MAX7219 串列資料格式，為一 16 位元暫存器，串列資料由 MSB 位元開始移入至 DIN 腳，並由 DOUT 腳移出。D15~D12 不使用，D11~D8 用來設定暫存器位址，而 D7~D0 為 8 位元資料。

表 7-4　MAX7219 串列資料格式

D15	D14	D13	D12	D11	D10	D9	D8	D7	D6	D5	D4	D3	D2	D1	D0
×	×	×	×	位址(ADDRESS)				資料(DATA)							

2. MAX7219 暫存器位址對映

如表 7-5 所示 MAX7219 暫存器位址對映，有 14 個暫存器，包含 Digit 0~Digit 7 等 8 個資料暫存器可以個別存取內部 8×8 SRAM 記憶體，以及解碼模式（Decode Mode）、亮度控制（Intensity）、掃描限制（Scan Limit）、關閉模式（Shutdown）、顯示測試（Display Test）等 5 個控制暫存器及 1 個不工作（No-Op）暫存器。

表 7-5　MAX7219 暫存器位址對映

暫存器	位址（ADDRESS）					16 進碼
	D15~D12	D11	D10	D9	D8	
No-Op	××××	0	0	0	0	0x00
Digit 0	××××	0	0	0	1	0x01
Digit 1	××××	0	0	1	0	0x02
Digit 2	××××	0	0	1	1	0x03
Digit 3	××××	0	1	0	0	0x04
Digit 4	××××	0	1	0	1	0x05

暫存器	位址（ADDRESS）					16 進碼
	D15~D12	D11	D10	D9	D8	
Digit 5	××××	0	1	1	0	0x06
Digit 6	××××	0	1	1	1	0x07
Digit 7	××××	1	0	0	0	0x08
Decode Mode	××××	1	0	0	1	0x09
Intensity	××××	1	0	1	0	0x0A
Scan Limit	××××	1	0	1	1	0x0B
Shutdown	××××	1	1	0	0	0x0C
Display Test	××××	1	1	1	1	0x0F

3. 暫存器功能說明

(1) 不工作（No-Op）

不工作（No-Op）暫存器位址為 0x00，當有多個 MAX7219 串接使用時，可以將所有 MAX7219 的 LOAD 腳連接在一起，再將相鄰的 DOUT 與 DIN 連接在一起。例如四個 MAX7219 串接使用時，如果要傳送資料給第四個 MAX7219，可以先傳送一位元組資料，後面緊接著傳送三組 No-Op 代碼，此時只有第四個 MAX7219 可以收到資料，其他三個 MAX7219 **接收到 No-Op 代碼，所以不會工作**。

(2) 解碼模式（Decode Mode）

如表 7-6 所示解碼模式（Decode Mode）暫存器，位址為 0x09，可以設定為 **BCD 解碼模式**（0~9、E、H、L、P 和−）或是**不解碼模式**。一般而言，驅動七段顯示器可以選擇 BCD 解碼模式或是不解碼模式。驅動 8×8 矩陣型 LED 顯示器則是選擇不解碼模式，使用多工掃描方式來顯示圖形。解碼模式暫存器中的每個位元對應一位數，**當位元值為 1 時，選擇 BCD 解碼模式，當位元值為 0 時，選擇不解碼**。

表 7-6　解碼模式（Decode Mode）暫存器：位址 0x09=9

解碼模式	暫存器資料（DATA）								16 進碼
	D7	D6	D5	D4	D3	D2	D1	D0	
不解碼	0	0	0	0	0	0	0	0	0x00
BCD 解碼 DIG 0~1	0	0	0	0	0	0	1	1	0x03
BCD 解碼 DIG 0~3	0	0	0	0	1	1	1	1	0x0F
BCD 解碼 DIG 0~7	1	1	1	1	1	1	1	1	0xFF

如表 7-7 所示 BCD 解碼（Code B）字型表，當選擇 BCD 解碼模式時，**只使用資料暫存器 D3~D0 四位元來解碼**，不考慮 D6~D4 位元。D7 位元與解碼無關，其功能在控制七段顯示器的小數點 DP 顯示與否，當 D7=1 時，DP=1 則顯示小數點，當 D7=0 時，DP=0 則不顯示小數點。

表 7-7　BCD 解碼字型表

BCD	暫存器資料 (DATA)						Segment=1：亮，Segment=0：暗						
	D7	D6~D4	D3	D2	D1	D0	DP	A	B	C	D	E	F	G
0	1/0	×××	0	0	0	0	1/0	1	1	1	1	1	1	0
1	1/0	×××	0	0	0	1	1/0	0	1	1	0	0	0	0
2	1/0	×××	0	0	1	0	1/0	1	1	0	1	1	0	1
3	1/0	×××	0	0	1	1	1/0	1	1	1	1	0	0	1
4	1/0	×××	0	1	0	0	1/0	0	1	1	0	0	1	1
5	1/0	×××	0	1	0	1	1/0	1	0	1	1	0	1	1
6	1/0	×××	0	1	1	0	1/0	1	0	1	1	1	1	1
7	1/0	×××	0	1	1	1	1/0	1	1	1	0	0	0	0
8	1/0	×××	1	0	0	0	1/0	1	1	1	1	1	1	1
9	1/0	×××	1	0	0	1	1/0	1	1	1	1	0	1	1
−	1/0	×××	1	0	1	0	1/0	0	0	0	0	0	0	1
E	1/0	×××	1	0	1	1	1/0	1	0	0	1	1	1	1
H	1/0	×××	1	1	0	0	1/0	0	1	1	0	1	1	1
L	1/0	×××	1	1	0	1	1/0	0	0	0	1	1	1	0
P	1/0	×××	1	1	1	0	1/0	1	1	0	0	1	1	1
blank	1/0	×××	1	1	1	1	1/0	0	0	0	0	0	0	0

(3) 關閉模式（Shutdown）

如表 7-8 所示關閉（Shutdown）模式控制暫存器，位址為 0x0C，在關閉模式下的**所有段輸出為 0，所有數字驅動輸出為+5V**，因此所有顯示器皆不亮。

表 7-8　關閉模式（Shutdown）暫存器：位址 0x0C=12

模式	D7	D6	D5	D4	D3	D2	D1	D0	16 進碼
關閉模式	×	×	×	×	×	×	×	0	0
正常模式	×	×	×	×	×	×	×	1	1

(4) 亮度控制（Intensity）

MAX7219 利用連接於 V+ 及 I$_{SET}$ 接腳間的電阻 R_{SET} 來**設定最大顯示亮度**，電阻最小值為 9.53kΩ（一般使用 10kΩ），所設定的最大段電流為 I_{SEG}=40mA。如表 7-9 所示亮度控制暫存器，位址為 0x0A，D7~D4 位元不用，利用 D3~D0 四個位元設定電流工作週期，來改變電流值由(1/16)I_{SEG}~(15/16)I_{SEG}，即可控制顯示器的亮度。

表 7-9　亮度控制（Intensity）暫存器：位址 0x0A=10

工作週期		暫存器資料 （Data）								16 進
MAX7219	MAX7221	D7	D6	D5	D4	D3	D2	D1	D0	
1/32	1/16	×	×	×	×	0	0	0	0	0x00
3/32	2/16	×	×	×	×	0	0	0	1	0x01
5/32	3/16	×	×	×	×	0	0	1	0	0x02
7/32	4/16	×	×	×	×	0	0	1	1	0x03
9/32	5/16	×	×	×	×	0	1	0	0	0x04
11/32	6/16	×	×	×	×	0	1	0	1	0x05
13/32	7/16	×	×	×	×	0	1	1	0	0x06
15/32	8/16	×	×	×	×	0	1	1	1	0x07
17/32	9/16	×	×	×	×	1	0	0	0	0x08
19/32	10/16	×	×	×	×	1	0	0	1	0x09
21/32	11/16	×	×	×	×	1	0	1	0	0x0A
23/32	12/16	×	×	×	×	1	0	1	1	0x0B
25/32	13/16	×	×	×	×	1	1	0	0	0x0C
27/32	14/16	×	×	×	×	1	1	0	1	0x0D
29/32	15/16	×	×	×	×	1	1	1	0	0x0E
31/32	15/16	×	×	×	×	1	1	1	1	0x0F

(5) 掃描限制（Scan Limit）

如表 7-10 所示掃描限制（Scan Limit）暫存器，位址為 0x0B，是用來**設定掃描顯示器的位數**，從 1 位到 8 位。以 8×fosc/N 的掃描速率來掃描，fosc=800Hz，N 為顯示器的位數。掃描位數將會影響顯示亮度，掃描位數愈多，顯示亮度愈暗，如果掃描位數在 3 位數以下，每個顯示器將會消耗過多功率，應該調整 R_{SET} 值來改變最大段電流 I_{SEG}，建議值如下：一位數 I_{SEG}=10mA，二位數 I_{SEG}=20mA，三位數 I_{SEG}=30mA，四位數以上 I_{SEG}=40mA。

表 7-10　掃描限制（Scan Limit）暫存器：位址 0x0B=11

掃描限制	D7	D6	D5	D4	D3	D2	D1	D0	16 進
顯示 DIG 0	×	×	×	×	×	0	0	0	0x00
顯示 DIG 0,1	×	×	×	×	×	0	0	1	0x01
顯示 DIG 0,1,2	×	×	×	×	×	0	1	0	0x02
顯示 DIG 0,1,2,3	×	×	×	×	×	0	1	1	0x03
顯示 DIG 0,1,2,3,4	×	×	×	×	×	1	0	0	0x04
顯示 DIG 0,1,2,3,4,5	×	×	×	×	×	1	0	1	0x05
顯示 DIG 0,1,2,3,4,5,6	×	×	×	×	×	1	1	0	0x06
顯示 DIG 0,1,2,3,4,5,6,7	×	×	×	×	×	1	1	1	0x07

(6) 顯示測試（Display Test）

　　如表 7-11 所示顯示測試（Display Test）暫存器，位址為 0x0F，是用來**測試所有顯示器是否正常**。在顯示測試模式下，所有段輸出為高電位，所有數字驅動輸出為低電位且驅動電流最大。

表 7-11　顯示測試（Display Test）暫存器：位址 0x0F=15

模式	D7	D6	D5	D4	D3	D2	D1	D0	16 進
正常模式	×	×	×	×	×	×	×	0	0x00
顯示測試模式	×	×	×	×	×	×	×	1	0x01

7-4　函式說明

7-4-1　bit( ) 函式

　　bit( ) 函式的功用是**計算某一個位元的數值**。只有一個參數 n，是用來指定所要計算的某一個位元加權值，傳回值等於位元 n 的加權值 2^n，例如位元 0 的加權值是 $2^0=1$，位元 3 的加權值是 $2^3=8$。

格式　bit(pin, mode)

範例

byte val;	//宣告資料型態 byte 的變數 val。
val=bit(3);	//傳回位元 3 的加權值 8。

7-4-2　bitRead( ) 函式

　　bitRead( ) 函式的功用是**讀取變數某一個位元的布林值**，不是 0 就是 1。有兩個參數必須設定，第一個參數 x 是變數本身，第二個參數 n 用來指定變數某一個位元的布林值，n=0 代表最小有效位元（Least Significant Bit，簡記 LSB）。

格式　`bitRead(x, n)`

範例

```
byte x=B01010101;          //設定變數 x 的初值。
bitRead(x,0);              //讀取變數 x 位元 0 的布林值等於 1。
```

7-4-3　bitWrite( ) 函式

　　BitWrite( ) 函式的功用是**將位元資料寫入變數的某一個位元中**。有三個參數必須設定，第一個參數 x 為變數本身；第二個參數 n 指定所要寫入變數的某一個位元，n=0 代表最小有效位元；第三個參數 b 指定寫入變數位元 n 的布林值，非 0 即 1。

格式　`bitWrite(x, n)`

範例

```
byte x=B11111111;          //宣告資料型態 byte 的變數 x 及其初值。
bitWrite(x,2,0);           //將布林值 0 寫入變數位元 2，執行後 x=B11111011。
```

7-4-4　bitSet( ) 函式

　　bitSet( ) 函式的功能是**將變數的某個位元布林值設定（set）為 1**。有兩個參數必須設定，第一個參數 x 為變數本身，第二個參數 n 指定變數所要設定的位元。

格式　`bitSet(x, n)`

範例

```
byte x=B00000000;          //宣告資料型態 byte 的變數 x 及其初值。
bitSet(x,0);               //執行後 x=B00000001。
```

7-4-5　bitClear( ) 函式

　　bitClear( ) 函式的功能是**將變數的某個位元布林值清除（clear）為 0**。有兩個參數必須設定，第一個參數 x 為變數，第二個參數 n 指定變數所要清除的位元。

格式 `bitClear(x, n)`

範例

`int x=B11111111;`	//宣告資料型態 int 的變數 x 及其初值。
`bitClear(x,3);`	//執行後 x=B11110111。

7-4-6　SPI 函式庫

　　Arduino 的 SPI 函式庫支援 SPI 通訊標準，讓我們可以很容易的使用 SPI 介面，來連結 Arduino 控制板與周邊裝置。Arduino Uno 板（主控裝置）的 SPI 介面 **SS**、**MOSI**、**MISO**、**SCK** 四條線分別連接在數位腳 **10**、**11**、**12**、**13**。Arduino Uno 板的數位腳 11、12、13 分別連接到每一個周邊裝置的 MOSI、MISO、SCK 三條線。如果是控制單一周邊裝置，只須將 Arduino Uno 板的數位腳 10 連接到周邊裝置的 SS 腳，即可致能或除能周邊裝置。

1. begin( ) 函式

　　begin( ) 函式的功用是初始化 SPI 介面，同時設定 SCK、MOSI、SS 等接腳為 OUTPUT 模式，其中 SCK 及 MOSI 腳輸出為 LOW，SS 腳輸出為 HIGH。建立微控制器與周邊裝置的 SPI 通信連線後，**Arduino Uno 數位接腳 11、12、13 就不可以再做為其他 I/O 使用**。另外，Arduino Uno 板的 SS 致能腳必須設定為 OUTPUT 模式，永遠保持 Arduino 微控制器為主設備。

格式 `SPI.begin( )`

範例

`#include <SPI.h>`	//使用 SPI 函式庫。
`SPI.begin( );`	//初始化 SPI。

2. end( ) 函式

　　end( ) 函式的功用是**禁用 SPI**，結束使用 SPI 介面後，Arduino Uno 數位接腳 11、12、13 即可以再當做其他 I/O 使用。

格式 `SPI.end( )`

範例

`#include <SPI.h>`	//使用 SPI 函式庫。
`SPI.end( );`	//禁用 SPI。

3. transfer( ) 函式

transfer() 函式的功用是**使用 SPI 介面傳送或接收一個位元組資料**，val 參數為所要傳送的位元組資料，傳回值為所接收的位元組資料。

格式　`SPI.transfer(val)`

範例

```
#include <SPI.h>                    //使用 SPI 函式庫。
SPI.transfer(10);                   //傳送位元組資料 10。
```

4. setBitOrder( ) 函式

setBitOrder() 函式的功用是**設定傳送或接收位元組的順序**，order 參數有 LSBFIRST 及 MSBFIRST 兩種選擇，LSBFIRST 表示由最低有效位元開始移位；MSBFIRST 表示由最高有效位元開始移位。大多數的 SPI 晶片都是使用 MSB 為第一個資料移位順序，因此 **Arduino 預設選擇為 MSBFIRST**。

格式　`SPI.setBitOrder(order)`

範例

```
#include <SPI.h>                    //使用 SPI 函式庫。
SPI.setBitOrder(LSBFIRST);          //由最低有效位元開始移位。
```

5. setClockDivider( ) 函式

setClockDivider() 函式的功用是設定**傳送或接收的速率**，divider 參數有 SPI_CLOCK_DIV2、SPI_CLOCK_DIV4、SPI_CLOCK_DIV8、SPI_CLOCK_DIV16、SPI_CLOCK_DIV32、SPI_CLOCK_DIV64 及 SPI_CLOCK_DIV128 等選擇。預設為 SPI_CLOCK_DIV4，使用 1/4 倍系統頻率速率，如果系統頻率為 16MHz，則速率為 4MHz。傳送或接收速率的設定與所使用的周邊裝置有關，**SPI 裝置最大速率為 4MHz**。

格式　`SPI.setClockDivider(divider)`

範例

```
#include <SPI.h>                        //使用 SPI 函式庫。
SPI.setClockDivider(SPI_CLOCK_DIV8);    //SPI 使用 2MHz 的傳輸速率。
```

6. setDataMode( ) 函式

setDataMode( ) 函式的功用是**設定傳送或接收脈波的極性與相位**，mode 參數有 SPI_MODE0、SPI_MODE1、SPI_MODE2、SPI_MODE3 等四種傳輸模式可以選擇。這些模式控制資料移入或移出時的脈波相位（正緣或負緣），以及在閒置（idle）狀態下的脈波極性（高準位或過低準）。因為 SPI 標準不是很嚴謹的，所以傳送或接收脈波的極性與相位，會因所使用的周邊裝置而有所不同。

格式　`SPI.setDataMode(mode)`

範例
```
#include <SPI.h>                   //使用 SPI 函式庫。
SPI.setDataMode(SPI_MODE0);        //選擇 MODE0 模式。
```

7-5　實作練習

7-5-1　一位七段顯示器顯示 0~9 計數實習

■ 功能說明

如圖 7-7 所示接線圖，使用 Arduino 板控制一位七段顯示器計數 0~9，每秒上數加 1。因為是使用共陽極七段顯示器，所以「com」腳必須連接至+5V 電源，再依表 7-1 所示，將 0~9 字型碼由數位接腳 D2~D9 輸出至顯示器。如果是使用共陰極七段顯示器，必須將「com」腳接地，再依表 7-2 所示，輸出字型碼至 D2~D9。

二 電路接線圖

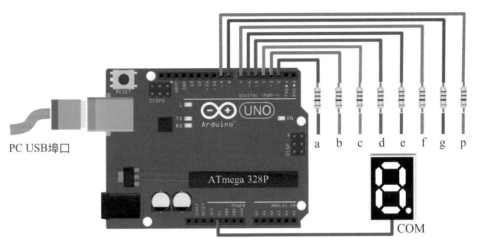

圖 7-7　一位七段顯示器顯示 0~9 計數實習電路圖

三 程式：ch7_1.ino

```
int i;                                    //數字碼 0~9 的索引值。
int j;                                    //位元 0~7 的索引值。
const byte num[10]=                       //0~9 顯示碼 pgfedcba。
    {   B11000000, B11111001, B10100100, B10110000, B10011001,   //0~4
        B10010010, B10000010, B11111000, B10000000, B10010000  };//5~9
const int seg[ ]={2,3,4,5,6,7,8,9}; //數位腳 2~9 連接 a、b、c、d、e、f、g、p。
//初值設定
void setup( )
{
    for(i=0;i<8;i++)
        pinMode(seg[i], OUTPUT);      //設定數位腳 2~9 為輸出模式。
}
//主迴圈
void loop( )
{
    for(i=0;i<10;i++)                      //數字 0~9。
    {
        for(j=0;j<8;j++)                   //位元 0~7。
        {
            if(bitRead(num[i], j))
                digitalWrite(seg[j], HIGH);  //設定顯示器該小段為 HIGH
            else
                digitalWrite(seg[j], LOW);   //設定顯示器該小段為 LOW
```

```
        }
        delay(1000);                    //顯示間隔 1 秒。
    }
}
```

練習

1. 設計 Arduino 程式，控制一位七段顯示器顯示 9~0，每秒下數減 1。
2. 設計 Arduino 程式，控制一位七段顯示器閃爍顯示 0~9，每秒上數加 1。

7-5-2　按鍵開關控制一位七段顯示器連續上下計數實習

一 功能說明

　　如圖 7-8 所示電路接線圖，使用按鍵開關控制一位七段顯示器上、下計數 0~9。每按一下開關，顯示器會改變計數狀態，若原先為自動上數，變為自動下數；若原先為自動下數，則變為自動上數。

二 電路接線圖

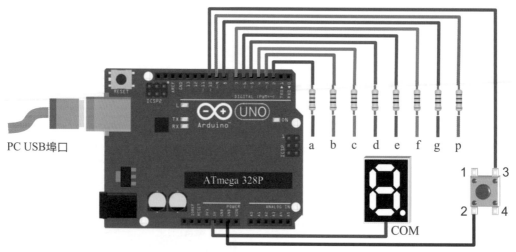

圖 7-8　按鍵開關控制一位七段顯示器上下數實習電路圖

程式：ch7_2.ino

```
int i;                        //段位元 0~7 索引值。
int key;                      //按鍵狀態。
int keyNums=0;                //按鍵次數。
int val=0;                    //計數值 0~9。
const int debounce=20;        //機械彈跳時間 20ms。
const byte num[10]={ B11000000,B11111001,B10100100,B10110000, B10011001,
                     B10010010,B10000010,B11111000,B10000000,B10010000 };
const int seg[ ]={2,3,4,5,6,7,8,9}; //D2~9 連接至 a、b、c、d、e、f、g、p 各段。
const int sw=10;              //數位腳 10 連接按鍵開關。
//初值設定
void setup( )
{
    pinMode(sw, INPUT_PULLUP);  //設定數位腳 10 為輸入埠且內建上升電阻。
    for(i=0;i<8;i++)            //設定數位腳 2~9 為輸出埠。
        pinMode(seg[i], OUTPUT);
}
//主迴圈
void loop( )
{
    key=digitalRead(sw);       //讀取按鍵狀態。
    if(key==LOW)               //按下按鍵?
    {
        delay(debounce);       //消除機械彈跳。
        while(digitalRead(sw)==LOW)  //按鍵未放開?
            ;                  //等待放開按鍵。
        keyNums++;             //記錄按鍵次數。
    }
    if(keyNums%2==0)           //按鍵次數為偶數?
    {
        val++;                 //執行上數 0~9 計數。
        if(val>9)              //計數值大於 9?
            val=0;             //重設計數值為 0。
    }
    else                       //按鍵次數為奇數。
    {
        val--;                 //執行下數 9~0 計數。
        if(val<0)              //計數值小於 0?
            val=9;             //重設計數值為 9。
    }
```

```
    for(i=0;i<8;i++)                        //更新七段顯示器顯示值。
    {
        if(bitRead(num[val],i))             //位元值為 1?
            digitalWrite(seg[i],HIGH);      //該段不亮。
        else                                //位元值為 0。
            digitalWrite(seg[i],LOW);       //該段點亮。
    }
    delay(1000);
}
```

練習

1. 設計 Arduino 程式，使用按鍵開關控制一位七段顯示器上、下計數 0~9。每按一下開關，顯示器會改變計數狀態，若原先為上數，變為下數；若原先為下數，變為上數。

2. 設計 Arduino 程式，使用按鍵開關控制一位七段顯示器，執行上、下計數 0~9 及停止計數等功能。顯示器初始值為 0 且停止計數，按第 1 次按鍵則顯示值每秒上數加 1，按第 2 次按鍵則顯示值每秒下數加 1，按第 3 次按鍵則停止計數，按第 4 次按鍵又重複上數計數，按第 5 次按鍵又重複下數計數。

7-5-3 按鍵開關控制一位七段顯示器單步上數計數實習

一 功能說明

　　如圖 7-8 所示電路接線圖，使用按鍵開關控制一位七段顯示器單步上數計數 0~9，每按一下按鍵，計數值才會上數加 1。在第 5 章按鍵開關控制實習使用**固定延遲（20ms）**來避開按鍵按下後的不穩定狀態（機械彈跳），以減少誤動作。因為不同按鍵的機械彈跳時間不同，過短的延遲時間無法消除機械彈跳，過長的延遲時間，又會造成按鍵反應不靈敏。

　　本節使用一種**高精準度軟體除彈跳**，其原理如圖 7-9 所示，使用 zero、one 兩個變數記錄按鍵狀態。其中 zero 記錄檢測低電位按鍵狀態次數，one 記錄檢測高電位按鍵狀態次數。當檢測到按鍵被按下時，設定 zero=1、one=0，開始進行除彈跳程序，每隔一段固定時間檢測一次按鍵狀態。若連續檢測到按鍵狀態與前次相同且為低電位，則 zero 累加。若連續檢測到按鍵狀態與前次相同且為高電位，則 one 累加。若檢測按鍵狀態由低電位變為高電位，則清除 zero=0 並設定 one=1；反之若檢測按鍵狀態由高電位變為低電位，則設定 zero=1 並清除 one=0。當**連續檢測到按鍵**

狀態為低電位的次數 zero=5 以上時，代表按下按鍵已經在穩定狀態；反之當連續檢測到按鍵狀態為高電位的次數 one=5 以上時，代表放開按鍵已經在穩定狀態。

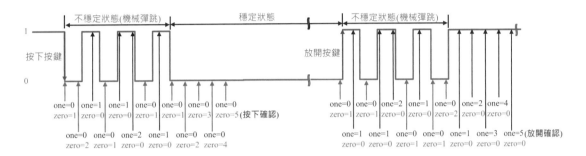

圖 7-9　高精準度軟體除彈跳的原理

二　電路接線圖

如圖 7-8 所示電路。

三　程式：ch7_3.ino

```
int i;                          //位元 0~7 索引值。
int key;                        //按鍵值，按下為 0，放開為 1。
int val=0;                      //計數值 0~9。
int one=0;                      //按鍵狀態為 1 的次數
int zero=0;                     //按鍵狀態為 0 的次數。
unsigned int keyData=1;         //已除彈跳鍵值。
const byte num[10]=
{ B11000000,B11111001,B10100100,B10110000,B10011001,    //0~4
  B10010010,B10000010,B11111000,B10000000,B10010000 };  //5~9
const int seg[ ]={2,3,4,5,6,7,8,9};
                                //數位腳 2~9 連接至 a、b、c、d、e、f、g、p 段。
const int sw=10;                //數位腳 10 連接按鍵開關。
void keyScan(void);             //宣告 keyScan( ) 函式。
//初值設定
void setup( )
{
    pinMode(sw, INPUT_PULLUP);  //設定數位腳 10 為輸入埠，並使用內部上升電阻。
    for(i=0;i<8;i++)            //設定數位腳 2~9 為輸出埠。
        pinMode(seg[i], OUTPUT);
}
//主迴圈
void loop( )
```

```arduino
{
    keyScan( );                              //讀取按鍵狀態。
    if(keyData==0)                           //按鍵值(已除彈跳)為低電位?
    {
        keyData=1;                           //清除按鍵值。
        val++;                               //計數值單步上數加1。
        if(val>9)                            //計數值大於9?
            val=0;                           //清除計數值為0。
    }
    for(i=0;i<8;i++)                         //更新七段顯示器顯示值。
    {
        if(bitRead(num[val], i))             //段資料為邏輯1?
            digitalWrite(seg[i], HIGH);      //段資料為邏輯1,設定該段不亮。
        else                                 //段資料為邏輯0。
            digitalWrite(seg[i], LOW);       //段資料為邏輯0,設定該段點亮。
    }
}
//按鍵掃描函式
void keyScan(void)  {                        //消除機械彈跳函式。
    key=digitalRead(sw);                     //讀取按鍵值。
    if(key==LOW)                             //按鍵狀態為低電位?
    {
        one=0;                               //清除one=0。
        if(zero<5)                           //按下按鍵尚未穩定?
        {
            zero+=1;                         //zero加1。
            if(zero==5)                      //按下按鍵已在穩定狀態?
                keyData=0;                   //儲存確認的按下按鍵值。
        }
    }
    one+=1;                                  //one加1。
    if(one==5)                               //放開按鍵已在穩定狀態?
    {
        zero=0;                              //清除zero=0。
        keyData=1;                           //清除按鍵值。
    }
}
```

練習

1. 使用按鍵開關控制一位七段顯示器單步下數計數 0~9，按一下按鍵，計數值下數減 1。
2. 使用兩個按鍵開關 sw1、sw2 控制一位七段顯示器單步上數及下數計數，每按一下按鍵 sw1 則計數值才會下數加 1，每按一下按鍵 sw2 則計數值才會下數減 1。開關 sw1 連接數位腳 10，開關 sw2 連接數位腳 11。

7-5-4　四位七段顯示器顯示 0000~9999 計數實習

一 功能說明

如圖 7-10 所示電路接線圖，使用 Arduino 板控制四位七段顯示器上數計數顯示 0000~9999。本例使用四連共陰七段顯示器，當 NPN 電晶體的基極為高電位時，電晶體導通，致使相對應位數 COM 腳接地，當段資料為邏輯 1 時，則該段點亮。

因為各位數相同段名連接在一起，所以必須使用多工掃描，才能正確顯示數值。本例**由右向左掃描**，假設計數值為 1234，第 1 次以 1234%10=4 取出**個位數值**，第 2 次以 1234/10=123 及 123%10=3 取出**十位數值**，第 3 次以 123/10=12 及 12%10=2 取出**百位數值**，第 4 次以 12/10=1 及 1%10=1 取出**千位數值**。

二 電路接線圖

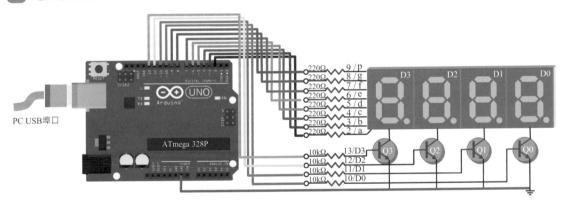

圖 7-10　四位七段顯示器計數 0000~9999 實習電路圖

三 程式：ch7_4.ino

int i, j;	//迴圈變數。
int count=0;	//計數值。
int number;	//計數值。
unsigned long time=0;	//長計時器。

```
const byte num[10]=
{ B00111111,B00000110,B01011011,B01001111,B01100110,      //0~4
  B01101101,B01111101,B00000111,B01111111,B01101111  }; //5~9
const int seg[ ]={2,3,4,5,6,7,8,9};
                                        //數位腳 2~9 連接至 a、b、c、d、e、f、g、p 各段。
const int digit[]={10,11,12,13};        //數位腳 10~13 連接至 D0、D1、D2、D3。
//初值設定
void setup( )
{
    for(i=0;i<8;i++)                    //設定數位腳 2~9 為輸出埠。
    pinMode(seg[i], OUTPUT);
    for(i=0;i<4;i++)                    //設定數位腳 10~13 為輸出埠,初值為 LOW。
    {
        pinMode(digit[i], OUTPUT);
        digitalWrite(digit[i], LOW); //所有 NPN 電晶體截止。
    }
}
//主迴圈
void loop( )
{
    number=count;                       //讀取顯示器計數值。
    for(i=0;i<4;i++)                    //多工掃描四位七段顯示器。
    {
        for(j=0;j<8;j++)                //每位有 8 段 LED。
        {                               //由個位數開始動作。
            if(bitRead(num[number%10],j))       //段資料為 1?
                digitalWrite(seg[j],HIGH);   //該段點亮(共陰)。
            else                        //段資料為 0。
                digitalWrite(seg[j],LOW);    //該段不亮(共陰)。
        }
        digitalWrite(digit[i],HIGH);    //驅動 NPN 電晶體導通。
        delay(5);                       //動作時間 5ms。
        digitalWrite(digit[i],LOW);     //關閉 NPN 電晶體。
        number=number/10;               //計數值除以 10。
        if(millis( )-time>=1000)        //已經過 1 秒?
        {
            time=millis( );             //紀錄計時器時間,作為下次比較基準。
            count++;                    //計數值加 1。
            if(count>9999)              //計數值大於 9999?
                count=0;                //清除計數值為 0。
```

```
        }
    }
}
```

🌱練習

1. 設計 Arduino 程式，使用 Arduino 板控制四位七段顯示器下數計數顯示 9999~0000。

2. 設計 Arduino 程式，使用 Arduino 板控制四位七段顯示器上數計數閃爍顯示 0000~9999。

3. 設計 Arduino 程式，使用 Arduino 板控制四位七段顯示器 D3、D2、D1、D0 閃爍顯示英文字 H、E、L、P，如圖 7-11 所示。

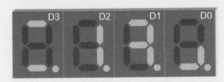

圖 7-11　英文字 HELP 顯示字型

4. 設計電子鐘程式，使用 Arduino 板控制四位七段顯示器，如圖 7-12 所示，D3 顯示十位時，D2 顯示個位時，D1 顯示十位分，D0 顯示個位分，D2 小數點顯示秒，每秒閃爍一次。

十位時　　個位時　　十位分　　個位分

圖 7-12　電子鐘顯示格式

7-5-5　按鍵開關控制四位七段顯示器連續上下數計數實習

🔲 功能說明

　　如圖 7-13 所示電路接線圖，使用一個按鍵開關控制四位七段顯示器連續上下數計數。按鍵開關控制計數的方向，每按一下按鍵，顯示器的計數方向會改變，即原先為上數計數則變為下數計數，原先為下數計數則變為上數計數。本例必須使用高精準度除彈跳程序，不能使用延遲除彈跳程序，因為延遲除彈跳程序在等待按鍵放開的迴圈中，無法持續掃描四位七段顯示器，將會造成顯示中止。

二 電路接線圖

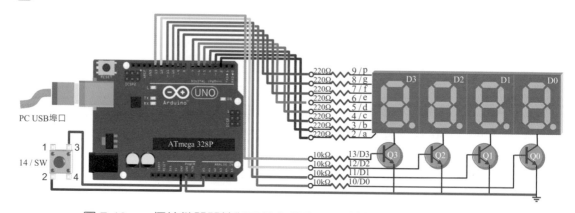

圖 7-13　一個按鍵開關控制四位七段顯示器連續上下計數實習電路圖

三 程式：ch7_5.ino

```
int i ,j;                              //迴圈變數。
int count=0;                           //計數值。
int number;                            //計數值。
int key;                               //按鍵值。
int one=0;                             //one：檢測按鍵狀態 HIGH 的次數。
int zero=0;                            //zero：檢測按鍵狀態 LOW 的次數。
unsigned int keyData=1;                //已除彈跳的按鍵值。
unsigned long time=0;                  //長計時器。
bool direct=0;                         //計數方向，direct=0：上數，direct=1：下數。
const byte num[10]={B00111111,B00000110,B01011011,B01001111,B01100110,
                B01101101,B01111101,B00000111,B01111111,B01101111};
const int seg[ ]={2,3,4,5,6,7,8,9};
                                       //數位腳 2~9 連接 a、b、c、d、e、f、g、p 各段。
const int digit[ ]={10,11,12,13};      //數位腳 10~13 連接 D0~D3。
const int sw=14;                       //數位腳 14 連接按鍵開關。
//初值設定
void setup( )
{
    pinMode(sw, INPUT_PULLUP);         //設定數位腳 14 為輸入埠。
    for(i=0;i<8;i++)                   //設定數位腳 2~9 為輸出埠。
        pinMode(seg[i], OUTPUT);
    for(i=0;i<4;i++)                   //設定數位腳 10~13 為輸出埠，初始值為 LOW。
    {
        pinMode(digit[i], OUTPUT);
        digitalWrite(digit[i],LOW);
```

```
        }
}
//主迴圈
void loop( )
{
    keyScan( );                                   //掃描按鍵狀態。
    if(keyData==0)                                //按下按鍵(已除彈跳)？
        direct=!direct;                           //改變計數方向。
    number=count;                                 //讀取計數值。
    for(i=0;i<4;i++)                              //四位七段顯示器。
    {
        for(j=0;j<8;j++)                          //每個顯示器 8 位元資料。
        {
            if(bitRead(num[number%10], j))    //目前位數的位元資料為邏輯 1？
                digitalWrite(seg[j], HIGH);   //位元資料為邏輯 1，點亮段 LED。
            else
                digitalWrite(seg[j], LOW);    //位元資料為邏輯 1，關閉段 LED。
        }
        digitalWrite(digit[i], HIGH);         //NPN 電晶體工作提供顯示器所需電流。
        delay(5);                             //每位七段顯示器掃描時間 5ms。
        digitalWrite(digit[i], LOW);
        number=number/10;                     //依序取出個、十、百、千位計數值。
        if(millis( )-time>=1000)              //經過 1 秒？
        {
            time=millis( );                   //儲存目前系統時間。
            if(direct==0)                     //上數？
            {
                count++;                      //計數值加 1。
                if(count>9999)                //計數值大於 9999？
                    count=0;                  //清除計數值為 0。
            }
            else                              //下數。
            {
                count--;                      //計數值減 1。
                if(count<0)                   //計數值小於 0？
                    count=9999;               //重設計數值為 9999。
            }
        }
    }
}
```

```
//按鍵掃描函式
void keyScan(void)                    //消除機械彈跳函式。
{
    key=digitalRead(sw);              //讀取按鍵值。
    if(key==LOW)                      //按鍵狀態為低電位?
    {
        one=0;                        //清除 one=0。
        if(zero<5)                    //按下按鍵尚未穩定?
        {
            zero+=1;                  //zero 加 1。
            if(zero==5)               //按下按鍵已在穩定狀態?
                keyData=0;            //儲存確認的按下按鍵值。
        }
    }
    one+=1;                           // one 加 1。
    if(one==5)                        //放開按鍵已在穩定狀態?
    {
        zero=0;                       //清除 zero=0。
        keyData=1;                    //清除按鍵值。
    }
}
```

練習

1. 設計 Arduino 程式，使用一個按鍵開關控制四位七段顯示器**連續閃爍**上下數計數。按鍵開關控制計數的方向，每按一下按鍵，顯示器的計數方向會改變，即原先為上數計數則變為下數計數，原先為下數計數則變為上數計數。

2. 設計 Arduino 程式，使用兩個按鍵開關 sw1（D14）、sw2（D15）控制四位七段顯示器**單步**上下數計數。每按一下按鍵 sw1，顯示器的計數上數加 1；每按一下按鍵 sw2，顯示器的計數下數減 1。

7-5-6 使用串列八位七段顯示模組顯示數字實習

一 功能說明

如圖 7-14 所示電路圖，使用 Arduino Uno 板透過 SPI 串列介面，控制八位串列式七段顯示模組，由左而右依序顯示數字 1、2、3、4、5、6、7、8。因為是顯示數字，可以設定解碼模式暫存器為 **BCD 解碼模式**。只要將數字 1、2、3、4、5、6、7、8 依序存入資料暫存器 Digit7~Digit0（位址 0x08~0x01）中，MAX7219 即可正常顯示。

二 電路接線圖

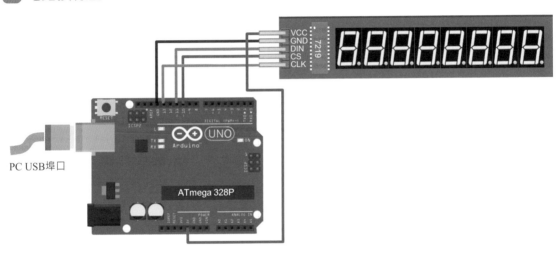

PC USB埠口

圖 7-14　使用串列八位七段顯示模組顯示數字電路圖

三 程式：ch7_6.ino

```
#include <SPI.h>                       //使用 SPI 函式庫。
const int slaveSelect=10;              //MAX7219 致能腳。
const int decodeMode=9;                //MAX7219 解碼模式暫存器。
const int intensity=10;                //MAX7219 亮度控制暫存器。
const int scanLimit=11;                //MAX7219 掃描限制暫存器。
const int shutDown=12;                 //MAX7219 關閉模式暫存器。
const int dispTest=15;                 //MAX7219 顯示測試暫存器。
unsigned long count=12345678;          //顯示資料。
//初值設定
void setup( )
{
    SPI.begin( );                      //初始化 SPI 介面。
    pinMode(slaveSelect, OUTPUT);      //設定數位腳 10 為輸出埠。
    digitalWrite(slaveSelect, HIGH);   //除能 MAX7219。
```

```
        sendCommand(shutDown, 1);                    //設定 MAX7219 正常工作。
        sendCommand(dispTest, 0);                    //關閉 MAX7219 顯示測試。
        sendCommand(intensity, 7);                   //中階亮度。
        sendCommand(scanLimit, 7);                   //掃描八位七段顯示器。
        sendCommand(decodeMode, 255);                //設定八位顯示器皆為 BCD 解碼模式。
    }
//主迴圈
void loop( )
{
        sendCommand(8,count/10000/100/10);           //顯示數字 1。
        sendCommand(7,count/10000/100%10);           //顯示數字 2。
        sendCommand(6,count/10000%100/10);           //顯示數字 3。
        sendCommand(5,count/10000%100%10);           //顯示數字 4。
        sendCommand(4,count%10000/100/10);           //顯示數字 5。
        sendCommand(3,count%10000/100%10);           //顯示數字 6。
        sendCommand(2,count%10000%100/10);           //顯示數字 7。
        sendCommand(1,count%10000%100%10);           //顯示數字 8。
    }
void sendCommand(byte command, byte value)           //SPI 函式。
{
        digitalWrite(slaveSelect, LOW);              //致能 MAX7219。
        SPI.transfer(command);                       //傳送命令至 MAX7219。
        SPI.transfer(value);                         //傳送資料至 MAX7219。
        digitalWrite(slaveSelect, HIGH);             //除能 MAX7219。
}
```

練習

1. 使用 Arduino Uno 板控制串列式七段顯示模組顯示一組計數器,每秒上數計數 00000000~99999999。

2. 使用 Arduino Uno 板控制串列式七段顯示模組顯示兩組計數器,左邊四位數每秒上數計數 0000~9999,右邊四位數每秒下數計數 9999~0000。

7-5-7　使用串列八位七段顯示模組顯示英文字實習

一　功能說明

如圖 7-14 所示電路接線圖，使用 Arduino Uno 板透過 SPI 串列介面，控制串列式七段顯示模組，由左而右依序顯示英文字母 A、r、d、u、i、n、o、_。因為是顯示英文字，所以必須設定解碼模式暫存器為**不解碼模式**，英文字母字碼如表 7-12 所示。

表 7-12　英文字母字碼表

位數	英字母	p	a	b	c	d	e	f	g
DIG7		0	1	1	1	0	1	1	1
DIG6		0	0	0	0	0	1	0	1
DIG5		0	0	1	1	1	1	0	1
DIG4		0	0	0	1	1	1	0	0
DIG3		0	0	0	1	0	0	0	0
DIG2		0	0	0	1	0	1	0	1
DIG1		0	0	0	1	1	1	0	1
DIG0		1	0	0	0	0	0	0	0

二　電路接線圖

如圖 7-14 所示電路。

三　程式：ch7_7.ino

```
#include <SPI.h>                     //使用 SPI 函式庫。
const int slaveSelect=10;            //MAX7219 致能腳。
const int decodeMode=9;              //MAX7219 解碼模式暫存器。
const int intensity=10;              //MAX7219 亮度控制暫存器。
const int scanLimit=11;              //MAX7219 掃描限制暫存器。
```

```
const int shutDown=12;                        //MAX7219 關閉模式暫存器。
const int dispTest=15;                        //MAX7219 顯示測試暫存器。
int i;                                        //迴圈變數。
int help[8]={   B01110111,B00000101,B00111101,B00011100,
                B00010000,B00010101,B00011101,B10000000 };
                                              //Arduino_字碼。
初值設定
void setup( )
{
    SPI.begin( );                             //初始化 SPI 介面。
    pinMode(slaveSelect, OUTPUT);             //設定數位腳 10 為輸出埠。
    digitalWrite(slaveSelect, HIGH);          //除能 MAX7219。
    sendCommand(shutDown, 1);                 //設定 MAX7219 正常工作。
    sendCommand(dispTest, 0);                 //關閉 MAX7219 顯示測試。
    sendCommand(intensity, 7);                //中階亮度。
    sendCommand(scanLimit, 7);                //掃描八位七段顯示器。
    sendCommand(decodeMode, 0);               //設定八位顯示器皆為不解碼模式。
 }
//主迴圈
void loop( )
{
  for(i=0; i<8; i++)
    sendCommand(8-i, help[i]);          //顯示 A、r、d、u、i、n、o、_八個字母。
 }
//SPI 寫入函式
void sendCommand(byte command,byte value)     //SPI 函式。
{
    digitalWrite(slaveSelect, LOW);           //致能 MAX7219。
    SPI.transfer(command);                    //傳送命令至 MAX7219。
    SPI.transfer(value);                      //傳送資料至 MAX7219。
    digitalWrite(slaveSelect, HIGH);          //除能 MAX7219。
}
```

練習

1. 使用 Arduino Uno 板控制串列式七段顯示模組，左邊四位數顯示 H、E、L、P，右邊四位數每秒上數計數 0000~9999。
2. 使用一個按鍵開關（D2）控制串列式七段顯示模組每秒自動上、下數。初始狀態為每秒自動上數加 1。每按一下按鍵開關，計數方向會改變，即原先上數變下數，原先下數變上數。
3. 使用兩個按鍵開關 sw1（D2）、sw2（D3）控制串列式七段顯示模組單步上、下計數。按一下按鍵 sw1 則計數值加 1，按一下按鍵 sw2 則計數值減 1。
4. 設計一個計時碼表，使用一個按鍵開關（D2）控制串列式七段顯示模組，初始顯示值為 00000000，按第 1 次按鍵啟動計時器每秒自動上數加 1，按第 2 次按鍵停止計時，按第 3 次清除計時值為 00000000，之後按鍵重複 1~3 的動作。

7-5-8 使用矩陣鍵盤控制串列八位七段顯示模組實習

一 功能說明

如圖 7-15 所示電路圖，使用 Arduino Uno 板配合 4×4 矩陣鍵盤，控制串列式八位數七段顯示模組。系統重置顯示值為 00000000，按下鍵盤數字 0~9 鍵時，七段顯示模組會先將原來的顯示數值左移一位數，再將新輸入的按鍵值顯示於最右邊的位數。例如原來顯示值為 01234567，按下數字鍵 8 時，顯示值變成 12345678，再按數字鍵 9 時，顯示值變成 23456789，餘依此類推。

二 電路接線圖

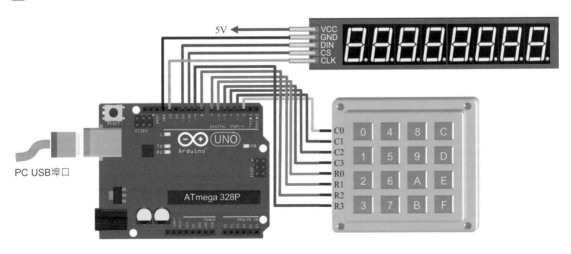

圖 7-15　使用矩陣鍵盤控制八位七段顯示模組電路圖

📋 程式：ch7_8.ino

```
#include <SPI.h>                           //使用 SPI 函式庫。
int i;                                     //迴圈變數。
int key;                                   //按鍵值。
unsigned long number=0;                    //七段顯示值。
const int debounce=20;                     //消除機械彈跳。
const int numCols=4;                       //矩陣鍵盤 4 行。
const int numRows=4;                       //矩陣鍵盤 4 列。
const int col[ ]={2,3,4,5};                //矩陣鍵盤行 C0~C3 連接至數位腳 D2~D5。
const int row[ ]={6,7,8,9};                //矩陣鍵盤列 R0~R3 連接至數位腳 D6~D9。
const int slaveSelect=10;                  //MAX7219 致能腳。
const int decodeMode=9;                    //MAX7219 解碼模式暫存器。
const int intensity=10;                    //MAX7219 亮度控制暫存器。
const int scanLimit=11;                    //MAX7219 掃描控制暫存器。
const int shutDown=12;                     //MAX7219 關閉模式暫存器。
const int dispTest=15;                     //MAX7219 顯示測試暫存器。
const int keyMap[numRows][numCols]= { {0,  4,  8,12},{1,  5,  9,13},
{2,  6,10,14},{3,  7,11,15} };
//初值設定
void setup( )
{
    SPI.begin( );                          //SPI 初始化。
    pinMode(slaveSelect, OUTPUT);          //設定 CS 為輸出腳。
    digitalWrite(slaveSelect, HIGH);       //除能 MAX7219。
    sendCommand(shutDown,1);               //正常模式。
    sendCommand(dispTest,0);               //正常模式。
    sendCommand(intensity,1);              //最小亮度。
    sendCommand(scanLimit,7);              //掃描八位顯示器。
    sendCommand(decodeMode, B11111111);    //解碼 8 位七段顯示器。
    disp(number);                          //顯示數值。
    for(i=0;i<numCols;i++)                 //設定鍵盤 C0~C3 為輸出埠。
    {
        pinMode(col[i], OUTPUT);
        digitalWrite(col[i], HIGH);
    }
    for(i=0; i<numRows; i++)               //設定鍵盤 R0~R3 為輸入埠含上升電阻。
    {
        pinMode(row[i], INPUT);
        digitalWrite(row[i], HIGH);
    }
```

```
}
//主迴圈
void loop( )
{
    key=getKey( );                              //讀取按鍵值。
    if(key>=0 && key<=9)                        //按鍵值為 0~9？
    {
        number=number*10+key;                   //計算顯示數值。
        number=number%100000000;                //保留八位顯示數值。
        disp(number);                           //更新顯示值。
    }
}
//矩陣鍵盤掃描函式
int getKey( )
{
    int i, j;                                   //迴圈變數。
    int key=-1;                                 //空鍵（無按鍵）。
    for(i=0;i<numCols;i++)                      //掃描四行。
    {
        digitalWrite(col[i], LOW);              //致能第 i 行掃描動作（低電位）。
        for(j=0;j<numRows;j++)                  //每行檢測四個按鍵的狀態。
        {
            if(digitalRead(row[j])==LOW)        //有按鍵被按下？
            {
                delay(debounce);                //消除機械彈跳。
                while(digitalRead(row[j])==LOW) //按鍵未放開？
                    ;                           //等待按鍵放開。
                key=keyMap[j][i];               //儲存按鍵值。
            }
        }
        digitalWrite(col[i], HIGH);             //除能第 i 行掃描動作。
    }
    return(key);                                //傳回按鍵值至主函式。
}
//顯示函式
void disp(unsigned long n)
{
    int i;                                      //迴圈變數。
    for(i=0;i<8;i++)                            //八位顯示值。
    {
```

```
        sendCommand(i+1,n%10);                    //由右而左依序顯示。
        n=n/10;
    }
}
//SPI 寫入函式
void sendCommand(byte command,byte value)
{
    digitalWrite(slaveSelect, LOW);               //致能 MAX7219。
    SPI.transfer(command);                        //將指令寫入 MAX7219。
    SPI.transfer(value);                          //將資料寫入 MAX7219。
    digitalWrite(slaveSelect, HIGH);              //除能 MAX7219。
}
```

練習

1. 接續例題，新增按鍵 A 及按鍵 B 功能。按下 A 鍵，顯示值單步上數加 1；按下 B 鍵，顯示值單步下數減 1。

2. 接續第 1 題，新增按鍵 C 及按鍵 D 功能。按下 C 鍵，顯示值連續上數加 1 至 99999999 停止；按下 D 鍵，顯示值連續下數減 1 至 00000000 停止。

3. 接續第 2 題，新增按鍵 E 及按鍵 F 功能。按下 E 鍵，停止計數；按下 F 鍵，清除顯示值為 00000000。

延伸練習

1. 串列周邊介面 SPI：SPI 是一種**短距離**、**快速**的四線同步序列通訊介面，包含串列時脈(Serial Clock，簡記 SCK)、主出從入(Master Out Slave In，簡記 MOSI)、主入從出(Master In Slave Out，簡記 MISO)和從選擇(Slave Select，簡記 SS) 等四線。如圖 7-16 所示 SPI 主/從結構，可以應用於微控制器與一個或多個周邊裝置通信，也可以應用於兩個微控制器之間的通信。如圖 7-16(a) 所示為一對一主/從結構，由主設備（通常是微控制器）產生同步時脈，將從選擇線 SS 電位拉低，即可透過 MOSI 及 MISO 與從設備進行數據資料的交換。如圖 7-16(b) 所示為一對多主/從結構，當主設備要與多個從設備進行通訊時，由主設備（通常是微控制器）產生同步時脈，再將要進行通訊的某個從設備選擇線電位拉低，即可透過 MOSI 及 MISO 與從設備進行數據資料的交換。因為是點對點資料傳輸，所以每次只致能其中一個從設備的選擇線（ SS1、SS2 或 SS3 ）。

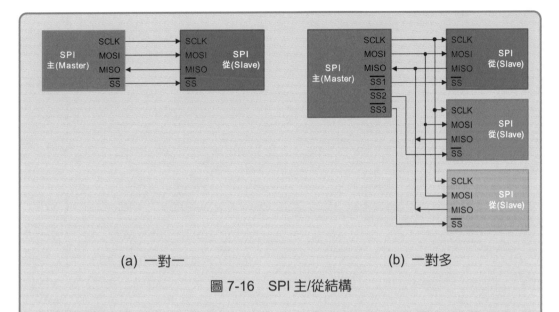

(a) 一對一　　　　　　　　　　　　　(b) 一對多

圖 7-16　SPI 主/從結構

2. 視覺暫留（Persistence of vision）：視覺暫留現象是由比利時物理學家尤瑟夫‧普拉托（Joseph Plateau）於 1835 年觀察太陽的實驗中發現的，是指當人眼所看到的影像消失後，影像仍暫留在視網膜一段時間的現象，不同頻率的光有不同的暫留時間，視覺暫留時間約在 1/24 秒~1/16 秒之間。

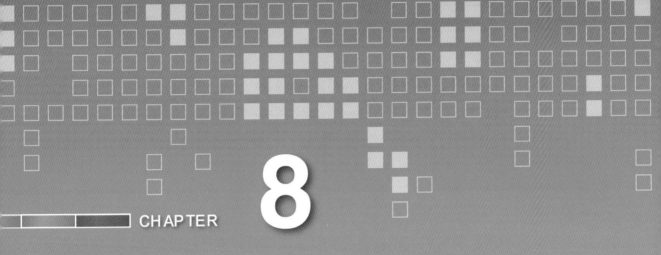

CHAPTER **8**

感測器實習

8-1　認識類比/數位（A/D）轉換

　　在自然界中諸如光、溫度、溼度、壓力、流量、位移等物理量，必須透過**感測器**（sensor）先將其轉換成電壓或電流等電氣信號，而感測器的輸出電氣信號通常很小，只有數 μV 或數 μA，必須再經過放大整形、溫度補償等，才能反應此一物理變化量。

　　現代電腦都已數位化，因此放大後的類比信號必須再經由類比／數位轉換器（Analog to Digital Converter，簡記 ADC）轉換成數位信號後，才能送到微電腦來運算處理，以達到監控、測量、記錄的目的。這種數位應用系統如圖 8-1 所示，已相當廣泛地應用於日常生活中，諸如數位電錶、電子儀器、數位溫度計／溼度計、電子秤、3C 電子產品等。

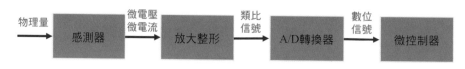

圖 8-1　數位應用系統

8-1-1　感測器

　　感測器的功用是**將物理量轉換成電氣信號**，注重轉換特性、精確度、線性度與可靠性。隨著不同的環境與應用而有不同的形狀，感測輸出有**電壓**、**電流**或**電阻**三種形式，如果是電流或電阻輸出，必須先轉換成電壓信號。通常由感測器轉換輸出的電壓或電流都很小，必須再將輸出信號放大，才能實際應用。

8-1-2　放大整形

　　因為感測器的輸出電壓或電流很小，所以必須將感測器的輸出信號加以放大、整形、溫度補償等，才能得到**準位明確**的信號。常使用的放大整形元件為運算放大器（operational amplifier，簡記 OPA）。

8-1-3　A/D 轉換器

　　A/D 轉換器的功用是**將類比信號（通常是電壓）轉換成數位信號**，注重精確度、解析度與轉換速度。在 Arduino Uno 板上有 6 個類比輸入接腳 A0~A5，Arduino Mini 和 Nano 板有 8 個類比輸入接腳 A0~A7，Arduino Mega 板子有 16 個類比輸入接腳 A0~A15。Arduino 內建 **10 位元 A/D 轉換器**，會將類比輸入電壓 0~5V 轉換成 0~1023

階的數位值，每一階的解析度為 $5V/2^{10} \cong 4.9mV$，可以使用 Arduino 的 analogRead() 函式讀取類比值，並將其轉換成數位值。Arduino 內建 A/D 轉換器至少需要 $100\mu s$ 的時間來讀取類比輸入，所以最大讀取速率是每秒 10000 次。

8-2　函式說明

8-2-1　analogReference( ) 函式

analogReference( ) 函式功用是**設定類比輸入的參考電壓**，只有一個參數 type 可以設定，type 參數有 DEFAULT、INTERNAL、INTERNAL1V1，INTERNAL2V56 及 EXTERNAL 五種選擇。參數 DEFAULT 使用 5V（5V Arduino 板）或 3.3V（3.3V Arduino 板）的預設參考電壓。參數 INTERNAL 使用內建 1.1V 參考電壓（ATmega168 或 ATmega328）或內建 2.56V 參考電壓（ATmega8）。參數 EXTERNAL 使用外部 AREF 接腳 0 到 5V 參考電壓。另外只適用於 Arduino Mega 板的參數 INTERNAL1V1 使用內建 1.1V 參數電壓，INTERNAL2V56 使用內建 2.56V 參數電壓。

格式　`analogReference(type)`

範例
```
analogReference(DEFAULT);              //設定 ADC 參考電壓為 5V。
```

8-2-2　analogRead( ) 函式

analogRead( ) 函式功用是**將類比輸入電壓 0~5V 轉換成數位值 0~1023**，只有一個參數 pin 可以設定，Arduino Uno 板有 6 個 ADC，pin 值為 0~4；Nano 板有 8 個 ADC，pin 值為 0~7；Mega 2560 板有 16 個 ADC，pin 值為 0~15。analogRead( ) 函式的傳回值是整數 0~1023 其中一個數值。

格式　`analogRead(pin)`

範例
```
int val=analogRead(0);              //讀取 A0 腳類比輸入電壓並轉成數位值。
```

8-2-3　constrain( ) 函式

　　constrain( ) 函式功用是**限制整數數值 x 的上、下限範圍**，有三個參數必須設定，整數數值 x、下限值 a 及上限值 b。當所讀取的類比值小於下限值 a 時，所得結果皆為 a 值，當所讀取的類比值大於上限值 b 時，所得結果皆為 b 值。

格式　`constrain(x, a, b)`

範例
`x=constrain(x, 0, 100);`　　　　　　　　//限制整數數值 x 的範圍在 0~100 之間。

8-2-4　map( ) 函式

　　map( ) 函式功用是**改變整數數值 value 的上、下限範圍**，由原來的下限 fromLow 變成新的下限 toLow，由原來的上限 fromHigh，變成新的上限 toHigh。

格式　`map(value, fromLow, formHigh, toLow, toHigh)`

範例
`value=map(value, 0, 1023, 0, 100);`　//value 由原範圍 0~1023 轉成新範圍 0~100。

8-2-5　pulseIn( ) 函式

　　pulseIn( ) 函式功用是**讀取指定數位腳高電位或低電位的脈波寬度**。有 pin、value、timeout 等三個參數可以設定。pin 參數設定所要讀取脈波寬度的數位腳；value 參數設定脈波的讀取類型：高電位（HIGH）或低電位（LOW）；timeout 參數設定讀取脈波寬度的等待時間，預設值是 1 秒。pulseIn( ) 函式的傳回值為所要讀取脈波類型的寬度，單位微秒（μs），資料型態 unsigned long。如果同時設定超時等待時間，超時（timeout）後仍然沒有脈波產生，則傳回值為 0。**此函式可以讀取的脈波寬度從 10 微秒到 3 分鐘**。

格式　`pulseIn(pin, value, timeout)`

範例
`unsigned long duration=pulseIn(3, HIGH);`　//讀取數位腳 D3 脈波的高電位寬度。

8-3 實作練習

8-3-1 讀取類比電壓值實習

功能說明

如圖 8-4 所示電路接線圖,使用 Arduino Uno 板讀取類比電壓 0~5V,並且顯示於如圖 8-2 所示序列埠監控視窗中。

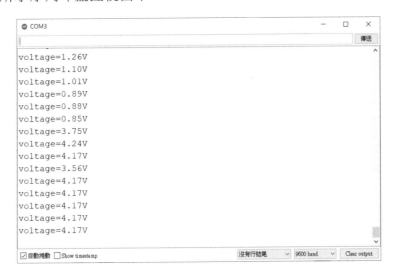

圖 8-2 序列埠監控視窗顯示所讀取的類比電壓值

如圖 8-3 所示可變電阻(variable resistance,簡記 VR)或稱為**電位器**,將第 1 腳接+5V 電源、第 2 腳連接至 Arduino Uno 板類比輸入 A0、第 3 腳接地。當可變電阻旋轉向上時,電壓值增加,最大值為+5V,當可變電阻旋轉向下時,電壓值減少,最小值為 0V。

(a) 元件   (b) 符號

圖 8-3 可變電阻

二 電路接線圖

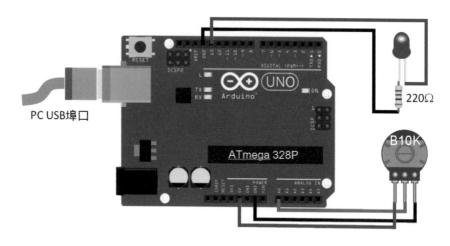

PC USB埠口

220Ω

B10K

ATmega 328P

圖 8-4　讀取類比電壓值實習電路圖

三 程式：ch8_1.ino

`const int refVolts=5;`	//Arduino Uno 板 ADC 使用 5V 參考電壓。
`int val;`	//數位值。
`float volts;`	//類比電壓。
`//初值設定`	
`void setup( ) {`	
`    Serial.begin(9600);`	//初始化序列埠，設定傳輸率為 9600 bps。
`}`	
`//主迴圈`	
`void loop( ) {`	
`    val=analogRead(0);`	//讀取 A0 類比電壓。
`    volts=(float)val*refVolts/1024;`	//將數位值轉成類比值。
`    Serial.print("voltage=");`	//顯示字串"voltage="。
`    Serial.print(volts,2);`	//顯示類比電壓值。
`    Serial.println("V");`	//顯示字元"V"。
`    delay(1000);`	//每秒轉換一次。
`}`	

練習

1. 使用 Arduino Uno 板讀取 A0 及 A1 類比電壓值，並且顯示於序列埠監控制視窗中。

2. 使用 Arduino Uno 板讀取 A0 類比電壓值，控制一個 LED(D13)狀態。當類比電壓大於 2.5V 則 LED 亮，否則 LED 不亮。

8-3-2 調光燈實習

功能說明

如圖 8-5 所示電路接線圖，設計一個調光燈，使用電位器控制 LED（D10）的
亮度。逆時針調整電位器則 LED 漸暗，順時針調整電位器則 LED 漸亮。

電路接線圖

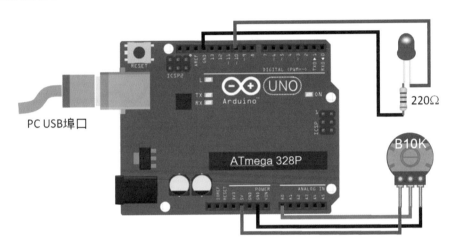

圖 8-5　調光燈實習電路圖

程式：ch8_2.ino

```
const int led=10;              //LED 連接 PWM 輸出 D10。
int val;                       //數位值。
//初值設定
void setup( )  {
}
//主迴圈
void loop( )
{
    val=analogRead(0);                  //讀取電位器類比電壓，使用內建 ADC 轉數位值。
    val=map(val,0,1023,0,255);          //轉換上下限 0~1023 為 0~255。
    analogWrite(led, val);              //控制 LED 亮度。
}
```

練習

1. 設計一個調光燈,如圖 8-6 所示電路接線圖,使用電位器控制 16 位元串列式全彩 LED 的白光亮度,逆時針調整電位器則 16 個 LED 同時漸暗,順時針調整電位器則 16 個 LED 同時漸亮。

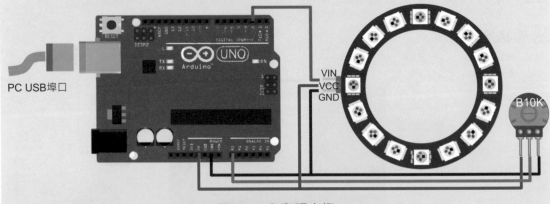

PC USB埠口

VIN
VCC
GND

B10K

圖 8-6　全彩調光燈

2. 設計一個調光燈,如圖 8-6 所示電路接線圖,使用電位器控制 16 位元串列式全彩 LED 的亮度,順時針調整電位器,16 個 LED 由全不亮依序顯示紅、橙、黃、綠、藍、靛、紫、白等八種顏色。

8-3-3　電位器控制 LED 閃爍速度實習

一　功能說明

如圖 8-5 所示電路接線圖,使用電位器控制 LED 的閃爍速度。由 Arduino Uno 板 A0 埠讀取電位器的類比電壓。當類比電壓值愈小時,LED 閃爍速度愈慢,當類比電壓值愈大時,LED 閃爍速度愈快。

二　電路接線圖

如圖 8-5 所示電路。

三　程式:ch8_3.ino

```
const int led=10;                    //LED 連接至數位腳 D10。
int val;                             //數位值。
//初值設定
void setup( )
```

```
{
    pinMode(led, OUTPUT);              //設定數位腳 D10 為輸出模式。
    digitalWrite(led, LOW);            //關閉 LED。
}
//主迴圈
void loop( )
{
    val=analogRead(0);                 //讀取類比輸入電壓並轉換成數位值 0~1023。
    val=map(val,0,1023,1000,100);      //重新調整數位值範圍為 1000~100。
    digitalWrite(led,HIGH);            //關閉 LED。
    delay(val);                        //依電位器電壓改變延遲時間。
    digitalWrite(led,LOW);             //點亮 LED。
    delay(val);                        //依電位器電壓改變延遲時間。
}
```

練習

1. 使用電位器控制 LED 的閃爍速度。由 Arduino Uno 板讀取 A0 類比電壓值，控制 LED 閃爍速度，當類比電壓值愈小時，LED 閃爍速度愈快，當類比電壓值愈大時，LED 閃爍速度愈慢。

2. 如圖 8-6 所示電路接線圖，使用電位器控制串列式全彩 LED 的閃爍速度。當類比電壓值愈小時，LED 閃爍速度愈快，當類比電壓值愈大時，LED 閃爍速度愈慢。

8-3-4　LED 數位電壓表實習

■ 功能說明

如圖 8-8 所示電路接線圖，使用 Arduino 板讀取 A0 類比電壓值 0~5V，依電壓值大小點亮如圖 8-7(a) 所示 10 位 LED 排。每個 LED 代表 0.5V 電壓刻度，如圖 8-7(b) 所示類比電壓 3V 時亮 6 顆 LED 顯示結果。

(a) 元件

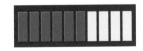

(b) 3V 點亮 6 顆

圖 8-7　LED 排

電路接線圖

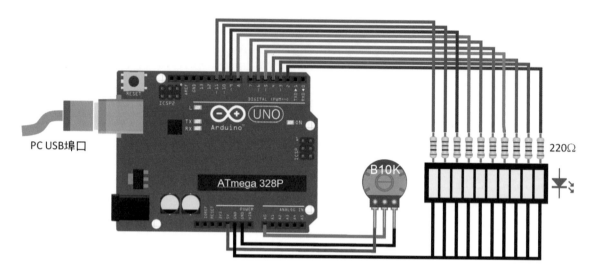

圖 8-8　LED 數位電壓表實習電路圖

程式：ch8_4.ino

```
const int led[10]={2,3,4,5,6,7,8,9,10,11};    //數位接腳 2~11 連接 LED。
int i;                                          //迴圈變數。
int val;                                        //數位值。
//初值設定
void setup( )
{
    for(i=0;i<10;i++)                           //設定數位腳 D2~D11 為輸出模式。
        pinMode(led[i], OUTPUT);
}
//主迴圈
void loop( )
{   val=analogRead(0);                          //讀取 A0 類比電壓，並轉換成數位值。
    val=map(val,0,1023,0,9);                    //將 0~1023 類比值轉換成 0~9 數值。
    for(i=0;i<=val;i++)                         //設定編號 0~val 的 LED 亮。
        digitalWrite(led[i], HIGH);
    for(i=val+1;i<10;i++)                       //設定編號 val+1~9 的 LED 暗。
        digitalWrite(led[i],LOW);
}
```

練習

1. 使用 Arduino 板讀取 A0 類比電壓值 0~5V，依電壓值大小**閃爍**點亮如圖 8-7 所示 LED 排（bar）。

2. 使用 Arduino 板讀取類比電壓值 0~5V，並以 10 個 LED 排單燈顯示對應的類比電壓值，每個 LED 代表 0.5V 電壓刻度。如圖 8-9 所示為類比電壓 3V 時，LED 的點亮情形。

圖 8-9　3V 點亮第 6 顆 LED

8-3-5　光線偵測實習

一　功能說明

　　如圖 8-11 所示電路接線圖，使用 Arduino 板配合光線偵測元件偵測光線的強弱，當光線轉暗至所設定的光度值以下時，點亮 LED，當光線轉強至所設定的光度值以上時，關閉 LED。本例功能如同**小夜燈**或街道燈自動控制器。

　　如圖 8-10 所示光敏電阻（light dependent resistor，簡記 LDR 或 CdS）是最簡單的光線偵測元件。當光線愈強，光電流愈大，內部電阻愈小。最小電阻稱為**亮電阻**，在完全沒有光線照射狀態下之最大電阻稱為**暗電阻**。本例所使用的 CdS 亮電阻約為 170Ω，暗電阻約為 5MΩ。10kΩ電阻串聯 CdS 後接地，並將 CdS 連接至 Arduino 板的 A0 輸入埠。當光線漸強時，CdS 內部電阻變小，致分壓也變小，經 Arduino 內建 ADC 轉成數位值控制 LED 不亮；反之當光線漸弱時，CdS 內部電阻變大，致分壓也變大，經 Arduino 內建 ADC 轉成數位值控制 LED 點亮。

(a) 元件

(b) 符號

圖 8-10　光敏電阻

二 電路接線圖

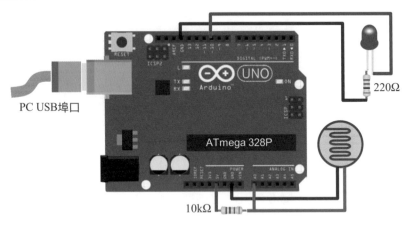

圖 8-11　光線偵測實習電路圖

三 程式：ch8_5.ino

```
const int cds=0;                        //CdS 連接至類比接腳 0。
const int led=10;                       //LED 連接數位腳 D10。
int val;                                //轉換後的數位值。
void setup( ) {
    pinMode(led, OUTPUT);               //設定 D10 為輸出埠。
    digitalWrite(led, LOW);             //關閉 LED。
}
void loop( ) {
    val=analogRead(cds);                //檢測光線強度。
    if(val>512)                         //光度減弱已達設定值?
        digitalWrite(led,HIGH);         //點亮 LED。
    else                                //光度增強已達設定值。
        digitalWrite(led,LOW);          //關閉 LED。
}
```

練習

1. 設計自動調光燈，使用 Arduino 板配合光線偵測元件偵測光線的強弱控制 LED 燈，當光線漸暗，LED 漸亮，當光線漸強，LED 漸暗。

2. 設計自動調光燈，使用 Arduino 板配合 CDS 元件偵測光線的強弱控制串列式全彩 LED 燈，當光線漸暗，LED 漸亮，當光線漸強，LED 漸暗。

8-3-6　移動偵測實習

一　功能說明

　　如圖 8-13 所示電路接線圖，使用 Arduino 板配合移動偵測器偵測人員移動，當有人靠近時，LED 閃爍警示，當無人靠近時，LED 不亮。

　　如圖 8-12 所示為 Prarallax 公司生產的被動式紅外線感測器#555-28027（Passive Infra-Red，簡記 PIR），有+5V、GND、OUT 等三支腳，有效偵測範圍可達 20 呎。PIR 元件的正常狀態為 LOW，有兩種觸發模式可以選擇，第一種模式是將短路夾連接至 H 選擇，當 PIR 受到觸發時，OUT 輸出腳會維持在 HIGH 狀態，本例使用第一種模式。第二種模式是將短路夾連接至 L，當 PIR 受到觸發時，先短暫維持在 HIGH 狀態，然後再變成 LOW 狀態。

(a) 元件　　　　　　　　　　　　　　　(b) 符號

圖 8-12　被動式紅外線感測器（PIR）

二　電路接線圖

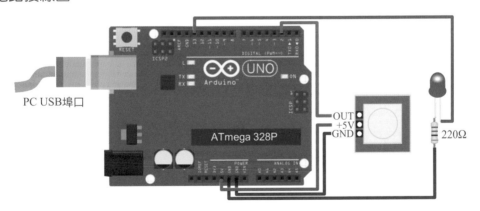

圖 8-13　移動偵測實習電路圖

三 程式：ch8_6.ino

```
const int led=13;                      //LED 連接至數位腳 D13。
const int PIRout=2;                    //PIR 感測器輸出接至數位腳 D2。
//初值設定
void setup( )
{
    pinMode(led,OUTPUT);               //設定數位腳 D13 為輸出模式。
    pinMode(PIRout,INPUT);             //設定數位腳 2 為輸入模式。
}
//主迴圈
void loop( )
{
    int val=digitalRead(PIRout);       //讀取 PIR 狀態（PIR 短路夾連接至 H）。
    if(val==HIGH)                      //PIR 輸出狀態為 HIGH（有人移動）？
    {
        digitalWrite(led, HIGH);       //閃爍 LED。
        delay(50);                     //點亮 LED 50ms。
        digitalWrite(led, LOW);
        delay(50);                     //關閉 LED 50ms。
    }
    else                               //PIR 輸出狀態為 LOW（沒有人移動）。
        digitalWrite(led, LOW);        //關閉 LED。
}
```

練習

1. 設計 Arduino 程式，使用 Arduino 板配合移動偵測器偵測人的移動，當有人靠近時，點亮 LED，當無人靠近時，關閉 LED。

2. 設計 Arduino 程式，配合移動偵測器設計自動小夜燈，當有人靠近時，點亮 LED 20 秒後關閉，當無人靠近時，關閉 LED。

8-3-7 距離測量實習—使用 PING)))™ 超音波感測器

━ 功能說明

如圖 8-17 所示電路接線圖，使用 PING)))™ 超音波感測器，測量物體的距離，並且將測量距離（單位：公分）顯示在序列埠監控視窗中。另外以 LED 來指示物體距離遠近，當物體愈靠近，則 LED 閃爍速度變快；反之當物體愈遠離，則 LED 閃爍速度變慢。

如圖 8-14 所示為 Parallax 公司所生產的 PING)))™ 超音波模組（#28015），有 SIG、+5V、GND 等三支腳，工作電壓+5V，工作電流 30mA，工作溫度範圍 0~70°C。PING)))™ 超音波模組的有效測量距離在 **2 公分到 3 公尺**之間，當物體在 0 公分到 2 公分的範圍內時無法測量，傳回值皆為 2 公分。PING)))™ 超音波模組具有 TTL/CMOS 介面，可以直接使用 Arduino 板控制。本例除了可應用在測量物體距離外，也可以應用在避障自走車、測量身高等。

| (a) 元件 | (b) 符號 |

圖 8-14 PING)))™ 超音波感測器

1. 工作原理

如圖 8-15 所示 PING)))™ 超音波模組的工作原理，首先 Arduino Uno 板必須先產生至少維持 2 微秒（典型值 5 微秒）**高電位啟動脈波**至 PING)))™ 超音波模組的 SIG 腳。當超音波模組接收到啟動脈波後，會發射 200μs@40kHz 超音波訊號至物體端，所謂 200μs@40kHz 是指頻率 40kHz 的脈波連續發射 200μs。當超音波訊號經由物體反射回到超音波模組時，超音波感測器再由 SIG 腳回傳一個 PWM 訊號給 Arduino Uno 板，**PWM 回應訊號的脈寬時間與超音波傳遞的來回距離成正比**，最小值 115 微秒，最大值 18500 微秒。因為音波速度每秒 340 公尺，約等於每公分 29 微秒。因此，物體與超音波模組的**距離=脈寬時間/29/2 公分**。

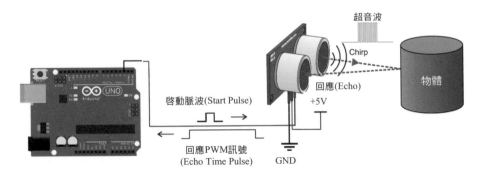

圖 8-15　PING)))™超音波模組的工作原理 (圖片來源：www.parallax.com)

2. 物體定位

　　有時候待測物體的位置也會影響到 PING)))™ 超音波感測器的測量正確性，如圖 8-16 所示三種超音波模組無法定位物體距離的情形。圖 8-16(a) 所示為待測物體距離超過 3.3 公尺，已超過 PING)))™ 超音波模組可以測量的範圍。圖 8-16(b) 所示為超音波進入物體的角度小於 45 度，超音波無法檢測到物體的反射波。圖 8-16(c) 所示為物體太小，超音波模組接收不到反射訊號。

(a) 物體距離超過 3.3 公尺　　　(b) 發射角度θ小於 45 度　　　(c) 物體太小

圖 8-16　三種超音波模組無法定位物體距離的情形 (圖片來源：www.parallax.com)

電路接線圖

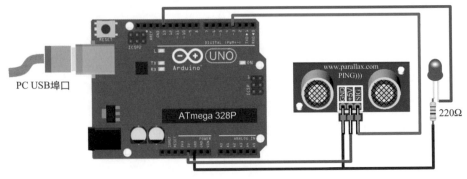

圖 8-17　PING)))™距離測量電路圖

三 程式：ch8_7.ino

```
const int led=13;                       //LED 連接數位腳 D13。
const int sig=3;                        //PING))) 連接數位腳 D2。
//初值設定
void setup( )
{
    Serial.begin(9600);                 //初始化串列埠，設定鮑率 9600bps。
    pinMode(led, OUTPUT);               //設定數位接腳 13 為輸出模式。
    digitalWrite(led, LOW);             //關閉 LED。
}
//主迴圈
void loop( )
{
    unsigned long cm;                   //距離(單位:公分)。
    pinMode(sig,OUTPUT);               //設定數位腳 D2 為輸出模式。
    cm=ping(sig);                       //讀取物體距離。
    Serial.print("distance=");          //顯示字串"distance="。
    Serial.print(cm);                   //顯示物體距離。
    Serial.println("cm");               //顯示字串"cm"。
    digitalWrite(led, HIGH);            //物體距離愈近，LED 閃爍速度愈快。
    delay(cm*10);                       //物體距離愈遠，LED 閃爍速度愈慢。
    digitalWrite(led, LOW);
    delay(cm*10);
}
//超音波測距函式
int ping(int sig)  {
    unsigned long cm;                   //距離(單位:公分)。
    unsigned long duration;             //脈寬(單位:微秒)。
    pinMode(sig, OUTPUT);              //設定數位腳 D2 為輸出模式。
    digitalWrite(sig, LOW);             //輸出脈寬 5μs 的啟動脈波，啟動 PING)))。
    delayMicroseconds(2);
    digitalWrite(sig, HIGH);
    delayMicroseconds(5);
    digitalWrite(sig, LOW);
    pinMode(sig, INPUT);                //設定數位腳 D2 為輸入模式。
    duration=pulseIn(sig, HIGH);        //讀取與物體距離成正比的正脈波寬度時間。
    cm=duration/29/2;                   //計算物體距離(單位:公分)。
    return cm;                          //傳回物體距離(單位:公分)
}
```

🌱 **練習**

1. 使用 PING)))™ 超音波距離感測器，測量物體的距離，並且以序列埠監控視窗顯示距離（單位：英吋）。另外以 LED（D13）來指示物體距離遠近，當物體愈靠近，則 LED 閃爍速度變快；反之當物體愈遠離，則 LED 閃爍速度變慢。

2. 如圖 8-18 所示電路接線圖，使用 PING)))™ 超音波距離感測器，測量物體的距離，並且以串列八位七段顯示模組來顯示距離（單位：公分）。另外以 LED（D13）來指示物體距離遠近，當物體愈靠近，則 LED 閃爍速度變快；反之當物體愈遠離，則 LED 閃爍速度變慢。

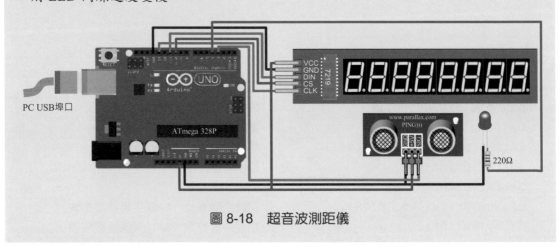

圖 8-18　超音波測距儀

8-3-8　LM35 溫度測量實習

一 功能說明

　　如圖 8-20 所示電路接線圖，使用 Arduino 板配合 LM35 溫度感測器測量環境溫度，並且將環境溫度顯示在序列埠監控視窗中。當環境溫度小於 30°C 時，LED 不亮，當環境溫度大於 30°C 時，LED 點亮。

　　以環境溫度 25°C 為例，LM35 輸出電壓 V_{OUT}=25°C×10mV/°C=250mV。Arduino Uno 板內建六組（A0~A5）10 位元 A/D 轉換器，使用 5V 參考電源，轉換數位值範圍 0~1023，每一數位值對應電壓值為ΔV=5V/1024≅5V/1000=5mV。將 V_{OUT} 連接至 Arduino Uno 板 A0 腳，經微控制器轉換成數位值 $V_{OUT}/\Delta V$ =250mV/5mV=50，因此可以得知**每一數位值對應溫度值為 25°C/50=0.5°C**。

1. Arduino 常用溫度感測器

　　如表 8-1 所示 Arduino 常用溫度感測器，包含 LM35、DS18B20、DHT11、DHT22 四種，依其通信協定、電源電壓、溫度範圍及精確度進行比較。本節說明 LM35 的使用方法，DS18B20、DHT11、DHT22 之後章節會說明。

表 8-1　Arduino 常用溫度感測器

特性	LM35	DS18B20	DHT11	DHT22
功用	溫度	溫度	溫度/溼度	溫度/溼度
通信協定	analog	OneWire	OneWire	OneWire
電壓範圍	4V~30V DC	3V~5.5V DC	3V~5.5V DC	3V~6V DC
溫度範圍	-55°C~150°C	-55°C~125°C	0°C~50°C	-40°C~80°C
溼度範圍	–	–	20~80%±5%RH	0~100%±2~5%RH
精確度	±0.5°C	±0.5°C	±2°C	±0.5°C

2. LM35 溫度感測器

　　如圖 8-19 所示 LM35 溫度感測器，適合於 150°C 以下的溫度測量，具有很高的精確度和 4V~30V 線性工作電壓範圍。LM35 溫度感測器輸出電壓與攝氏（Celsius）溫度呈線性關係，溫度每升高 1°C，輸出電壓增加 10mV，**規格 10mV/°C**。另外，LM34 溫度感測器與華氏（Fahrenheit）溫度成線性關係，規格 10mV/°F，而 LM335 溫度感測器與凱氏（Kelvin）溫度成線性關係，規格 10mV/°K。

底視圖
+Vs Vout GND

(a) 元件 　　　　　　　　　　　　(b) 接腳

圖 8-19　LM35 溫度感測器

二 電路接線圖

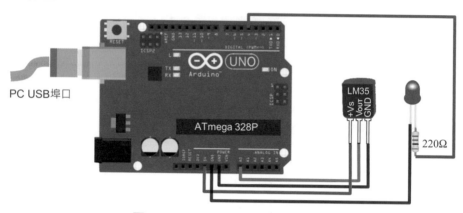

圖 8-20　LM35 溫度測量電路圖

三 程式：ch8_8.ino

```
const int lm35Vout=0;                      //LM35 輸出連接類比腳 A0。
const int led=4;                           //LED 連接數位腳 D4。
//初值設定
void setup( )
{
  Serial.begin(9600);                      //初始化序列埠，設定鮑率 9600bps。
  pinMode(led, OUTPUT);                    //設定 D4 為輸出模式。
  digitalWrite(led, LOW);                  //關閉 LED。
}
//主迴圈
void loop( )
{
    float degree;                          //環境溫度。
    degree=lm35(lm35Vout);                 //讀取環境溫度所對應的數位值。
    Serial.print("degrees Celsius = ");    //顯示字串"degrees Celsius = "。
    Serial.print(degree,1);                //顯示環境溫度，一位小數。
    Serial.println("°C");                  //顯示字元"°C"。
    if(degree>=30)                         //環境溫度大於等於 30°C?
        digitalWrite(led, HIGH);           //點亮 LED。
    else                                   //環境溫度小於 30°C。
        digitalWrite(led, LOW);            //關閉 LED。
    delay(1000);                           //每秒檢測一次。
}
//溫度測量函式
float lm35(int lm35Vout)                   //溫度測量函式。
```

```
{
    int value;                          //環境溫度所對應的數位值。
    float degree;                       //環境溫度。
    value=analogRead(lm35Vout);         //讀取轉換後的環境溫度數位值。
    degree=(float)value*0.5;            //轉成實際溫度值。
    return degree;                      //將實際溫度值傳回。
}
```

練習

1. 使用 Arduino 板配合 LM35 溫度感測器測量環境溫度，以序列埠監控視窗顯示環境溫度，當環境溫度小於 30°C 時，LED 不亮，當環境溫度大於 30°C 時，LED 閃爍。

2. 如圖 8-21 所示電路接線圖，使用 Arduino 板配合 LM35 溫度感測器測量環境溫度，以串列八位七段顯示模組顯示溫度值及單位（例如 25°C）。

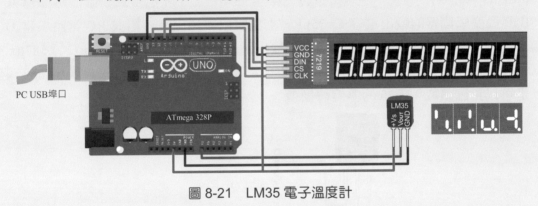

圖 8-21　LM35 電子溫度計

8-3-9　18B20 溫度測量實習

功能說明

如圖 8-26 所示電路接線圖，使用 Arduino 板配合 18B20 溫度感測器測量環境溫度，並且將環境溫度顯示於序列埠監控視窗中。

1. 18B20 溫度感測器

如圖 8-22 所示 Dallas 公司生產的 DS18B20 溫度感測器，具有 TO-92 及 SOIC 兩種包裝，工作溫度範圍-55°C~125°C，在溫度範圍-10°C~85°C 內具有±0.5°C 的精確度，工作電壓 3.0V~5.5V。18B20 使用 **OneWire 介面**，由接腳 DQ（Data Input/Ouput）傳輸資料，轉換一個 12 位元的溫度值最大需要 750ms。每一個 18B20

溫度感測器都有一組唯一序號，允許微控制器**同時連接多個** 18B20 溫度感測器來感測多點溫度。

(a) 元件   (b) 接腳

圖 8-22　18B20 溫度感測器

2. 連接方式

如圖 8-23 所示 18B20 溫度感測器連接方式，**DQ 接腳必須串聯一個上拉電阻（pull-up resister）R=4.7kΩ，然後再連接至+5V 電源，才能得到正確的數據輸出。** 18B20 溫度感測器的輸出電容 C=25pF，上拉電阻與輸出電容組成 RC 電路。當 DQ 輸出高電位時，電容 C 開始充電，DQ 輸出電壓達穩定所需時間為 5RC=0.587μs，以 OneWire 標準模式速率 16kbps 來計算，讀取 1 位元的時間等於 1/16k=62.5μs，所以是可以正確讀取 18B20 的溫度轉換值。

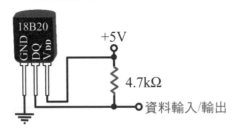

圖 8-23　18B20 溫度感測器連接方式

3. OneWire 函式庫下載

在使用 Arduino 板控制 18B20 溫度感測器前，必須先安裝 OneWire 及 DallasTemperature 兩個函式庫。OneWire 函式庫可以在如圖 8-24 所示 arduino 官網 https://www.arduinolibraries.info/libraries/one-wire 下載，下載完成後，於 Arduino IDE 中點選【草稿碼】【匯入程式庫】【加入.ZIP 程式庫】將其加入。

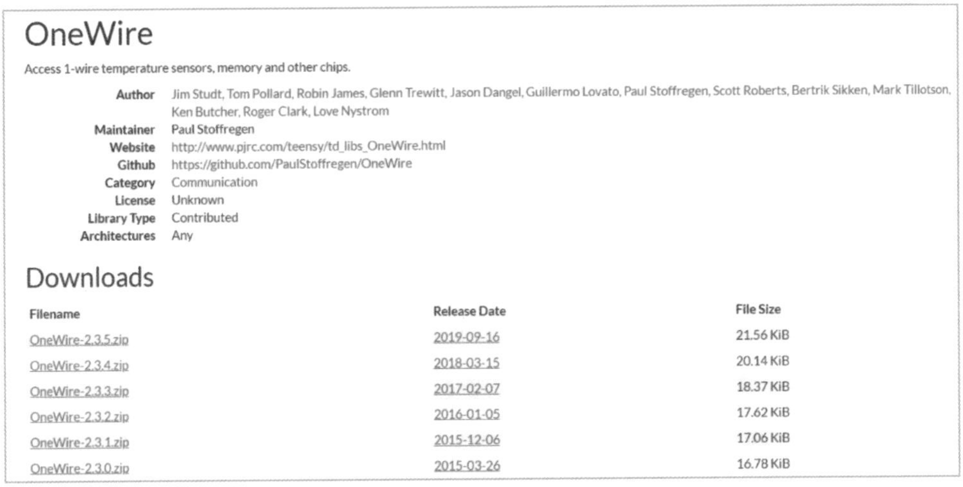

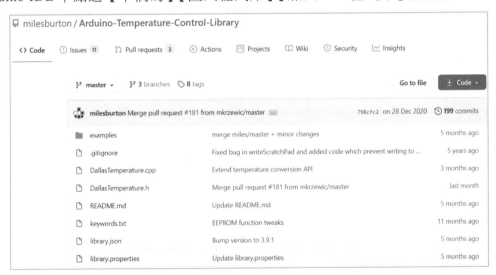

圖 8-24　OneWire 函式庫下載

4. DallasTemperature 函式庫下載

　　DallasTemperature 函式庫可以在如圖 8-25 所示開源代碼平台 https://github.com/milesburton/Arduino-Temperature-Control-Library 下載完成後，於 Arduino IDE 中點選【草稿碼】【匯入程式庫】【加入.ZIP 程式庫】將其加入。

圖 8-25　DallasTemperature 函式庫下載

電路接線圖

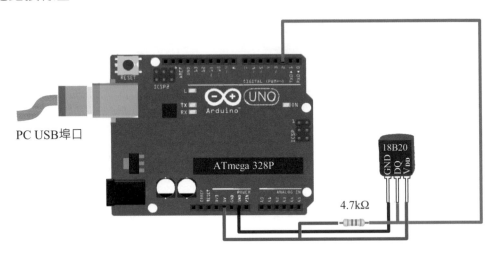

圖 8-26　18B20 溫度測量電路圖

程式：ch8_9.ino

```
#include <OneWire.h>                          //使用 OneWire 函式庫。
#include <DallasTemperature.h>                //使用 DallasTemperature 函式庫。
OneWire ds(2);                                //18B20 出 DS 連接至數位腳 D2。
DallasTemperature DS18B20(&ds);               //初始化 DS18B20。
float degree;                                 //溫度值。
//初值設定
void setup(void)
{
    Serial.begin(9600);                       //初始化序列埠，鮑率 9600bps。
    DS18B20.begin( );                         //初始化 DS18B20。
}
//主迴圈
void loop(void)
{
    DS18B20.requestTemperatures( );           //讀取環境溫度。
    degree=DS18B20.getTempCByIndex(0);        //取得裝置 0 元件 DS18B20 溫度值。
    Serial.print("Temperature=");             //顯示字串"Temperature="。
    Serial.print(degree);                     //顯示溫度值。
    Serial.println("°C");                     //顯示字元"°C"。
    delay(1000);                              //每秒檢測一次。
}
```

練習

1. 使用 Arduino 板配合 18B20 溫度感測器測量環境溫度，以序列埠監控視窗顯示環境溫度。當環境溫度大於等於 25°C 時，點亮 LED(D4)，小於 25°C 時，關閉 LED。

2. 如圖 8-27 所示電路接線圖，使用 Arduino 板配合 18B20 溫度感測器測量環境溫度，以串列八位七段顯示模組顯示溫度值（顯示一位小數，例如 25.5°C 則顯示 25.5）。

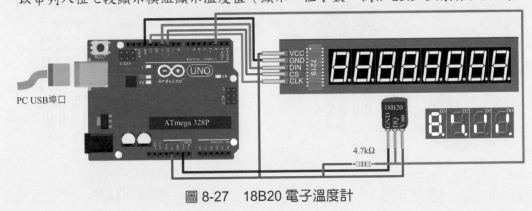

圖 8-27　18B20 電子溫度計

8-3-10　DHT11 溫溼度測量實習

━ 功能說明

如圖 8-33 所示電路接線圖，使用 Arduino 板配合 DHT11 溫溼度感測器測量環境溫度及溼度，並且將環境溫度及溼度顯示於序列埠監控視窗中，顯示結果如下圖 8-28 所示。

```
COM3                                                    —   □   ×
|                                                            傳送
Temperature = 25.00°C ,77.00°F ,Humidity = 32.00%
Temperature = 25.00°C ,77.00°F ,Humidity = 32.00%
Temperature = 26.00°C ,78.80°F ,Humidity = 32.00%
Temperature = 25.00°C ,77.00°F ,Humidity = 32.00%
Temperature = 25.00°C ,77.00°F ,Humidity = 32.00%
Temperature = 25.00°C ,77.00°F ,Humidity = 32.00%
Temperature = 25.00°C ,77.00°F ,Humidity = 32.00%
Temperature = 25.00°C ,77.00°F ,Humidity = 32.00%
Temperature = 25.00°C ,77.00°F ,Humidity = 32.00%
Temperature = 25.00°C ,77.00°F ,Humidity = 32.00%
Temperature = 25.00°C ,77.00°F ,Humidity = 32.00%
Temperature = 25.00°C ,77.00°F ,Humidity = 32.00%
Temperature = 25.00°C ,77.00°F ,Humidity = 32.00%
Temperature = 25.00°C ,77.00°F ,Humidity = 32.00%
☑ 自動捲動  □ Show timestamp        沒有行結尾 ∨  9600 baud ∨  Clear output
```

圖 8-28　序列埠監控制視窗顯示環境溫度及溼度

1. DHT11/DHT22 溫溼度感測器

如圖 8-29 所示 DHT11/DHT22 溫溼度感測器，兩者接腳完全相同，採用 3.3V 或 5V 供電。內部電路由溼度感測器、負溫度係數（negative temperature coefficient，簡記 NTC）熱敏電阻及 IC 所組成。

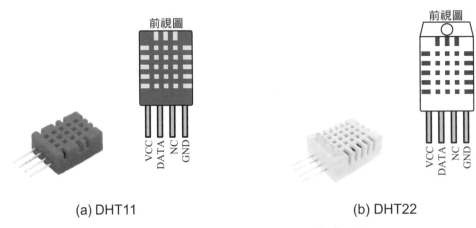

(a) DHT11　　　　　　　　　　　　　(b) DHT22

圖 8-29　DHT11 / DHT22 溫溼度感測器

DHT11/DHT22 使用 NTC 熱敏電阻來測量環境溫度，DHT11/DHT22 溼度感測的原理是利用兩個電極基板間的溼度隨著環境中水分含量的變化，使基板電導率或電極之間的電阻產生變化。透過這種變化，就可以測得環境相對溼度。DHT22 感測器比 DHT11 有較高的解析度、寬廣的溫度及溼度測量範圍。DHT22 感測器的缺點是價格較貴，且只能每 2 秒（取樣率 0.5Hz）讀取一次數據，而 DHT11 價格較便宜，可以每秒（取樣率 1Hz）讀數 1 次數據。

2. 連接方式

如圖 8-30 所示 DHT11/DHT22 溫溼度感測器連接方式，**DATA 接腳必須串聯一個上拉電阻（pull-up resister）R=4.7kΩ，然後再連接至+5V 電源，才能得到正確的數據輸出。**

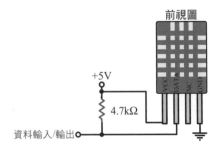

圖 8-30　DHT11/DHT22 溫溼度感測器連接方式

3. DHT 函式庫下載

在使用 Arduino 板控制 DHT11/DHT22 溫溼度感測器前，必須先安裝 **DHT** 及 **Adafruit_Sensor** 兩個函式庫。DHT 函式庫可以在如圖 8-31 所示開源代碼平台 https://github.com/adafruit/DHT-sensor-library 下載，下載完成後，於 Arduino IDE 中點選【草稿碼】【匯入程式庫】【加入.ZIP 程式庫】將其加入。

圖 8-31　DHT 函式庫下載

4. Adafurit_Sensor 函式庫下載

Adafruit_Sensor 函式庫可以在如圖 8-32 所示開源代碼平台 https://github.com/adafruit/Adafruit_Sensor 下載，下載完成後，於 Arduino IDE 中點選【草稿碼】【匯入程式庫】【加入.ZIP 程式庫】將其加入。

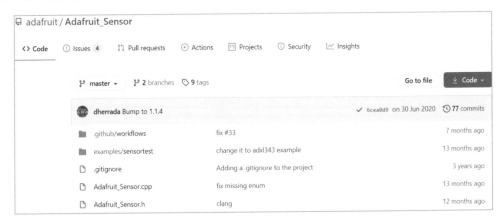

圖 8-32　Adafruit_Sensor 函式庫下載

二 電路接線圖

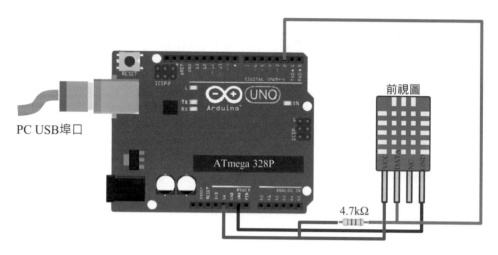

圖 8-33　DHT11 溫溼度測量電路圖

三 程式：ch8_10.ino

```
#include <Adafruit_Sensor.h>              //使用 Adafruit_Sensor 函式庫。
#include <DHT.h>                          //使用 DHT 函式庫。
#define dhtPin 2                          //DHT11 輸出 DATA 連接數位腳 D2。
#define dhtType DHT11                     //使用 DHT11 感測器。
DHT dht(dhtPin, dhtType);                 //設定 DHT11 感測器參數。
//初值設定
void setup( )
{
    Serial.begin(9600);                  //初始化序列埠，設定鮑率 9600bps。
    dht.begin( );                        //初始化 DHT11。
}
//主迴圈
void loop( )
{
    delay(2000);                         //等待 DHT11 轉換數據。
    float h = dht.readHumidity( );       //讀取相對溼度百分比。
    float t = dht.readTemperature( );    //讀取攝氏溫度值。
    float f = dht.readTemperature(true); //讀取華氏溫度值。
    if (isnan(h) || isnan(t) || isnan(f)) //溫度或溼度數據錯誤？
    {
        Serial.println("Failed to read from DHT sensor!");
        //顯示錯誤訊息。
        return;                          //返回。
```

```
}
```

`Serial.print("Temperature = ");`	//顯示字串"Temperature = "。
`Serial.print(t);`	//顯示攝氏溫度。
`Serial.print("°C");`	//顯示字串"°C"。
`Serial.print(" ,");`	//顯示字元" ,"。
`Serial.print(f);`	//顯示華氏溫度。
`Serial.print("°F");`	//顯示字串"°F"。
`Serial.print(" ,Humidity = ");`	//顯示字串" ,Humidity = "。
`Serial.print(h);`	//顯示相對溼度百分比。
`Serial.println("%");`	//顯示字元"%"。

```
}
```

練習

1. 設計一植物自動澆水檢測器，以 DHT11 溫溼度感測器測量環境溫度及溼度，當環境溫度大於攝氏 30°C 或溼度小於 50%時，點亮紅色 LED(D4)。

2. 如圖 8-34 所示電路接線圖，使用 Arduino 板配合 DHT22 溫溼度感測器測量環境溫度及溼度，以串列八位七段顯示模組顯示溫度及溼度值。左邊四位顯示溫度，例如 25°C，右邊四位顯示溼度，例如 50rH。

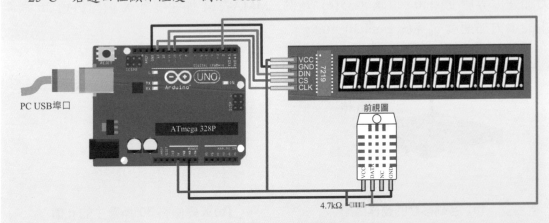

圖 8-34　DHT11 電子溫溼度計

8-3-11　MMA7361 傾斜角度測量實習

🔶 功能說明

如圖 8-38 所示電路接線圖，使用 Arduino 板配合 MMA7361 加速度計測量物體傾斜角度，並且將傾斜角度顯示於序列埠監控視窗中。

1. 運動感測器

運動感測器是用來偵測物體的加速度、震動、衝擊、傾斜、旋轉及方位等變化狀況，常用的運動感測器有**加速度計**（accelerometer，簡記 g-sensor）、**陀螺儀**（gyroscope）及**電子羅盤**（e-compass）等。

2. 加速度計

如圖 8-35 所示加速度計，用於計算物體在**三維空間中的加速度**，加速度的單位為公尺/秒^2（m/s^2）。物體在靜止狀態下 Z 軸受到向下的重力加速度（gravitational acceleration，簡記 g）為 **1g=9.8m/s2**。

如圖 8-35(a) 所示為加速度計各軸移動的動作情形，不同傾斜角度所產生的重力加速度等於 g×sinθ，以圖 8-35(b) 為例，MMA7361 加速度計 X 軸傾斜角 30°所產生的重力加速度 g_θ等於 g×sin30°=0.5g。

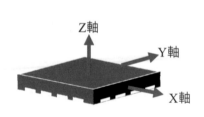

(a) 各軸移動的動作情形　　　　　　(b) X 軸傾斜 30°所產生的 g 值

圖 8-35　加速度計

3. MMA7361 加速度計模組

如圖 8-36 所示 NXP/Freescale 公司生產的 MMA7361 加速度計模組，可讀出 X、Y、Z 等三軸低量級傾斜、移動、撞擊和震動誤差。不同公司生產所引出的接腳位置可能不同，但其內部皆使用 Freescale 半導體公司生產的 MMA7361 加速度計。MMA7361 加速度計工作電壓範圍 2.2V~3.6V，工作電流 400μA。設定接腳 SL=0 時，MMA7361 將進入休眠（sleep）模式，休眠模式工作電流只有 3μA。

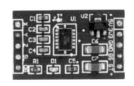

<table>
<tr><td>(a) 外觀</td><td>(b) 接腳圖</td></tr>
</table>

圖 8-36　MMA7361 加速度計模組

(1) g 值靈敏度

　　如表 8-2 所示 MMA7361 加速度計的 g 值靈敏度（sensitivity），加速度計 GS 接腳可以設定 1.5g 及 6g 兩種 g 值範圍。GS 腳內含下拉電阻，當 GS 腳**空接或接地**時的最大 g 值範圍為 1.5g，最大靈敏度為 800mV/g。當 GS 腳**為 V_{DD}** 時的最大 g 值範圍為 6g，最大靈敏度為 206mV/g。

表 8-2　MMA7260 加速度計的 g 值靈敏度

GS 腳	G 值範圍	靈敏度
0	1.5g	800mV/g
1	6g	206mV/g

(2) 傾斜角與三軸輸出電壓的關係

　　如表 8-3 所示 MMA7361 加速度計傾斜角與三軸輸出電壓的關係，加速度計水平放置時 X 軸及 Y 軸的 g 值等於 0 時，輸出電壓在 1.485~1.815V 之間，典型值 1.65V。

表 8-3　MMA7361 加速度計傾斜角與 X、Y、Z 三軸輸出電壓的關係

角度θ	-90°	-60°	-45°	-30°	0°	+30°	+45°	+60°	+90°
g 值	-1	-0.866	-0.707	-0.5	0	+0.5	+0.707	+0.866	+1
電壓值	0.85V	0.96V	1.08V	1.25V	1.65V	2.05V	2.22V	2.34V	2.45V
數位值	170	192	216	250	330	410	444	468	490

　　傾斜角為θ時的 g 值等於 gsinθ，輸出電壓等於 1.65+0.8×sinθ伏特。以物體 X 軸傾斜角 30°為例，g 值等於 gsin30°=0.5g，輸出電壓等於 1.65+0.8×0.5=2.05V。因為 Arduino 板六組類比輸入（A0~A5）為 10 位元 ADC 轉換器，最小數位值約為 5mV，所以傾斜角 30°的數位值等於 2.05V/5mV=410。實際上，**三軸輸出電壓**

值會因電源電壓的穩定性及各軸差異而有誤差，必須自己反覆測試調校，才能得到正確的輸出。

(3) 最大傾斜角與 X、Y、Z 三軸輸出電壓的關係

　　如圖 8-37 所示 MMA7361 加速度計三軸最大傾斜角與三軸輸出電壓的關係，圖 8-37(a) 為 X 軸傾斜+90°時，X 輸出電壓為 2.45V，g 值為+1g。圖 8-37(b) 為 X 軸傾斜-90°時，X 輸出電壓為 0.85V，g 值為-1g。圖 8-37(c) 為 Y 軸傾斜+90°時，Y 輸出電壓為 2.45V，g 值為+1g。圖 8-37(d) 為 Y 軸傾斜-90°時，Y 輸出電壓為 0.85V，g 值為-1g。圖 8-37(e) 為 Z 軸傾斜+90°時，Z 輸出電壓為 2.45V，g 值為+1g；圖 8-37(f) 為 Z 軸傾斜-90°時，Z 輸出電壓為 0.85V，g 值為-1g。

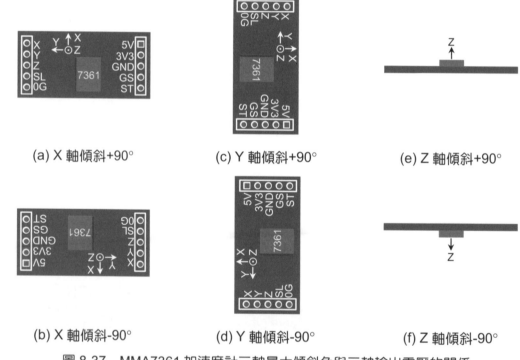

(a) X 軸傾斜+90°　　　(c) Y 軸傾斜+90°　　　(e) Z 軸傾斜+90°

(b) X 軸傾斜-90°　　　(d) Y 軸傾斜-90°　　　(f) Z 軸傾斜-90°

圖 8-37　MMA7361 加速度計三軸最大傾斜角與三軸輸出電壓的關係

二 電路接線圖

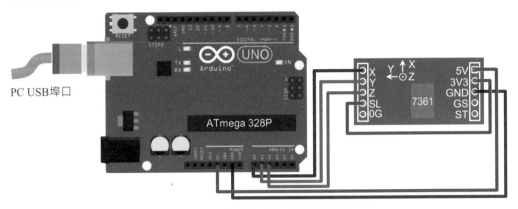

PC USB埠口

圖 8-38 傾斜角度測量電路圖

三 程式：ch8_11.ino

```
#define PI 3.1416;                    //定義π值。
const int Xpin=0;                     //MMA7361 的 X 軸輸出連接 A0。
const int Ypin=1;                     //MMA7361 的 Y 軸輸出連接 A1。
const int Zpin=2;                     //MMA7361 的 Z 軸輸出連接 A2。
int Xval,Yval,Zval;                   //三軸 X、Y、Z 的數位值。
double Xg,Yg,Zg;                      //三軸 X、Y、Z 的重力值。
double Xdeg,Ydeg,Zdeg;                //三軸 X、Y、Z 的傾斜角。
初值設定
void setup( )
{
    Serial.begin(9600);               //初始化序列埠，設定鮑率 9600bps。
}
//主迴圈
void loop( )
{
    Xval=analogRead(Xpin);            //X 軸輸出電壓轉數位值。
    Yval=analogRead(Ypin);            //Y 軸輸出電壓轉數位值。
    Zval=analogRead(Zpin);            //Z 軸輸出電壓轉數位值。
    Xg=double(Xval-370)/160;          //轉換 X 軸 g 值，370 為 X 軸 0g 的實際數位值。
    Yg=double(Yval-395)/160;          //轉換 Y 軸 g 值，395 為 Y 軸 0g 的實際數位值。
    Zg=double(Zval-285)/160;          //轉換 Z 軸 g 值，395 為 Y 軸 0g 的實際數位值。
    Xg=constrain(Xg,-1,1);            //限制 X 軸 g 值在-1g~+1g 之間。
    Yg=constrain(Yg,-1,1);            //限制 Y 軸 g 值在-1g~+1g 之間。
    Zg=constrain(Zg,-1,1);            //限制 Z 軸 g 值在-1g~+1g 之間。
    Xdeg=asin(Xg)*180/PI;             //計算 X 軸的斜傾角。
```

```
    Ydeg=asin(Yg)*180/PI;              //計算 Y 軸的斜傾角。
    Zdeg=asin(Zg)*180/PI;              //計算 Z 軸的斜傾角。
    Serial.println("-----------------------");
    Serial.print("val(X,Y,Z)=");       //顯示三軸輸出 X、Y、Z 的數位值。
    Serial.print(Xval);
    Serial.print(",");
    Serial.print(Yval);
    Serial.print(",");
    Serial.println(Zval);
    Serial.print("deg(X,Y,Z)=");       //顯示三軸輸出 X、Y、Z 的傾斜角。
    Serial.print(Xdeg,0);
    Serial.print(",");
    Serial.print(Ydeg,0);
    Serial.print(",");
    Serial.println(Zdeg,0);
    delay(1000);
}
```

練習

1. 如圖 8-39 所示電路接線圖，使用 MMA7361 加速度計測量物體傾斜角，並以全彩 LED 顯示斜傾狀態。當 X 軸傾斜角大於 45° 時，綠燈亮；當 Y 軸傾斜角大於 45° 時，黃燈亮；當 Z 軸傾斜角大於 45° 時，紅燈亮。

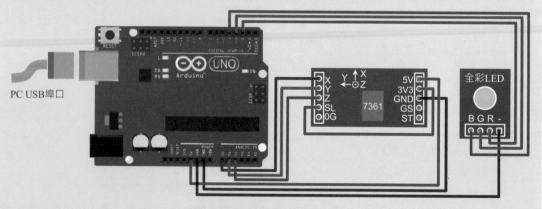

圖 8-39　傾斜角度指示器

2. 如圖 8-40 所示電路接線圖，使用 MMA7361 加速度計測量物體傾斜角，並以串列八位七段顯示器顯示傾斜角。左邊四位顯示 X 軸傾斜角，右邊四位顯示 Y 軸傾斜角，例如 X 軸斜傾角 60°，Y 軸斜傾角 -45°，顯示情形如圖 8-41 所示。

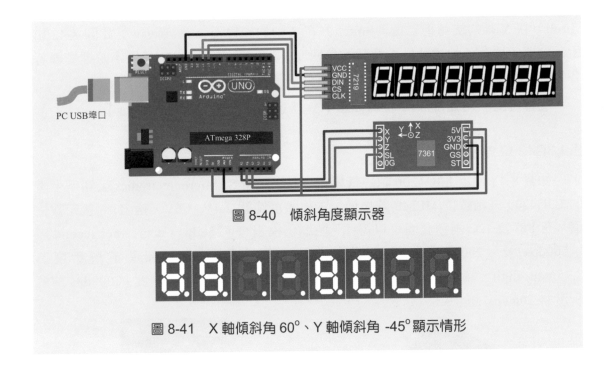

圖 8-40　傾斜角度顯示器

圖 8-41　X 軸傾斜角 60°、Y 軸傾斜角 -45° 顯示情形

8-3-12　L3G4200 旋轉角度測量實習

🔵 功能說明

　　如圖 8-45 所示電路接線圖，使用 Arduino 板配合 3G4200 陀螺儀測量物體三軸旋轉角度，並且將旋轉角度顯示於序列埠監控視窗中。

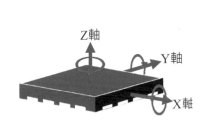

(a) 三軸旋轉的動作情形

各軸

角速度=正值

(b) 繞各軸逆時針旋轉

各軸

角速度=負值

(c) 繞各軸順時針旋轉

圖 8-42　陀螺儀

1. 陀螺儀

　　如圖 8-42 所示陀螺儀，用來測量三軸所發生的**旋轉角速度**（angular velocity，簡記 ω）變化，單位為度/秒（degree per second，簡記 dps）。如圖 8-42(a) 所示三軸旋轉的動作情形，以 X 軸方向（飛機機頭方向）為基準，在 X 軸的旋轉稱為**滾動**

（roll），在 Y 軸的旋轉稱為**俯仰**（pitch），在 Z 軸的旋轉稱為**偏航**（yaw）。如圖 8-42(b) 所示陀螺儀繞著各軸逆時針旋轉時的角速度ω為正值。如圖 8-42(c) 所示陀螺儀繞著各軸順時針旋轉時的角速度ω為負值。因此，旋轉角度θ可以計算如下：

旋轉角度θ=角速度ω×單位時間Δt【Δt 任意設定，通常設定 t=10ms】

2. L3G4200 陀螺儀模組

如圖 8-43 所示 L3G4200 陀螺儀模組，內部使用 STMicroelectronics 公司所生產的 L3G4200 三軸數位 MEMS 陀螺儀，工作電壓範圍 2.4V~3.6V，輸出 16 位元數位值，有 SPI 及 I2C 兩種介面可以選擇。陀螺儀模組有±250dps（degree per second）、±500dps 及 ±2000dps 三種滿刻度可以選擇，滿刻度 ±250dps 的解析度為 8.75mdps/digit，滿刻度±500dps 的解析度為 17.5mdps/digit，滿刻度±2000dps 的解析度為 70mdps/digit。

(a) 模組外觀   (b) 接腳圖

圖 8-43　L3G4200 陀螺儀模組

在使用 Arduino 板控制 L3G4200 陀螺儀模組前，必須先安裝 L3G4200D 函式庫，下載網址如圖 8-44 所示開源代碼平台 https://github.com/jarzebski/Arduino-L3G4200D。下載完成後，於 Arduino IDE 中點選【草稿碼→匯入程式庫→加入.ZIP 程式庫】將其加入。

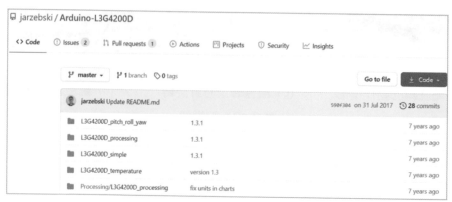

圖 8-44　L3G4200D 函式庫下載

二 電路接線圖

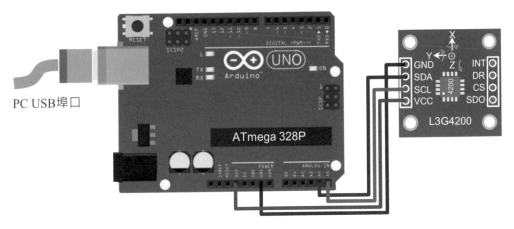

圖 8-45 旋轉角度測量電路圖

三 程式：ch8_12.ino

```
#include <Wire.h>                    //使用 Wire 函式庫。
#include <L3G4200D.h>                //使用 L3G4200D 函式庫。
L3G4200D gyro;                       //宣告一個 L3G4200D 物件 gyro。
unsigned long timer = 0;             //計時器。
float timeStep = 0.01;               //單位時間Δt=10ms。
float roll = 0;                      //滾動。
float pitch = 0;                     //俯仰。
float yaw = 0;                       //偏航。
//初值設定
void setup( )
{
    Serial.begin(115200);            //初始化序列埠，設定鮑率 115200bps。
    Serial.println("Initialize L3G4200D");   //顯示字串。
                                     //設定滿刻度 2000 dps。
    while(!gyro.begin(L3G4200D_SCALE_2000DPS,L3G4200D_DATARATE_400HZ_50))
    {
        Serial.println("Could not find L3G4200D sensor");
        delay(500);
    }
    gyro.calibrate(100);             //校正取樣率為 100 次。
    gyro.setThreshold(1);            //校正係數。
}
//主迴圈
void loop( ) {
```

```
timer = millis( );                                  //取得系統時間。
Vector norm = gyro.readNormalize();                 //讀取三軸旋轉角速度。
 roll = roll + norm.XAxis * timeStep;               //計算 X 軸的旋轉角。
pitch = pitch + norm.YAxis * timeStep;              //計算 Y 軸的旋轉角。
yaw = yaw + norm.ZAxis * timeStep;                  //計算 Z 軸的旋轉角。
Serial.print(" Roll = ");
Serial.print(roll);                                 //顯示 X 軸的旋轉角。
Serial.print(" Pitch = ");
Serial.print(pitch);                                //顯示 Y 軸的旋轉角。
Serial.print(" Yaw = ");
Serial.println(yaw);                                //顯示 Z 軸的旋轉角。
delay((timeStep*1000) - (millis( ) - timer));//每 10ms 計算一 次旋轉角。
}
```

練習

1. 使用 Arduino 板控制 3G4200 陀螺儀 Z 軸旋轉及兩個 LED 燈（右燈 D3、左燈 D4），指示機車龍頭轉動方向。當龍頭向右轉超過 45°，則右燈亮；當龍頭向左轉超過 45°，則左燈亮。

2. 如圖 8-46 所示電路接線圖，使用 Arduino 板控制 3G4200 陀螺儀，並將 X、Y、Z 三軸旋轉角度（各軸旋轉角限制在 ±90°）顯示於串列七段顯示器。X 軸 -45°、Y 軸 60° 的顯示情形如圖 8-47 所示。

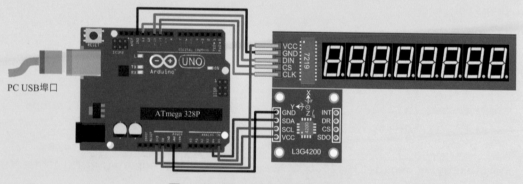

圖 8-46　X-Y 軸旋轉角指示器

圖 8-47　X 軸 -45°、Y 軸 60° 的顯示情形

9

矩陣型 LED 實習

9-1 認識矩陣型 LED 顯示器

如圖 9-1 所示 8×8 矩陣型 LED 顯示器，可以用來顯示英文字、數字及符號等，使用 15×16 或 24×24 矩陣型 LED 顯示器才能完整顯示一個中文字。目前單片型並沒有 15×16 或 24×24 矩陣型 LED 顯示器，乃因單片型的點數較多，相對成品良率較低或是更換時成本較高。一個 15×16 中文字，必須使用 **4 片** 8×8 矩陣型 LED 顯示器組合，一個 24×24 中文字，必須使用 **9 片** 8×8 矩陣型 LED 顯示器組合。

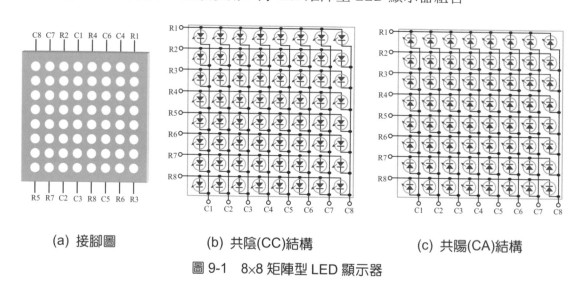

(a) 接腳圖　　　　(b) 共陰(CC)結構　　　　(c) 共陽(CA)結構

圖 9-1　8×8 矩陣型 LED 顯示器

9-1-1　內部結構

依 8×8 矩陣型 LED 顯示器內部結構可以分成兩種，第一種結構如圖 9-1(b) 所示**共陰（Common Cathode，簡記 CC）結構**，每一行 LED 的陰極連接在一起，形成 C1~C8，每一列 LED 的陽極連接在一起，形成 R1~R8。第二種結構如圖 9-1(c) 所示**共陽（Common Anode，簡記 CA）結構**，每一行 LED 的陽極連接在一起，形成 C1~C8，每一列 LED 的陰極連接在一起，形成 R1~R8。CC 結構轉置 90° 就會變成 CA 結構。

9-1-2　多工掃描原理

驅動 8×8 矩陣型 LED 顯示器有兩種方法，第一種方法是使用**行掃描**方式，並且將位元組資料送至列 R1~R8。第二種方法是使用**列掃描**方式，並且將位元組資料送至行 C1~C8。無論使用那一種掃描方法，都必須有足夠的驅動電流，才能使每一個

LED 顯示亮度均勻。單顆 LED 所需的**驅動電流 10mA~30mA**，假設以 10mA 計算，8 顆 LED 共需 80mA，因此每行或每列掃描的驅動電流至少需要 80mA 以上。

　　如圖 9-2 所示 8×8 矩陣型 LED 顯示器的多工掃描原理，每次只會掃描並顯示一行資料，然後依序掃描第二行、第三行…等，直到掃描至最後一行後，再重新掃描第一行。因為人類眼睛會有視覺暫留現象，每個影像會存在於視網膜一段時間，只要掃描速度夠快，微控制器由第一行開始依序掃描到最後一行所需的總時間，遠小於視覺暫留時間，各行畫面在視網膜重疊組合，即可看到完整的顯示畫面。

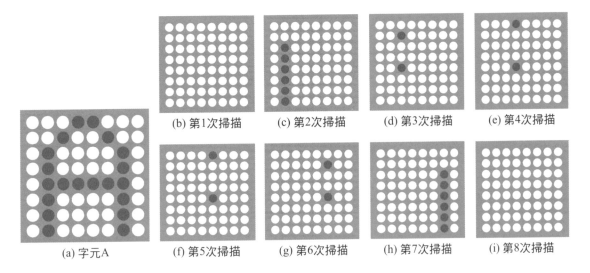

(a) 字元A　　(b) 第1次掃描　　(c) 第2次掃描　　(d) 第3次掃描　　(e) 第4次掃描

(f) 第5次掃描　　(g) 第6次掃描　　(h) 第7次掃描　　(i) 第8次掃描

圖 9-2　多工掃描原理

　　人類視覺暫留最短時間為 **1/24 秒**，而平均時間為 **1/16 秒**，所以掃描一個完整畫面的時間不得大於 1/16 秒，才不會有部分畫面遺失的感覺，而使畫面產生閃爍的現象。掃描頻率愈高，比較不會有閃爍的現象，但是掃描頻率太高時，每行所分配到的顯示時間變短，將會造成 LED 亮度不足的問題。如表 9-1 所示多工掃描時間建議值，可依實際情形調整。

表 9-1　多工掃描時間建議值

掃描總行數	工作週期	建議總掃描時間	每行掃描最大時間
2	1/2	1/64 秒	$(1/64)(1/2) \cong 8ms$
4	1/4	1/64 秒	$(1/64)(1/4) \cong 4ms$
8	1/8	1/64 秒	$(1/64)(1/8) \cong 2ms$

9-1-3 串列式 8×8 矩陣型 LED 顯示模組

如圖 9-3 所示串列式 8×8 矩陣型 LED 顯示模組，使用 MAX7219 串列介面驅動 IC，可以驅動一個共陰結構的 8×8 點矩陣 LED 顯示器，MAX7219 介面 IC 在 7-3 節有詳細說明，此處不再贅述。MAX7219 的 DIG0~DIG7 腳位，依序分別連接在 8×8 點矩陣 LED 顯示器的行 C1~C8，來提供行掃描的電流迴路。如圖 9-3(c) 所示模組內部接線圖，MAX7219 的 SEG P、SEG A、SEG B、SEG C、SEG D、SEG E、SEG F、SEG G 腳位，依序分別連接 8×8 矩陣型 LED 顯示器的列 R8~R1。MAX7219 的 DIG0~DIG7，依序分別連接 8×8 矩陣型 LED 顯示器的行 C1~C8。**當 DIG 為低電位且 SEG 為高電位時，所對應的 LED 即會點亮，屬於共陰極結構。**

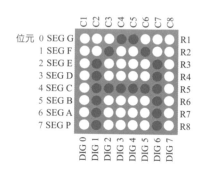

| (a) 模組外觀 | (b) 模組外部接腳圖 | (c) 模組內部接線圖 |

圖 9-3　串列式 8×8 矩陣型 LED 顯示模組

9-2　函式說明

9-2-1 SPI 函式庫

串列周邊介面（Serial Peripheral Interface，簡記 SPI）在第七章已有詳細說明。Arduino 的 SPI 函式庫支援 SPI 通訊標準，讓我們可以很容易使用 SPI 介面來連結 Arduino 控制板與周邊裝置。Arduino Uno 板（主控裝置）的 SPI 介面 **SS、MOSI、MISO、SCK** 四條線分別連接在數位腳 **10、11、12、13**。Arduino Uno 板的數位腳 11、12、13 分別連接到每一個周邊裝置的 MOSI、MISO、SCK 三條線。如果是控制單一周邊裝置，只須將 Arduino Uno 板的數位腳 10 連接到周邊裝置的 SS 腳，即可致能或除能周邊裝置。**相關函式在 7-4-6 節有詳細說明。**

9-3　實作練習

9-3-1　8×8 矩陣型 LED 顯示靜態字元實習

一 功能說明

如圖 9-5 所示電路接線圖，使用 Arduino 板控制 8×8 矩陣型 LED 顯示模組，顯示如圖 9-4 所示靜態字元 A。

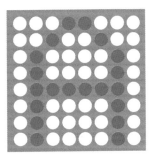

圖 9-4　靜態字元 A

二 電路接線圖

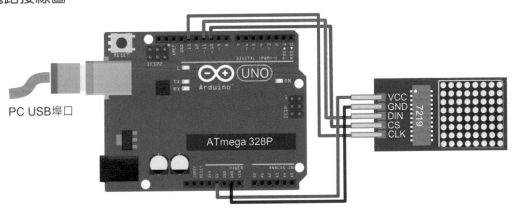

圖 9-5　8×8 矩陣型 LED 顯示靜態字元實習電路圖

三 程式：ch9_1.ino

`#include <SPI.h>`	//使用 SPI 函式庫。
`const int slaveSelect=10;`	//MAX7219 致能腳 SS。
`const int decodeMode=9;`	//MAX7219 解碼模式暫存器。
`const int intensity=10;`	//MAX7219 亮度控制暫存器。
`const int scanLimit=11;`	//MAX7219 掃描限制暫存器。
`const int shutDown=12;`	//MAX7219 關閉模式暫存器。

```
const int dispTest=15;                          //MAX7219 顯示測試暫存器。
byte i;                                          //迴圈變數。
const byte character[8]= { B00000000,            //C1-DIG0
                           B11111100,            //C2-DIG1
                           B00010010,            //C3-DIG2
                           B00010001,            //C4-DIG3
                           B00010001,            //C5-DIG4
                           B00010010,            //C6-DIG5
                           B11111100,            //C7-DIG6
                           B00000000             //C8-DIG7
//初值設定
void setup( )
{
    SPI.begin(   );                              //初始化 SPI。
    pinMode(slaveSelect, OUTPUT);                //設定數位 10 為輸出模式。
    digitalWrite(slaveSelect, HIGH);             //除能 MAX7219。
    sendCommand(shutDown, 1);                    //設定 MAX7219 為正常模式。
    sendCommand(dispTest, 0);                    //設定 MAX7219 為正常模式。
    sendCommand(intensity, 1);                   //設定 MAX7219 最小亮度。
    sendCommand(scanLimit,7);                    //設定 MAX7219 掃描行數為 8 行。
    sendCommand(decodeMode, 0);                  //設定 MAX7219 不解碼。
    for(i=0;i<8;i++)                             //清除顯示畫面。
        sendCommand(i+1,0);
}
//主迴圈
void loop( )
{
    for(i=0;i<8;i++)                             //顯示靜態字元 A。
        sendCommand(i+1,character[i]);
}
//SPI 寫入函式
void sendCommand(byte command,byte value)
{
    digitalWrite(slaveSelect, LOW);              //致能 MAX7219。
    SPI.transfer(command);                       //傳送位址給 MAX7219。
    SPI.transfer(value);                         //傳送資料給 MAX7219。
    digitalWrite(slaveSelect, HIGH);             //除能 MAX7219。
}
```

練習

1. 使用 Arduino 板控制 8×8 矩陣型 LED 顯示器顯示如圖 9-6(a)所示靜態字元 B。

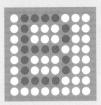

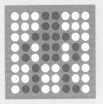

     (a) 靜態字元 B   (b) 小紅人

圖 9-6　練習圖形

2. 使用 Arduino 板控制 8×8 矩陣型 LED 顯示器閃爍顯示如圖 9-6(b)所示小紅人。

9-3-2　電腦鍵盤控制 8×8 矩陣型 LED 顯示數字 0~9 實習

■ 功能說明

　　如圖 9-5 所示電路接線圖，使用電腦鍵盤輸入數字鍵 0~9，控制 8×8 矩陣型 LED 顯示器，顯示如圖 9-7 所示相對應的數字 0~9。

圖 9-7　數字 0~9 顯示畫面

■ 電路接線圖

　　如圖 9-5 所示電路圖。

■ 程式： ch9_2.ino

```
#include <SPI.h>                    //使用 SPI 函式庫。
const int slaveSelect=10;           //數位腳 D10 連接 MAX7219 致能腳 SS。
```

```
const int decodeMode=9;                              //MAX7219 解碼模式暫存器。
const int intensity=10;                              //MAX7219 亮度控制暫存器。
const int scanLimit=11;                              //MAX7219 掃描限制暫存器。
const int shutDown=12;                               //MAX7219 關閉模式暫存器。
const int dispTest=15;                               //MAX7219 顯示測試暫存器。
byte i;                                              //迴圈變數。
const byte character[10][8]=
   { {0x00,0x00,0x7f,0x41,0x41,0x7f,0x00,0x00},       //數字 0
     {0x00,0x00,0x00,0x00,0x00,0x7f,0x00,0x00},       //數字 1
     {0x00,0x00,0x79,0x49,0x49,0x4f,0x00,0x00},       //數字 2
     {0x00,0x00,0x49,0x49,0x49,0x7f,0x00,0x00},       //數字 3
     {0x00,0x00,0x0f,0x08,0x08,0x7f,0x00,0x00},       //數字 4
     {0x00,0x00,0x4f,0x49,0x49,0x79,0x00,0x00},       //數字 5
     {0x00,0x00,0x7f,0x49,0x49,0x79,0x00,0x00},       //數字 6
     {0x00,0x00,0x01,0x01,0x01,0x7f,0x00,0x00},       //數字 7
     {0x00,0x00,0x7f,0x49,0x49,0x7f,0x00,0x00},       //數字 8
     {0x00,0x00,0x4f,0x49,0x49,0x7f,0x00,0x00}  };    //數字 9
//初值設定
void setup( )
{
    Serial.begin(9600);                              //串列埠初始化，設定鮑率 9600bps。
    SPI.begin( );                                    //SPI 介面初始化。
    pinMode(slaveSelect, OUTPUT);                    //設定數位腳 D10 為輸出模式。
    digitalWrite(slaveSelect, HIGH);                 //除能 MAX7219。
    sendCommand(shutDown, 1);                        //MAX7219 正常工作。
    sendCommand(dispTest, 0);                        //關閉 MAX7219 顯示測試。
    sendCommand(intensity, 1);                       //設定 MAX7219 最小亮度。
    sendCommand(scanLimit, 7);                       //設定 MAX7219 掃描位數為 8 位。
    sendCommand(decodeMode, 0);                      //設定 MAX7219 不解碼。
    for(i=0;i<8;i++)                                 //顯示數字 0。
        sendCommand(i+1,character[0][i]);
}
//主迴圈
void loop( )
{
    if(Serial.available( ))                          //鍵盤輸入任意鍵?
    {
        int ch=Serial.read( );                       //讀取鍵盤按鍵值。
        if(ch>='0' && ch<='9')                       //輸入數字 0~9?
        {
```

```
        for(i=0;i<8;i++)                    //8×8 矩陣列 LED 顯示鍵盤所輸入的數字。
            sendCommand(i+1, character[ch-'0'][i]);
        }
    }
}
//SPI 寫入函式
void sendCommand(byte command,byte value)
{
    digitalWrite(slaveSelect,LOW);         //致能 MAX7219。
    SPI.transfer(command);                 //傳送位址至 MAX7219。
    SPI.transfer(value);                   //傳送資料至 MAX7219。
    digitalWrite(slaveSelect,HIGH);        //除能 MAX7219。
}
```

練習

1. 使用電腦鍵盤控制 8×8 矩陣型 LED 顯示器閃爍顯示數字 0~9，所顯示的數字與鍵盤按鍵值相同。

2. 設計 Arduino 程式，使用電腦鍵盤控制 8×8 矩陣型 LED 顯示器。按 F 鍵閃爍顯示自己的學號，按 S 鍵則停止。

9-3-3 按鍵控制 8×8 矩陣型 LED 顯示器上下計數 0~9 實習

■ 功能說明

　　如圖 9-8 所示電路接線圖，使用按鍵開關控制 8×8 矩陣型 LED 顯示器連續上下計數 0~9。按鍵開關控制顯示器計數狀態，若原先為連續上數計數 0~9，按下按鍵則變為連續下數計數 9~0。若原先為連續下數計數 9~0，按下按鍵則變為連續上數計數 0~9。本例使用延遲除彈跳方法來消除按鍵開關的機械彈跳。

電路接線圖

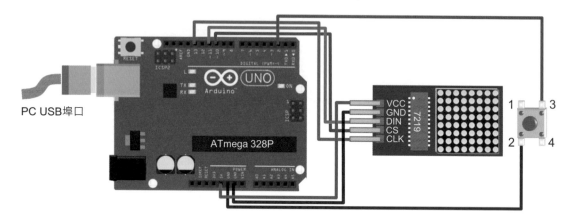

PC USB埠口

圖 9-8　按鍵控制 8×8 矩陣型 LED 顯示器上下計數 0~9 實習電路圖

程式： ch9_3.ino

```
#include <SPI.h>                                        //使用 SPI 函式庫。
const int sw=2;                                         //按鍵開關連接至數位腳 D2。
int key;                                                //按鍵狀態。
int keyNums=0;                                          //按鍵次數。
int val=0;                                              //計數值。
byte i;                                                 //迴圈變數。
const int debounce=20;                                  //消除機械彈跳延遲。
const int slaveSelect=10;                               //數位腳 D10 連接 MAX7219 致能腳 SS。
const int decodeMode=9;                                 //MAX7219 解碼模式暫存器。
const int intensity=10;                                 //MAX7219 亮度控制暫存器。
const int scanLimit=11;                                 //MAX7219 掃描限制暫存器。
const int shutDown=12;                                  //MAX7219 關閉模式暫存器。
const int dispTest=15;                                  //MAX7219 顯示測試暫存器。
byte i;                                                 //迴圈變數。
const byte character[10][8]=
  { {0x00,0x00,0x7f,0x41,0x41,0x7f,0x00,0x00},          //數字 0
    {0x00,0x00,0x00,0x00,0x00,0x7f,0x00,0x00},          //數字 1
    {0x00,0x00,0x79,0x49,0x49,0x4f,0x00,0x00},          //數字 2
    {0x00,0x00,0x49,0x49,0x49,0x7f,0x00,0x00},          //數字 3
    {0x00,0x00,0x0f,0x08,0x08,0x7f,0x00,0x00},          //數字 4
    {0x00,0x00,0x4f,0x49,0x49,0x79,0x00,0x00},          //數字 5
    {0x00,0x00,0x7f,0x49,0x49,0x79,0x00,0x00},          //數字 6
    {0x00,0x00,0x01,0x01,0x01,0x7f,0x00,0x00},          //數字 7
    {0x00,0x00,0x7f,0x49,0x49,0x7f,0x00,0x00},          //數字 8
```

```
                {0x00,0x00,0x4f,0x49,0x49,0x7f,0x00,0x00} };        //數字 9
//初值設定
void setup( )
{
    SPI.begin( );                               //SPI 初始化。
    pinMode(sw, INPUT_PULLUP);                  //設定 D2 為輸入模式，使用內建上升電阻。
    pinMode(slaveSelect, OUTPUT);              //設定數位腳 D10 為輸出模式。
    digitalWrite(slaveSelect, HIGH);           //除能 MAX7219。
    sendCommand(shutDown, 1);                  //MAX7219 正常工作。
    sendCommand(dispTest, 0);                  //關閉 MAX7219 顯示測試。
    sendCommand(intensity, 1);                 //設定 MAX7219 最小亮度。
    sendCommand(scanLimit, 7);                 //設定 MAX7219 掃描位數為 8 位。
    sendCommand(decodeMode, 0);                //設定 MAX7219 不解碼。
    for(i=0;i<8;i++)                           //顯示數字 0。
        sendCommand(i+1,character[0][i]);
}
//主迴圈
void loop( )
{
    key=digitalRead(sw);                       //讀取按鍵值。
    if(key==LOW)                               //按下按鍵?
    {
        delay(debounce);                       //消除機械彈跳。
        while(digitalRead(sw)==LOW)            //已放開按鍵?
            ;                                   //等待放開按鍵。
        keyNums++;                             //按鍵次數加 1。
    }
    if(keyNums%2==0)                           //按下偶數次按鍵?
    {
        val++;                                 //計數值上數加 1。
        if(val>9)                              //已至最大?
            val=0;                             //重設計數值為 0。
    }
    else                                       //按下奇數次按鍵
    {
        val--;                                 //計數值下數減 1。
        if(val<0)                              //已至最小?
            val=9;                             //重設計數值為 9。
    }
    for(i=0;i<8;i++)                           //更新 8×8 矩陣型 LED 顯示值。
```

```
        sendCommand(i+1,character[val][i]);
    delay(1000);                              //每秒上數加 1 或下數減 1。
}
//SPI 寫入函式
void sendCommand(byte command,byte value)
{
    digitalWrite(slaveSelect,LOW);            //致能 MAX7219。
    SPI.transfer(command);                    //傳送位址至 MAX7219。
    SPI.transfer(value);                      //傳送資料至 MAX7219。
    digitalWrite(slaveSelect,HIGH);           //除能 MAX7219。
}
```

練習

1. 使用按鍵開關控制 8×8 矩陣型 LED 顯示器單步上數計數 0~9，每按一次按鍵開關，顯示器單步上數加 1（請參考 7-5-3 節高精準度軟體除彈跳副程式）。

2. 使用按鍵開關控制 8×8 矩陣型 LED 顯示器單步下數計數 9~0，每按一次按鍵開關，顯示器單步下數加 1（請參考 7-5-3 節高精準度軟體除彈跳副程式）。

3. 使用按鍵開關控制 8×8 矩陣型 LED 顯示器單步上計數 00~99，每按一次按鍵開關，顯示器單步上數加 1。如圖 9-9 所示數字 0~9 顯示字型，使用 4×8 顯示一位數，再將兩位數字組合成 8×8 字型即可完成 00~99 計數。

圖 9-9　0~9 顯示字型

9-3-4　8×8 矩陣型 LED 顯示動態字元實習

功能說明

　　如圖 9-5 所示電路接線圖，使用 Arduino 板控制 8×8 矩陣型 LED 顯示器顯示動態左移或右移字元 A。電腦鍵盤控制字元 A 的移位方向，按下 L 鍵則顯示字元 A 左移，按下 R 鍵則顯示字元右移，按其他鍵則停止移動。進入 Arduino IDE 序列埠監控視窗後，必須將命令結尾設定為「**沒有行結尾**」才能正常動作，否則會加上行結尾字元 0x0D、0x0A 非 L 及 R 鍵而停止移動。

　　常見的 8×8 矩陣型 LED 顯示器動態字元變化如左移、右移、上移、下移等四種。如圖 9-10 所示字元資料與記憶體對映圖，使用 8 位元組的陣列 character[8] 來儲存 8 行資料，對於 8×8 矩陣型 LED 顯示器而言，左、右移動 8 行即重複相同畫面，上、下移動 8 列即重複相同畫面。

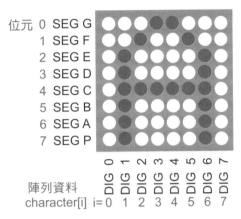

圖 9-10　字元資料與記憶體對映圖

1. 字元左移

　　如圖 9-11 所示字元左移變化，小括號內的數字標示移動順序，先將陣列資料 character[0] 內容移入 temp 變數，再依次將 character[1] 內容移入 character[0]，character[2] 內容移入 character[1]…等，最後將 temp 內容移入 character[7]，畫面即會左移一行。

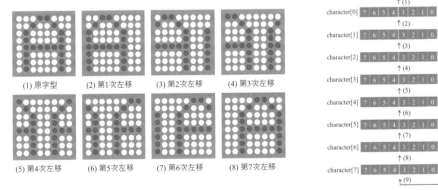

(a)　畫面變化	(b)　陣列資料內容對映

圖 9-11　字元左移變化

2. 字元右移

如圖 9-12 所示字元右移變化，小括號內的數字標示移動順序，先將陣列資料 character[7] 內容移入 temp 變數，再依次將 character[6] 內容移入 character[7]，character[5] 內容移入 character[6]…等，最後將 temp 內容移入 character[0]，畫面即會右移一行。

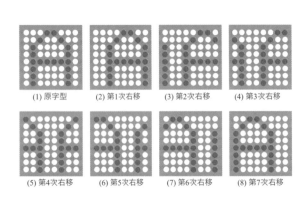

(a) 畫面變化   (b) 陣列資料內容對映

圖 9-12 字元右移變化

3. 字元上移

如圖 9-13 所示字元上移變化，只要將每行陣列資料的位元組內容右移一位元，畫面即會上移一列。

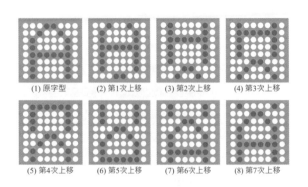

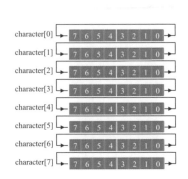

(a) 畫面變化   (b) 陣列資料內容對映

圖 9-13 字元上移變化

4. 字元下移

　　如圖 9-14 所示字元下移變化，只要將每行陣列資料的位元組內容左移一位元，畫面即會下移一列。

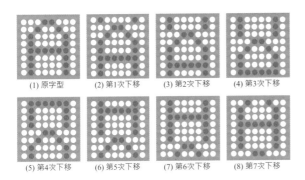

(1) 原字型　　(2) 第1次下移　　(3) 第2次下移　　(4) 第3次下移

(5) 第4次下移　　(6) 第5次下移　　(7) 第6次下移　　(8) 第7次下移

(a) 畫面變化

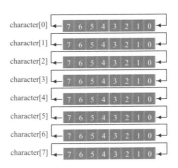

(b) 陣列資料內容對映

圖 9-14　字元下移變化

二 電路接線圖

　　如圖 9-5 所示電路。

三 程式：ch9_4.ino

```
#include <SPI.h>                              //使用 SPI 函式庫。
const int slaveSelect=10;                     //數位腳 D10 連接 MAX7219 致能腳 SS。
const int decodeMode=9;                       //MAX7219 解碼模式暫存器。
const int intensity=10;                       //MAX7219 亮度控制暫存器。
const int scanLimit=11;                       //MAX7219 掃描限制暫存器。
const int shutDown=12;                        //MAX7219 關閉模式暫存器。
const int dispTest=15;                        //MAX7219 顯示測試暫存器。
int ch;                                       //鍵盤按鍵值。
byte i;                                        //迴圈變數。
byte temp;                                     //位元組資料暫存區。
byte character[8]= {0x00,0xfc,0x12,0x11,0x11,0x12,0xfc,0x00};//字元 A。
//初值設定
void setup( )
{
    Serial.begin(9600);                       //串列埠初始化，設定鮑率 9600bps。
    SPI.begin( );                             //SPI 介面初始化。
    pinMode(slaveSelect, OUTPUT);             //設定數位接腳 10 為輸出模式。
    digitalWrite(slaveSelect, HIGH);          //除能 MAX7219。
```

```
    sendCommand(shutDown,1);              //MAX7219 正常工作。
    sendCommand(dispTest,0);              //關閉 MAX7219 顯示測試。
    sendCommand(intensity,1);             //設定 MAX7219 亮度為 1。
    sendCommand(scanLimit,7);             //設定 MAX7219 掃描位數為 8 位。
    sendCommand(decodeMode,0);            //設定 MAX7219 不解碼。
    for(i=0;i<8;i++)                      //顯示字元 A。
        sendCommand(i+1,character[i]);
}
//主迴圈
void loop( )
{
    if(Serial.available())               //鍵盤按任意鍵?
        ch=Serial.read();                //讀取按鍵值。
    if(ch=='R' || ch=='r')               //按右移鍵 R?
    {
        temp=character[7];
        for(i=7;i>0;i--)                 //右移 1 行。
            character[i]=character[i-1];
        character[0]=temp;
    }
    else if(ch=='L' || ch=='l')          //按左移鍵 L ?
    {
        temp=character[0];
        for(i=0;i<7;i++)                 //左移 1 行。
            character[i]=character[i+1];
        character[7]=temp;
    }
    for(i=0;i<8;i++)                     //更新 8×8 矩陣型顯示器顯示畫面。
        sendCommand(i+1,character[i]);
    delay(500);                          //每 0.5 秒移位 1 行。
}
//SPI 寫入函式
void sendCommand(byte command,byte value)
{
    digitalWrite(slaveSelect,LOW);       //致能 MAX7219。
    SPI.transfer(command);               //傳送位址給 MAX7219。
    SPI.transfer(value);                 //傳送資料給 MAX7219。
    digitalWrite(slaveSelect,HIGH);      //除能 MAX7219。
}
```

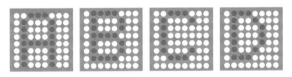

練習

1. 設計 Arduino 程式，使用 Arduino 板控制 8×8 矩陣型 LED 顯示器動態上、下移顯示字元 A。由電腦鍵盤輸入透過串列埠傳送至 Arduino 板，當按下 U 鍵時，顯示字元 A 上移；當按下 D 鍵時，顯示字元下移；按其他鍵則停止移動。

2. 設計 Arduino 程式，使用 Arduino 板控制 8×8 矩陣型 LED 顯示器動態上、下移顯示字元 A。由電腦鍵盤輸入透過串列埠傳送至 Arduino 板，當按下 R 鍵時，顯示字元 A 右移，當按下 L 鍵時，顯示字元左移。當按下 U 鍵時，顯示字元 A 上移；當按下 D 鍵時，顯示字元下移；按其他鍵則停止移動。

9-3-5　8×8 矩陣型 LED 動態顯示字串實習

一 功能說明

使用 Arduino 板控制 8×8 矩陣型 LED 顯示器動態左移顯示如圖 9-15 所示字串 A、B、C、D 等四個字元。

圖 9-15　字串 A、B、C、D 顯示畫面

字串移動與字元移動的基本原理相同，不同之處是字元移動是**一個字元重複移動變化**，因此只需要一個資料指標指向字元資料區即可，而字串移動是**多個字元移動變化**，且每個字元可能不同。因此，控制字串移動需要兩個資料指標，一個指向作用中的字元資料區（**8×8 矩陣型 LED 實際顯示區**），一個指向下一個字元資料區。

如圖 9-16 所示字串左移工作原理，定義兩個陣列 ptr1 及 ptr2，第一個陣列 ptr1 儲存目前顯示的字元資料，第二個陣列 ptr2 儲存下一個顯示字元的資料。

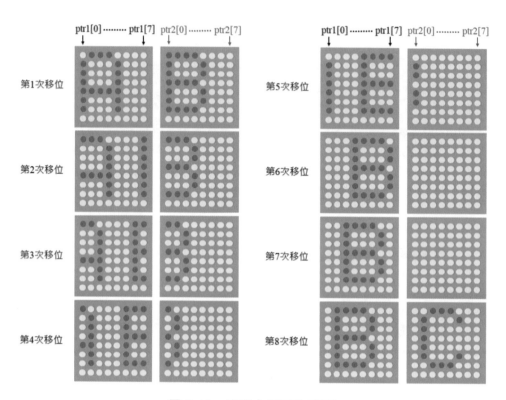

圖 9-16　字串左移工作原理

1. 字串左移

在進行左移之前，必須先將第 n 個字元資料內容存入 ptr1 陣列中，第 n+1 個字元資料內容存入 ptr2 陣列中，同時 8×8 矩陣列 LED 顯示器顯示第 n 個字元。如圖 9-17 所示**字串左移程序**，小括號內數字表示執行的順序，先將 ptr2[0] 保存於 temp 變數中，接著將 ptr1 及 ptr2 陣列內容同時左移一行（**1 位元組**），最後再將 temp 變數內容移入 ptr1[7] 中。

進行左移程序 8 次即完成一個字元的左移，此時 8×8 矩陣列 LED 顯示器會顯示第 n+1 個字元，而且 ptr1 陣列已存入第 n+1 個字元的資料內容。接著將 n+2 個字元資料內容存入 ptr2 陣列中，再進行相同的左移程序，如此重複不斷，即可完成字串左移動作。當顯示畫面已是字串的最後一個字元時，ptr2 陣列必須重新載入第一個字元資料。

$$\text{temp} \xleftarrow{(1)} \text{ptr2[0]} \xleftarrow{(2)} \text{ptr2[1]} \xleftarrow{(3)} \text{ptr2[2]} \xleftarrow{(4)} \text{ptr2[3]} \xleftarrow{(5)} \text{ptr2[4]} \xleftarrow{(6)} \text{ptr2[5]} \xleftarrow{(7)} \text{ptr2[6]} \xleftarrow{(8)} \text{ptr2[7]}$$

$$\text{ptr1[0]} \xleftarrow{(2)} \text{ptr1[1]} \xleftarrow{(3)} \text{ptr1[2]} \xleftarrow{(4)} \text{ptr1[3]} \xleftarrow{(5)} \text{ptr1[4]} \xleftarrow{(6)} \text{ptr1[5]} \xleftarrow{(7)} \text{ptr1[6]} \xleftarrow{(8)} \text{ptr1[7]} \xleftarrow{(9)} \text{temp}$$

圖 9-17　字串左移程序

2. 字串右移

　　在進行右移之前，必須先將第 n 個字元資料內容存入 ptr1 陣列中，第 n+1 個字元資料內容存入 ptr2 陣列中，同時 8×8 矩陣列 LED 顯示器顯示第 n 個字元。如圖 9-18 所示**字串右移程序**，小括號內數字表示執行的順序，先將 ptr1[7] 保存於 temp 變數中，接著將 ptr1 及 ptr2 陣列內容同時右移一行（**1 位元組**），最後再將 temp 變數內容移入 ptr2[0] 中。

　　進行右移程序 8 次即完成一個字元的左移，此時 8×8 矩陣列 LED 顯示器會顯示第 n+1 個字元，而且 ptr1 陣列已存入第 n+1 個字元的資料內容。接著將 n+2 個字元資料內容存入 ptr2 陣列中，再進行相同的右移程序，如此重複不斷，即可完成字串左移動作。當顯示畫面已是字串的最後一個字元時，ptr2 陣列必須重新載入第一個字元資料。

$$ptr2[0] \xrightarrow{(8)} ptr2[1] \xrightarrow{(7)} ptr2[2] \xrightarrow{(6)} ptr2[3] \xrightarrow{(5)} ptr2[4] \xrightarrow{(4)} ptr2[5] \xrightarrow{(3)} ptr2[6] \xrightarrow{(2)} ptr2[7] \xrightarrow{(1)} temp$$

$$temp \xrightarrow{(9)} ptr1[0] \xrightarrow{(8)} ptr1[1] \xrightarrow{(7)} ptr1[2] \xrightarrow{(6)} ptr1[3] \xrightarrow{(5)} ptr1[4] \xrightarrow{(4)} ptr1[5] \xrightarrow{(3)} ptr1[6] \xrightarrow{(2)} ptr1[7]$$

圖 9-18　字串右移程序

3. 字串上移

　　在進行上移前，須先將第 n 個字元資料內容存入 ptr1 陣列中，第 n+1 個字元資料內容存入 ptr2 陣列中，同時顯示器顯示第 n 個字元。如圖 9-19 所示**字串上移程序**，小括號內數字表示執行順序，先將 ptr2[0]~ptr2[7] 各行的位元 0 分別保存於 temp 變數中，接著將 ptr1 及 ptr2 陣列內容同時上移一列（**1 位元**），最後再將 temp 變數內容移入 ptr1[0]~ptr1[7] 各行的位元 7 中。

　　進行上移程序 8 次即完成一個字元上移，此時顯示器會顯示第 n+1 個字元，而且 ptr1 陣列已存入第 n+1 個字元的資料內容。接著將 n+2 個字元資料內容存入 ptr2 陣列中，再進行相同的上移程序，如此重複不斷，即可完成字串上移動作。當顯示畫面已是字串的最後一個字元時，ptr2 陣列必須重新載入第一個字元資料。

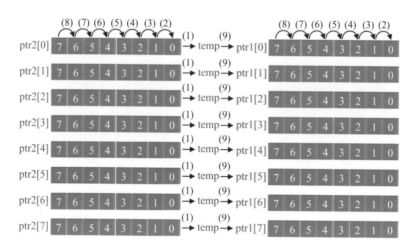

圖 9-19　字串上移程序

4. 字串下移

在進行下移前，須先將第 n 個字元資料內容存入 ptr1 陣列中，第 n+1 個字元資料內容存入 ptr2 陣列中，同時顯示器顯示第 n 個字元。如圖 9-20 所示**字串下移程序**，小括號內數字表示執行順序，先將 ptr2[0]~ptr2[7] 各行的位元 7 分別保存於 temp 變數中，接著將 ptr1 及 ptr2 陣列內容同時下移一列（**1 位元**），最後再將 temp 變數內容移入 ptr1[0]~ptr1[7] 各行的位元 0 中。

進行下移程序 8 次即完成一個字元下移，此時顯示器會顯示第 n+1 個字元，而且 ptr1 陣列已存入第 n+1 個字元的資料內容。接著將 n+2 個字元資料內容存入 ptr2 陣列中，再進行相同的下移程序，如此重複不斷，即可完成字串下移動作。當顯示畫面已是字串的最後一個字元時，ptr2 陣列必須重新載入第一個字元資料。

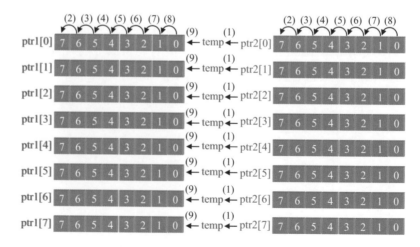

圖 9-20　字串上移程序

二 電路接線圖

如圖 9-5 所示電路。

三 程式：ch9_5.ino

```
#include <SPI.h>                          //使用 SPI 函式庫。
const int slaveSelect=10;                 //數位腳 D10 連接 MAX7219 致能腳 SS。
const int decodeMode=9;                   //MAX7219 解碼模式暫存器。
const int intensity=10;                   //MAX7219 亮度控制暫存器。
const int scanLimit=11;                   //MAX7219 掃描限制暫存器。
const int shutDown=12;                    //MAX7219 關閉模式暫存器。
const int dispTest=15;                    //MAX7219 顯示測試暫存器。
const int charNums=4;                     //字串總字元數。
byte i, j, k=1;                           //陣列指標。
byte temp;                                //暫存區。
byte ptr1[8];                             //儲存第 n 個字元資料。
byte ptr2[8];                             //儲存第 n+1 個字元資料。
byte character[charNums][8]=              //字元資料區。
    { {0x00,0x7e,0x11,0x11,0x11,0x7e,0x00,0x00},    //字元 A 資料。
      {0x00,0x7f,0x49,0x49,0x49,0x36,0x00,0x00},    //字元 B 資料。
      {0x00,0x3e,0x41,0x41,0x41,0x22,0x00,0x00},    //字元 C 資料。
      {0x00,0x7f,0x41,0x41,0x41,0x3e,0x00,0x00}  };  //字元 D 資料。
//初值設定
void setup( )
{
    SPI.begin( );                          //初始化 SPI 介面。
    pinMode(slaveSelect,OUTPUT);           //設定數位腳 D10 為輸出模式。
    digitalWrite(slaveSelect,HIGH);        //除能 MAX7219。
    sendCommand(shutDown,1);               //MAX7219 正常工作。
    sendCommand(dispTest,0);               //關閉 MAX7219 顯示測試。
    sendCommand(intensity,1);              //設定 MAX7219 亮度為 1。
    sendCommand(scanLimit,7);              //設定 MAX7219 掃描位數為 8 位。
    sendCommand(decodeMode,0);             //設定 MAX7219 不解碼。
    for(i=0;i<8;i++)                       //載入字串的第 1 個字元資料至 ptr1 陣列中。
        ptr1[i]=character[0][i];
}
//主迴圈
void loop( )
{
    for(i=0;i<8;i++)                       //載入第 k 個字元的資料至 ptr2 陣列中。
```

```
            ptr2[i]=character[k][i];
        for(i=0;i<8;i++)                        //每個字元左移 8 行。
        {
            display( );                         //顯示字元。
            delay(200);                         //延遲 0.2 秒。
            shiftLeft();                        //左移 1 行。
        }
        if(k==charNums-1)                       //已顯示最後一個字元?
            k=0;                                //重設 k 值指向第 1 個字元。
        else
            k++;                                //不是最後字元,指向下一個字元。
}
//顯示函式
void display(void)                              //顯示字元函式。
{
    for(j=0;j<8;j++)                            //更新顯示器內容。
        sendCommand(j+1, ptr1[j]);
}
void shiftLeft(void)                            //左移函式。
{
    temp=ptr2[0];                              //保存 ptr2[0]位元組資料至變數 temp 中。
    for(j=0;j<7;j++)
    {
        ptr1[j]=ptr1[j+1];                     //左移 7 次。
        ptr2[j]=ptr2[j+1];                     //左移 7 次。
    }
    ptr1[7]=temp;                              //將變數 temp 內容移入 ptr1[7]中。
}
//SPI 寫入函式
void sendCommand(byte command,byte value)
{
    digitalWrite(slaveSelect,LOW);             //致能 MAX7219。
    SPI.transfer(command);                     //傳送位址給 MAX7219。
    SPI.transfer(value);                       //傳送資料給 MAX7219。
    digitalWrite(slaveSelect,HIGH);            //除能 MAX7219。
}
```

練習

1. 設計 Arduino 程式，使用 Arduino 板控制 8×8 矩陣型 LED 顯示器動態右移顯示字串 A、B、C、D。

2. 設計 Arduino 程式，使用 Arduino 板控制 8×8 矩陣型 LED 顯示器動態上移顯示字串 A、B、C、D。

3. 設計 Arduino 程式，使用 Arduino 板控制 8×8 矩陣型 LED 顯示器動態下移顯示字串 A、B、C、D。

4. 設計 Arduino 程式，使用 Arduino 板控制 8×8 矩陣型 LED 顯示器動態移位顯示字串 A、B、C、D。當電腦鍵盤按下 R 鍵則字串右移，當電腦鍵盤按下 L 鍵則字串左移，當電腦鍵盤按下 U 鍵則字串上移，當電腦鍵盤按下 D 鍵則字串下移。

液晶顯示器實習

10-1　認識液晶顯示器

　　液晶顯示器（Liquid Crystal Display，簡記 LCD）為目前使用最廣泛的顯示裝置之一，應用範圍如計算機、電子儀器、事務機器、電器產品、筆記型電腦等。LCD 本身不會發光必須藉由外界光線的反射才能看見圖像，所以在夜間使用時，需要在 LCD 背面加裝光源，稱為**背光（back light）**，一般常使用較省電的 LED 作為背光元件。LCD 以低電壓驅動，消耗功率很小，非常省電。如果要使用 LCD 顯示大、小寫英文字、數字及特殊符號等字型，必須將 LCD 以點陣方式排列，再以掃描驅動電路來驅動 LCD 工作。因此，許多 LCD 製造商都會將 LCD 與掃描驅動電路組裝成 LCD 模組（LCD module，簡記 LCM）出售。

10-1-1　LCD 模組接腳說明

　　LCD 模組依其功能可以分為**文字型**（character type）與**繪圖型**（graphic type）兩種，雖然文字型 LCD 模組可以讓使用者自行定義字元，但是沒有繪圖能力。如圖 10-1 所示 1602 LCD 模組，常見的兩列 LCD 模組有 1602（16 字×2 列），2002（20 字×2 列），4002（40 字×2 列）等三種型號，均為 16 腳包裝，其中第 15 腳為 LED 背光的正極，第 16 腳為 LED 背光的負極。因為使用 8 位元匯流排 DB0~DB7，所以又可稱為**並列式 LCD 模組**。

圖 10-1　1602 並列式 LCD 模組

1. LCD 模組內部結構

　　如圖 10-2 所示 1602 LCD 模組內部結構，包含 3 支電源線、3 支控制線及 8 支資料匯流排。LCD 模組使用 HD44780 控制晶片，每個字元大小為 5×8 點陣，所以 2 列顯示需要使用 16 條（8 點×2 列）掃描線，而每列 16 字，需要有 80 條（5 點×16 字）節（segment）控制線。

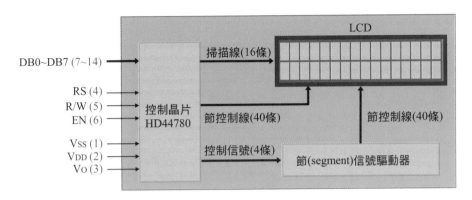

圖 10-2 1602 LCD 模組內部結構

2. LCD 模組接腳說明

如表 10-1 所示 LCD 模組接腳說明，包含**電源** V_{DD}、V_{SS} 接腳，**明暗對比控制** V_O 接腳、**控制信號** RS、$R/\overline{W}$、EN，**資料匯流排**（data bus，簡記 DB）DB0~DB7 及**背光 LED** 接腳 A、K 等四個部分。

表 10-1 LCD 模組接腳說明

接腳	符號	輸入/輸出(I/O)	功能說明
1	V_{SS}	I	接地腳。
2	V_{DD}	I	+5V 電源。
3	V_O	I	顯示明暗對比控制。
4	RS	I	RS=0：選擇指令暫存器，RS=1：選擇資料暫存器。
5	$R/\overline{W}$	I	$R/\overline{W}$=0：將資料寫入 LCD 模組中。 $R/\overline{W}$=1：自 LCD 模組讀取資料。
6	EN	I	致能(enable)LCD 模組動作。
7	DB0	I / O	資料匯流排(LSB)
8	DB1	I / O	資料匯流排
9	DB2	I / O	資料匯流排
10	DB3	I / O	資料匯流排
11	DB4	I / O	資料匯流排(四線控制使用)
12	DB5	I / O	資料匯流排(四線控制使用)
13	DB6	I / O	資料匯流排(四線控制使用)
14	DB7	I / O	資料匯流排(四線控制使用)(MSB)
15	A	I	背光 LED 正極(Anode)
16	K	I	背光 LED 負極(Cathode)

(1) 電源接腳

如圖 10-3 所示 LCD 模組電源接線圖，包含電源 V_{DD}、接地 V_{SS} 及明暗對比控制腳 V_O。V_O 經由 V_{DD} 與 V_{SS} 之間的電壓分壓取得，當 V_O 電壓愈小，LCD 模組的明暗對比愈強，反之當 V_O 電壓愈大時，LCD 模組的明暗對比愈弱。

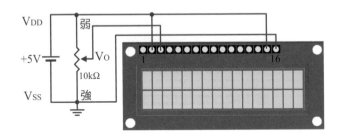

圖 10-3　LCD 模組電源接線圖

(2) 控制接腳

如表 10-2 所示控制接腳的使用，LCD 模組有 RS、 $R/\overline{W}$ 及 EN 三支控制信號接腳，EN 為致能腳，當 EN=0 時 LCD 模組不工作，當 EN=1 時則 LCD 模組工作。$R/\overline{W}$ 為讀寫控制腳，當 $R/\overline{W}$ =0 時可將指令或資料寫入 LCD 模組中，當 $R/\overline{W}$ =1 時可自 LCD 模組讀取資料。RS 為暫存器選擇，當 RS=0 時選擇指令暫存器，當 RS=1 時選擇資料暫存器。例如我們要將指令寫入 LCD 模組中，必須設定 EN=1、RS=0 及 $R/\overline{W}$ =0。要將資料寫入 LCD 模組中，設定 EN=1、RS=1 及 $R/\overline{W}$ =0。

表 10-2　控制接腳的使用

EN	RS	R/W	功用
1	0	0	將指令碼寫入 LCD 模組的指令暫存器 IR 並執行。
1	0	1	讀取忙碌旗標 BF 及位址計數器 AC 的內容。
1	1	0	將資料寫入 LCD 模組的資料暫存器 DR 中。
1	1	1	從 LCD 模組的資料暫存器 DR 讀取資料。

(3) 匯流排接腳

LCD 模組包含 8 位元匯流排 DB0~DB7，當微控制器 I/O 接腳不夠時，也可以使用 4 位元匯流排 DB4~DB7 來傳輸指令或資料給 LCD 模組。**在 Arduino 應用中常使用 4 位元來控制 LCD 模組，以控留更多的 I/O 接腳給其他模組使用。**

10-1-2 LCD 模組內部記憶體

1. 顯示資料記憶體

在 HD44780 晶片中只有 80 個位元組的顯示資料記憶體（display data RAM，簡記 DD RAM），因此最多只能顯示 80 個字元。如表 10-3 所示 LCD 模組顯示位置對映，**在 Arduino 語言中只需使用 setCursor(col,row) 函式設定行號 col 及列號 row 即可，不用設定實際位址。**

表 10-3　LCD 模組的 DD RAM 與顯示位置對映

行(col)

位置		0	1	2	3	...	36	37	38	39
列	0	0x00	0x01	0x02	0x03	...	0x24	0x25	0x26	0x27
(row)	1	0x40	0x41	0x42	0x43	...	0x64	0x65	0x66	0x67

(a) 40 字×2 列

行(col)

位置		0	1	2	3	...	16	17	18	19
列	0	0x00	0x01	0x02	0x03	...	0x10	0x11	0x12	0x13
(row)	1	0x40	0x41	0x42	0x43	...	0x50	0x51	0x52	0x53

(b) 20 字×2 列

行(col)

位置		0	1	2	3	...	12	13	14	15
列	0	0x00	0x01	0x02	0x03	...	0x0C	0x0D	0x0E	0x0F
(row)	1	0x40	0x41	0x42	0x43	...	0x4C	0x4D	0x4E	0x4F

(c) 16 字×2 列

2. 字元產生器

如表 10-4 所示 LCD 模組字型碼，包含**內建字型碼**及**自建字型碼**兩個部。內建字型碼包含大小寫英文字、數字、符號、日文字等共 192 個 5×7 字型，字型資料儲存在字型產生器唯讀記憶體（character generator ROM，簡記 CG ROM）內。自建字型碼最多可以**自建 8 個 5×7 字型**，位址 0~7 與位址 8~15 的內容是相同的。自建字型碼資料儲存在字型產生器隨機存取記憶體(character generator RAM，簡記 CG RAM)，每一個自建字型使用 8 位元組的 CG RAM 來儲存字型資料。

表 10-4 　LCD 模組字型碼

高四位元

		0000	0001	0010	0011	0100	0101	0110	0111	1000	1001	1010	1011	1100	1101	1110	1111
0000	CG RAM (1)				0	@	P	`	p				－	タ	ミ	α	p
0001	(2)			!	1	A	Q	a	q			。	ア	チ	ム	ä	q
0010	(3)			"	2	B	R	b	r			「	イ	ツ	メ	β	θ
0011	(4)			#	3	C	S	c	s			」	ウ	テ	モ	ε	∞
0100	(5)			$	4	D	T	d	t			、	エ	ト	ヤ	μ	Ω
0101	(6)			%	5	E	U	e	u			・	オ	ナ	ユ	σ	ü
0110	(7)			&	6	F	V	f	v			ヲ	カ	ニ	ヨ	ρ	Σ
0111	(8)			'	7	G	W	g	w			ア	キ	ヌ	ラ	g	π
1000	(1)			(	8	H	X	h	x			ィ	ク	ネ	リ	√	x̄
1001	(2)			)	9	I	Y	i	y			ゥ	ケ	ノ	ル	⁻¹	y
1010	(3)			*	:	J	Z	j	z			エ	コ	ハ	レ	j	千
1011	(4)			+	;	K	[	k	{			ォ	サ	ヒ	ロ	x	万
1100	(5)			,	<	L	¥	l	|			ャ	シ	フ	ワ	¢	円
1101	(6)			-	=	M	]	m	}			ュ	ス	ヘ	ン	Ł	÷
1110	(7)			.	>	N	^	n	→			ョ	セ	ホ	゛	ñ	■
1111	(8)			/	?	O	_	o	←			ッ	ソ	マ	゜	ö	█

低四位元

1. 唯讀記憶體 ROM：唯讀記憶體（Read Only Memory，簡記 ROM），是電腦半導體記憶體的一種，在電腦關機之後仍可以保存其內容不變，常用來儲存程式，又稱為非揮發性記憶體。

2. 隨機存取記憶體 RAM：隨機存取記憶體（Random Access Memory，簡記 RAM），是電腦半導體記憶體的一種，在電腦關機之後其內容即會消失，常用來儲存資料，又稱為揮發性記憶體。

10-2 函式說明

10-2-1 LiquidCrystal 函式庫

Arduino 提供 LiquidCrystal 函式庫來控制 LCD 模組，利用 LiquidCrystal 函式庫建立一個 LiquidCrystal 資料型態的物件，LiquidCrystal( ) 函式的格式如下，可以使用 4 位元（d4~d7）或 8 位元（d0~d7）的資料匯統排來控制 LCD 模組。**rs 參數**設定指令/資料暫存器選擇接腳，**rw 參數**設定讀/寫控制接腳，**enable 參數**設定致能接腳，**d0~d7 參數**設定資料匯流排接腳。

格式
```
LiquidCrystal(rs, enable, d4, d5, d6, d7)
LiquidCrystal(rs, rw, enable, d4, d5, d6, d7)
LiquidCrystal(rs, enable, d0, d1, d2, d3, d4, d5, d6, d7)
LiquidCrystal(rs, rw, enable, d0, d1, d2, d3, d4, d5, d6, d7)
```

範例
```
#include <LiquidCrystal.h>              //使用 LiquidCrystal 函式庫。
LiquidCrystal lcd(8, 9, 10, 4, 5, 6, 7);  //設定 RS、RW、EN、DB4~DB7 接腳。
```

1. begin( ) 函式

begin( ) 函式的功用是**指定顯示器的總行數及總列數**，有 cols、rows 兩個參數必須設定，cols 參數設定 LCD 模組的總行數，rows 參數設定 LCD 模組的總列數。在使用 begin( ) 函式之前，必須先使用 LiquidCrystal( ) 函式宣告一個 LiquidCrystal 資料型態的物件。

格式 begin(cols,rows)

範例

```
#include <LiquidCrystal.h>                 //使用 LiquidCrystal 函式庫。
LiquidCrystal lcd(8, 9, 10, 4, 5, 6, 7);   //設定 RS、RW、EN、DB4~DB7 接腳。
lcd.begin(16, 2);                          //使用 16 行×2 列的 LCD 模組。
```

2. clear( ) 函式

　　clear( ) 函式的功用是**清除 LCD 模組內容，同時將游標移至左上角**，無須設定任何參數，clear( ) 函式執行情形如圖 10-4 所示。在使用 clear( ) 函式之前，必須先使用 LiquidCrystal( ) 函式宣告一個 LiquidCrystal 資料型態的物件。

(a) 執行前　　　　　　　　　　　　　(b) 執行後

圖 10-4　clear( ) 函式執行情形

格式 clear( )

範例

```
#include <LiquidCrystal.h>                 //使用 LiquidCrystal 函式庫。
LiquidCrystal lcd(8, 9, 10, 4, 5, 6, 7);   //設定 RS、RW、EN、DB4~DB7 接腳。
lcd.clear( );                              //清除 LCD 模組內容，游標移至左上角。
```

3. home( ) 函式

　　home( ) 函式的功用是**設定游標在 LCD 第 0 行、第 0 列的左上角位置**，無須設定任何參數，home( ) 函式執行情形如圖 10-5 所示。在使用 home( ) 函式之前，必須先使用 LiquidCrystal( ) 函式宣告一個 LiquidCrystal 資料型態的物件。

(a) 執行前　　　　　　　　　　　　　(b) 執行後

圖 10-5　home( ) 函式執行情形

格式 `home( )`

範例

```
#include <LiquidCrystal.h>                      //使用 LiquidCrystal 函式庫。
LiquidCrystal lcd(8, 9, 10, 4, 5, 6, 7);//設定 RS、RW、EN、DB4~DB7 接腳。
lcd.home( );                                    //游標移至左上角。
```

4. setCursor( ) 函式

setCursor( ) 函式的功用是**設定游標的位置**，有 col、row 兩個參數必須設定，col 參數設定 LCD 游標的行位置，由 0 開始，row 參數設定 LCD 游標的列位置，由 0 開始。在使用 setCursor() 函式之前，必須先使用 LiquidCrystal( ) 函式宣告一個 LiquidCrystal 資料型態的物件。

格式 `setCursor(col, row)`

範例

```
#include <LiquidCrystal.h>                      //使用 LiquidCrystal 函式庫。
LiquidCrystal lcd(8, 9, 10, 4, 5, 6, 7);//設定 RS、RW、EN、DB4~DB7 接腳。
lcd.setCursor(0,1);                             //設定游標在第 0 行，第 1 列。
```

5. write( ) 函式

write( ) 函式的功用是**將字元或字串寫入 LCD 模組中**，有一個參數 data 必須設定，data 參數是設定所要寫入 LCD 中的字元，write( ) 函式會傳回所寫入的位元組總數。在使用 write( ) 函式之前，必須先使用 LiquidCrystal( ) 函式宣告一個 LiquidCrystal 資料型態的物件。

格式 `write(data)`

範例

```
#include <LiquidCrystal.h>                      //使用 LiquidCrystal 函式庫。
LiquidCrystal lcd(8, 9, 10, 4, 5, 6, 7);//設定 RS、RW、EN、DB4~DB7 接腳。
lcd.write("hello, world!");                     //將字串"hello,world!"寫入 LCD 中。
lcd.write(65);                                  //將字元 A 寫入 LCD 中。
```

6. print( ) 函式

print( ) 函式的功用是**將數值或字串寫入 LCD 模組中**，有 data、BASE 兩個參數可以設定，data 參數是所要寫入至 LCD 中的文字，data 可以是 char、byte、int、long 或 string 等資料型態，如果 data 是數值，可以使用 BASE 參數設定所要顯示數值的基數，有 BIN（二進）、OCT（八進）、DEC（十進）、HEX（十六進）等四種基數可以選擇。print( ) 函式會傳回寫入 LCD 模組中的位元組總數。在使用 print( ) 函式之前，必須先使用 LiquidCrystal( ) 函式宣告一個 LiquidCrystal 資料型態的物件。

格式 `print(data)`

範例

```
#include <LiquidCrystal.h>                //使用 LiquidCrystal 函式庫。
LiquidCrystal lcd(8, 9, 10, 4, 5, 6, 7);//設定 RS、RW、EN、DB4~DB7 接腳。
lcd.print("hello, world!");              //寫入字串"hello, world!"。
lcd.print(15,BIN);                       //顯示 15 的二進數值"1111"。
lcd.print(15,OCT);                       //顯示 15 的八進數值"17"。
lcd.print(15,DEC);                       //顯示 15 的十進數值"15"。
lcd.print(15,HEX);                       //顯示 15 的十六進數值"F"。
```

7. cursor( ) / noCursor( ) 函式

cursor( ) 函式的功用是**顯示線型游標**，noCursor( ) 函式的功用是**隱藏游標**，兩者皆無須設定任何參數，cursor( ) / noCursor( ) 函式執行情形如圖 10-6 所示。在使用 cursor( ) 函式或 noCursor( ) 函式之前，必須先使用 LiquidCrystal( ) 函式宣告一個 LiquidCrystal 資料型態的物件。

(a) 執行 cursor ( ) 函式　　　　　(b) 執行 noCursor( ) 函式

圖 10-6　cursor( ) / noCursor( ) 函式執行情形

格式 `cursor( ) / noCursor( )`

範例

```
#include <LiquidCrystal.h>                //使用 LiquidCrystal 函式庫。
LiquidCrystal lcd(8, 9, 10, 4, 5, 6, 7);//設定 RS、RW、EN、DB4~DB7 接腳。
lcd.cursor( );                           //顯示游標。
lcd.noCursor( );                         //隱藏游標。
```

8. blink( ) / noBlink( ) 函式

blink( ) 函式的功用是**設定塊狀游標閃爍**，noBlink( ) 函式的功用是**設定游標不閃爍**，兩者皆無須設定任何參數，blink( ) 函式執行情形如圖 10-7 所示。在使用 blink( ) 函式或 noBlink( ) 函式之前，必須先使用 LiquidCrystal( ) 函式宣告一個 LiquidCrystal 資料型態的物件。

(a) 執行 blink( ) 函式　　　　(b) 執行 blink( ) 函式

圖 10-7　blink( ) 函式執行情形

格式 blink( ) / noBlink( )

範例
```
#include <LiquidCrystal.h>            //使用 LiquidCrystal 函式庫。
LiquidCrystal lcd(8, 9, 10, 4, 5, 6, 7);//設定 RS、RW、EN、DB4~DB7 接腳。
lcd.blink( );                         //游標閃爍。
lcd.noBlink( );                       //游標不閃爍。
```

9. display( ) / noDisplay( ) 函式

display( ) 函式的功用是設定**開啟（on）LCD 螢幕**，noDisplay( ) 函式的功用是**關閉（off）LCD 螢幕**，兩者皆無須設定任何參數，display( ) / noDisplay( ) 函式執行情形如圖 10-8 所示。在使用 display( ) 函式或 noDisplay( ) 函式之前，必須先使用 LiquidCrystal( ) 函式宣告一個 LiquidCrystal 資料型態的物件。**執行 display( ) / noDisplay( ) 函式，並不會清除 LCD 模組顯示記憶體的內容。**

 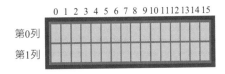

(a) 執行 display( ) 函式　　　　(b) 執行 noDisplay( ) 函式

圖 10-8　display( ) / noDisplay( ) 函式執行情形

格式 `display( ) / noDisplay( )`

範例

```
#include <LiquidCrystal.h>                //使用 LiquidCrystal 函式庫。
LiquidCrystal lcd(8, 9, 10, 4, 5, 6, 7);//設定 RS、RW、EN、DB4~DB7 接腳。
lcd.display( );                          //開啟（on）LCD 螢幕。
lcd.noDisplay( );                        //關閉（off）LCD 螢幕。
```

10. scrollDisplayLeft( ) 函式

scrollDisplayLeft( ) 函式的功用是**使整個 LCD 螢幕的內容向左捲動一行**，無須設定任何參數，scrollDisplayLeft( ) 函式執行情形如圖 10-9 所示。每執行一次函式 scrollDisplayLeft( )，LCD 所有列同時向左捲動一行。在使用 scrollDisplayLeft( ) 函式之前，必須先使用 LiquidCrystal( ) 函式宣告一個 LiquidCrystal 資料型態的物件。

(a) 執行 scrollDisplayLeft( ) 函式前

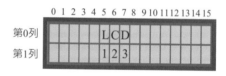
(b) 執行 scrollDisplayLeft( ) 函式後

圖 10-9　scrollDisplayLeft( ) 函式執行情形

格式 `scrollDisplayLeft( )`

範例

```
#include <LiquidCrystal.h>                //使用 LiquidCrystal 函式庫。
LiquidCrystal lcd(8, 9, 10, 4, 5, 6, 7);//設定 RS、RW、EN、DB4~DB7 接腳。
lcd.scrollDisplayLeft( );                //LCD 螢幕內容向左捲動一行。
```

11. scrollDisplayRight( ) 函式

scrollDisplayLeft( ) 函式的功用是**使整個 LCD 螢幕的內容向右捲動一行**，無須設定任何參數，scrollDisplayRight( ) 函式執行情形如圖 10-10 所示。每執行一次 scrollDisplayRight( ) 函式，LCD 所有列同時向右捲動一行。在使用 scrollDisplayRight( ) 函式之前，必須先使用 LiquidCrystal( ) 函式宣告一個 LiquidCrystal 資料型態的物件。

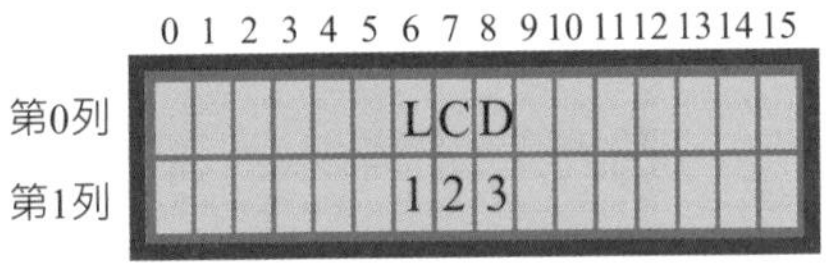

(a) 執行 scrollDisplayRight( ) 函式前 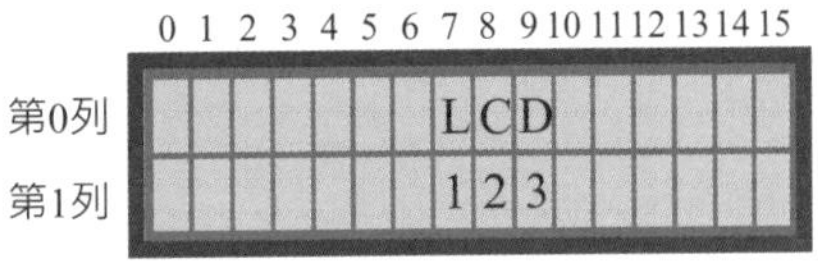　　(b) 執行 scrollDisplayRight( ) 函式後

圖 10-10　scrollDisplayRight( ) 函式執行情形

格式　`scrollDisplayRight( )`

範例

```
#include <LiquidCrystal.h>              //使用 LiquidCrystal 函式庫。
LiquidCrystal lcd(8, 9, 10, 4, 5, 6, 7);//設定 RS、RW、EN、DB4~DB7 接腳。
lcd.scrollDisplayRight( );              //LCD 內容向右捲動一行。
```

12. autoscroll( ) / noAutoscroll( ) 函式

　　Autoscroll( ) 函式的功用是**在輸入文字前，LCD 都會自動捲動一行**。簡言之，**是讓游標的位置永遠保持不變，在同一位置上寫入字元**。如果目前顯示文字的方向是由左而右，則執行 autoscroll( ) 函式後，會自動向左捲動一行後再顯示文字。如果目前顯示文字的方向是由右而左，則執行 autoscroll( ) 函式後，會自動向右捲動一行後再顯示文字，兩者皆無須設定任何參數。簡單來說，autoscroll( ) 函式的功用是**開啟自動捲動功能**，noAutoscroll( ) 函式的功能是**停止自動捲動功能**，無須設定任何參數。在使用 autoscroll( ) 函式或 noAutoscroll( ) 函式之前，必須先使用 LiquidCrystal( ) 函式宣告一個 LiquidCrystal 資料型態的物件。

格式　`autoscroll( ) / noAutoscroll( )`

範例

```
#include <LiquidCrystal.h>              //使用 LiquidCrystal 函式庫。
LiquidCrystal lcd(8, 9, 10, 4, 5, 6, 7);//設定 RS、RW、EN、DB4~DB7 接腳。
lcd.autoscroll( );                      //LCD 內容自動捲動一行後再寫入。
```

13. leftToRight( ) 函式

　　leftToRight( ) 函式的功用是**設定寫入 LCD 的文字方向為由左至右**，無須設定任何參數。如圖 10-11 所示 leftToRight( ) 函式執行情形，寫入字元 A 後，游標向右移一位，等待寫入字元 B。

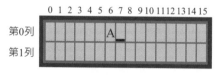 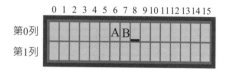

(a) 寫入字元 A   (b) 寫入字元 B

圖 10-11 　leftToRight( ) 函式執行情形

格式 `leftToRight( )`

範例

```
#include <LiquidCrystal.h>          //使用 LiquidCrystal 函式庫。
LiquidCrystal lcd(8, 9, 10, 4, 5, 6, 7);//設定 RS、RW、EN、DB4~DB7 接腳。
lcd.setCursor(6, 0);                //設定游標在第 6 行，第 0 列。
lcd.leftToRight( );                 //設定由左而右的寫入方向。
lcd.print("A");                     //寫入字元"A"。
lcd.print("B");                     //寫入字元"B"。
```

14. rightToLeft( ) 函式

　　rightToLeft( ) 函式的功用是**設定寫入 LCD 的文字方向為由右至左**，無須設定任何參數。如圖 10-12 所示 rightToLeft( ) 函式執行情形，在寫入字元 A 後，游標向左移一位，等待寫入字元 B。在使用 rightToLeft( ) 函式之前，必須先使用 LiquidCrystal( ) 函式宣告一個 LiquidCrystal 資料型態的物件。

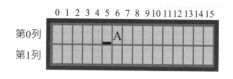 

(a) 寫入字元 A   (b) 寫入字元 B

圖 10-12 　rightToLeft( ) 函式執行情形

格式 `rightToLeft( )`

範例

```
#include <LiquidCrystal.h>          //使用 LiquidCrystal 函式庫。
LiquidCrystal lcd(8, 9, 10, 4, 5, 6, 7);//設定 RS、RW、EN、DB4~DB7 接腳。
lcd.setCursor(6, 0);                //設定游標在第 6 行，第 0 列。
lcd.rightToLeft( );                 //設定由右而左的寫入方向。
lcd.print("A");                     //寫入字元"A"。
lcd.print("B");                     //寫入字元"B"。
```

15. createChar( ) 函式

createChar( ) 函式的功用是**自建一個字元**，HD44780 控制晶片最多可以讓使用者自建八個 5×8 的字元（字型碼 0~7 或 8~15）。每個自建字元使用 8 個位元組 CG RAM 來儲存字元資料，因為是 5×7 字型，所以每個位元組 CG RAM 只使用位元 0~4，位元 5~7 則不用。如圖 10-13 所示自建愛心字元「♥」，位元資料為邏輯 0 則不亮，位元資料為邏輯 1 則點亮。

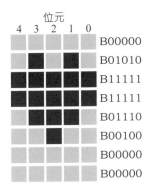

位元

4	3	2	1	0	
					B00000
					B01010
					B11111
					B11111
					B01110
					B00100
					B00000
					B00000

圖 10-13　自建愛心字元「♥」

createChar() 函式有 num、data 兩個參數必須設定，num 參數是設定自建字元的**字型碼編號**，data 參數是**儲存字元資料的陣列名稱**。如果要顯示自建字元，可以使用 write( ) 函式，用法為 **write(byte(num))**。在使用 createChar( ) 函式之前，必須先使用 LiquidCrystal( ) 函式宣告一個 LiquidCrystal 資料型態的物件。

格式　createChar(num, data)

範例
```
#include <LiquidCrystal.h>                    //使用 LiquidCrystal 函式庫。
LiquidCrystal lcd(8, 9, 10, 4, 5, 6, 7);//設定 RS、RW、EN、DB4~DB7 接腳。
byte heart[8] ={B00000,B01010,B11111,B11111,B01110,B00100,B00000,B00000};
lcd.createChar(0,heart);                      //自建字元"♥"。
lcd.write(byte(0));                           //顯示自建字元"♥"。
```

10-3 串列式 LCD 模組

數位系統的通訊傳輸介面主要可以分為**並列介面**及**串列介面**兩種。並列介面一次可以傳輸一個位元組或更多位元組的資料,而串列介面一次只能傳輸一位元的資料。雖然並列介面的傳輸速度比串列介面快,但是在長距離傳輸時,並列介面的線路費用較高,線路阻抗匹配不易、而且雜訊干擾的問題也比較大。**對於 I/O 腳位數有限的 Arduino 控制板而言,使用串列介面是最佳的選擇。**

常用的串列介面有通用非同步串列介面(Universal Asynchronous Receiver Transmitter,簡記 **UART**)、積體電路匯流排(Inter-Integrated Circuit,簡記 **I2C**)及串列周邊介面匯流排(Serial Peripheral Interface Bus,簡記 **SPI**)等三種。串列式 LCD 模組只是在原有的並列式 LCD 模組上再增加一個 UART 或 I2C 串列介面模組,與並列式 LCD 模組使用相同的 HD44780 晶片及控制方法。如圖 10-14 所示 I2C 串列式 LCD 模組,使用 I2C 串列介面,可以顯示 16 字×2 列。I2C 串列式 LCD 模組是在圖 10-1 所示並列式 LCD 模組上,再增加一個如圖 10-14(a) 所示 **I2C 轉並列介面模組**,組合成如圖 10-14(b) 所示 I2C 串列式 LCD 模組。

(a) I2C 轉並列介面模組   (b) I2C 串列式 LCD 模組背面

圖 10-14 I2C 串列式 LCD 模組

I2C 轉並列介面模組使用 Philips 公司生產的 PCF8574 晶片,可以將 I2C 介面轉換成 8 位元並列介面,工作電壓 2.5V~6V,待機電流 10μA。PCF8574 晶片的 I2C 介面相容多數的微控制器,而其輸出電流可以直接驅動 LCD。在圖 10-14(a) 所示 I2C 轉並列介面模組的左側短路夾可以控制 LCD 模組背光的開(ON)與關(OFF),右方電位器可以調整 LCD 模組的顯示明暗對比。

使用 I2C 串列式 LCD 模組之前,必須先至圖 10-15 所示網址 https://github.com/fdebrabander/Arduino-LiquidCrystal-I2C-library 下載驅動程式。下載完成後,再利用 Arduino IDE 將 Arduino-LiquidCrystal-I2C-library 函式庫加入。

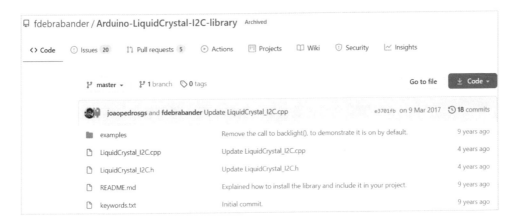

圖 10-15　I2C 串列式 LCD 模組函式庫

進入如圖 10-16 所示 Arduino IDE 軟體後，選擇【草稿碼→匯入程式庫→加入.ZIP 程式庫…】，LiquidCrystal_I2C 程式庫自動解壓縮並且加入 Arduino IDE 中。

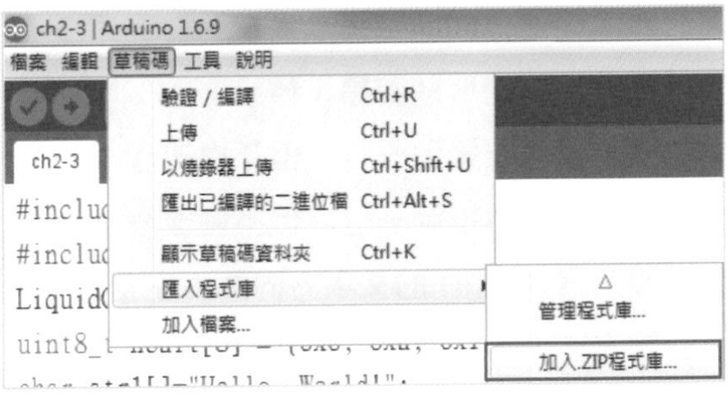

圖 10-16　匯入 LiquidCrystal_I2C 程式庫

在 使 用　LiquidCrystal_I2C　函 式 庫 內 的 函 式 功 能 前， 必 須 先 利 用 LiquidCrystal_I2C 函式庫建立一個 LiquidCrystal_I2C 資料型態的物件，物件名稱可以任意更改，此處設定物件名稱 lcd。所建立的物件 lcd 內容包含 I2C 介面的**位址 addr**、**行數 cols** 及 **列數 rows** 三個參數，其中 I2C 介面位址的出廠設定為 0x27，不可更改，cols 為 LCD 的總行數，而 rows 為 LCD 的總列數。

格式　`LiquidCrystal_I2C lcd(addr, cols, rows)`

範例
```
LiquidCrystal_I2C  lcd(0x27,16,2)            //宣告 16 行 2 列的 lcd 物件
```

如表 10-5 所示為 I2C 串列式 LCD 模組函式功能說明，基本使用方法與前節所述並列式 LCD 模組使用的函式大致相同，可以參考 Arduino 官網上並列式 LCD 模組的相關說明。官網位址：https://www.arduino.cc/en/Reference/LiquidCrystal

表 10-5　I2C 串列式 LCD 模組函式功能說明

函式名稱	動作
begin()	初始化 LCD、函式庫,並且清除顯示器內容。
clear()	清除顯示器內容,並且設定游標位置在第 0 列第 0 行。
home()	設定游標位置在第 0 列第 0 行,但不會清除顯示器內容。
setCursor(col,row)	設定 LCD 游標位置,列(row)範圍 0~3,行(col)範圍 0~19。
print(val)	顯示字元或字串。
backlight()	開啟 LCD 背光(預設)。
noBacklight()	關閉 LCD 背光。
display()	開啟 LCD 顯示器(預設)。
noDisplay()	關閉 LCD 顯示器,但不會改變 RAM 內容。
cursor()	顯示線型(line)游標。
noCursor()	不顯示線型游標(預設)。
blink()	顯示閃爍(blink)塊狀游標。
noBlink()	不顯示閃爍塊狀游標(預設)。
scrollDisplayLeft()	顯示器向左捲動一行,但不會改變 RAM 內容。
scrollDisplayRight()	顯示器向右捲動一行,但不會改變 RAM 內容。
leftToRight()	設定寫入 LCD 的文字方向為由左至右(預設)。
rightToLeft()	設定寫入 LCD 的文字方向為由右至左。
autoscroll()	設定 LCD 在輸入文字前都會自動捲動一行。若目前顯示文字的方向是由左而右,則執行 autoscroll() 函式後,會自動先向左捲動一行後再顯示文字。若目前顯示文字的方向是由右而左,則執行 autoscroll() 函式後,會自動先向右捲動一行後再顯示文字。**簡單來說,autoscroll( ) 函式是不會改變游標位置,只是改變顯示字元的位置。**
noAutoscroll()	停止自動捲動功能(預設)。
createChar(location,string)	定義自建字元 location=0~7,字型資料 string 共有 8 個位元組。

10-4-1 顯示內建字元實習

🔲 功能說明

　　如圖 10-17 所示電路接線圖，使用 Arduino 板控制並列式 LCD 模組，由第 0 行、第 0 列開始顯示字串「hello!」。在表 10-4 所示 LCD 模組字型碼 **0x20~0x7F** 的大寫字母、小寫字母及數字等字元與 ASCII 碼內容相同，可以直接由電腦鍵盤輸入，所以使用 print( ) 函式顯示字元或字串即可，例如 print("hello!")，顯示 hello!。在表 10-4 所示 LCD 模組字型碼 **0xA0~0xFF** 的日文字、數學符號等字元，無法直接由電腦鍵盤輸入，必須使用 write( ) 函式顯示字元，例如 write(0xB1)，顯示日文字ｱ。

🔲 電路接線圖

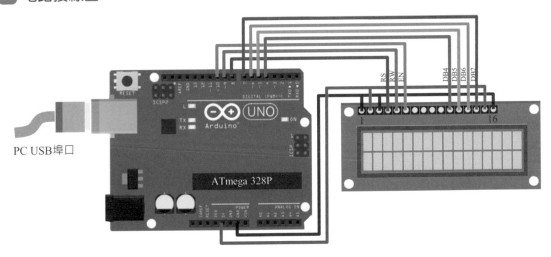

圖 10-17　顯示內建字元實習電路圖

🔲 程式：ch10_1.ino

```
#include <LiquidCrystal.h>              //使用 LiquidCrystal 函式庫。
LiquidCrystal lcd(8,9,10,4,5,6,7);      //設定 RS、RW、EN 及 DB4~DB7 接腳。
//初值設定
void setup( )
{
    lcd.begin(16, 2);                   //使用 16 行×2 列 LCD 模組。
    lcd.print("hello, world!");         //顯示字元"hello world!"。
}
```

```
//主迴圈
void loop( )  {
 }
```

練習

1. 設計 Arduino 程式，控制 LCD 模組顯示自己的學號，例如「1234567890」。
2. 設計 Arduino 程式，控制 LCD 模組在第 0 行（X 座標）、第 0 列（Y 座標）顯示自己的學號「1234567890」，在第 0 行（X 座標）、第 1 列（Y 座標）顯示今天日期，例如「2021/02/05」。

10-4-2　字元移動實習

一 功能說明

如圖 10-17 所示電路接線圖，使用 Arduino 板控制 LCD 模組。在第 0 列的中間位置顯示自己的學號「1234567890」，在第 1 列顯示左右來回移動的字串「hello!」，字元移動的速度為 0.2 秒。

二 電路接線圖

如圖 10-17 所示電路。

三 程式：ch10_2.ino

```
#include <LiquidCrystal.h>              //使用 LiquidCrystal 函式庫。
LiquidCrystal lcd(8,9,10,4,5,6,7);      //設定 RS、RW、EN 及 DB4~DB7 接腳。
char str[ ]="hello!";                   //動態字串。
char buf[16];                           //字串緩衝區。
int i;                                  //迴圈變數。
int n;                                  //動態字串長度。
bool dir=0;                             //移位方向，dir=0：右移，dir=1：左移。
int times=0;                            //移位次數。
char temp;                              //移位暫存區。
//初值設定
void setup( )
{
    lcd.begin(16, 2);                   //使用 1602 LCD 模組。
    lcd.setCursor(3, 0);                //設定游標在第 3 行(X)、第 0 列(Y)。
    lcd.print("1234567890");            //顯示自己的學號。
```

```
    lcd.setCursor(0, 1);          //設定游標在第 0 行(X)、第 1 列(Y)。
    n=sizeof(str);                //讀取字串長度。
    n=n-1;                        //實際字串長度=讀取字長度-字串結尾符號。
    for(i=0;i<n;i++)              //將字串長搬移至字串緩衝區。
        buf[i]=str[i];
    for(i=n;i<16;i++)            //將未用到的字串緩衝區清除。
        buf[i]=0x20;
    lcd.print(buf);               //更新 LCD 顯示資料。
}
//主迴圈
void loop( )
{
    if(dir==0)                    //右移? (dir=0)
    {
        times++;                  //每右移 1 字元,次數加 1。
        if(times>16-n)            //字串最後一個字元已至 LCD 最右邊?
        {
            dir=1;                //改變移位方向為左移。
            times=16-n;           //設定右移字串開始位置。
        }
        else                      //字串尾端尚未移至 LCD 最右邊。
            shiftRight( );         //右移 1 字元。
    }
    else                          //左移 (dir=1)。
    {
        times--;                  //每左移 1 字元,次數減 1。
        if(times<0)               //字串第一個字元已至 LCD 最左邊?
        {
            dir=0;                //改變移位方向為右移。
            times=0;              //設定左移字串開始位置。
        }
        else
            shiftLeft( );          //左移 1 字元。
    }
    lcd.setCursor(0, 1);          //設定游標位置在第 0 行(X)、第 1 列(Y)。
    lcd.print(buf);               //更新 LCD 顯示內容。
    delay(200);                   //每 0.2 秒移動 1 字元。
}
//字元右移函式
void shiftRight(void)             //字串右移函式。
```

```
{
    int i;                              //設定區域變數。
    for(i=14;i>=0;i--)                  //緩衝區字串內容右移1字元。
        buf[i+1]=buf[i];
    buf[0]=0x20;                        //填入空白字元(清除原游標所在字元)。
}
//字元左移函式
void shiftLeft(void)                    //字串左移函式。
{
    int i;                              //設定區域變數。
    for(i=0;i<=14;i++)                  //緩衝區字串內容左移1字元
        buf[i]=buf[i+1];
    buf[15]=0x20;                       //填入空白字元(清除原游標所在字元)。
}
```

練習

1. 使用 Arduino 板控制 LCD 模組,在第 0 列的中間位置顯示自己的學號「1234567890」,在第 1 列顯示旋捲右移字串「hello!」。

2. 使用 Arduino 板控制 LCD 模組,在第 0 列的中間位置顯示自己的學號「1234567890」,在第 1 列顯示旋捲左移字串「hello!」。

3. 使用 Arduino 板控制 LCD 模組,在第 0 列的中間位置閃爍顯示自己的學號「1234567890」,在第 1 列顯示左右來回移動的字串「hello!」。

10-4-3 顯示特殊符號實習

一 功能說明

　　如圖 10-17 所示電路接線圖,使用 Arduino 板控制 LCD 模組,顯示溫度「25°C」。因為度的符號「°」無法由鍵盤直接輸入,所以必須使用字型碼輸入。查表 10-3 所示 LCD 模組字型碼,符號「°」的字型碼為 B11011111。

二 電路圖

　　如圖 10-17 所示電路。

三 程式：ch10_3.ino

```
#include <LiquidCrystal.h>            //使用 LiquidCrystal.h 函式庫。
LiquidCrystal lcd(8,9,10,4,5,6,7);    //設定 RS、RW、EN 及 DB4~DB7 接腳。
const byte deg=25;                    //溫度值。
const byte degSym=B11011111;          //度 " ° " 的符號字型碼。
//初值設定
void setup( )
{
    lcd.begin(16,2);                  //使用 1602 LCD 模組。
}
//主迴圈
void loop( )
{
    lcd.setCursor(0,0);               //設定游標位置在第 0 行(X)、第 0 列(Y)。
    lcd.print(deg);                   //顯示溫度。
    lcd.write(degSym);                //顯示單位符號。
    lcd.print("C");
}
```

練習

1. 設計 Arduino 程式，使用 Arduino 板控制 LCD 模組，顯示字串「π=180°」。
2. 設計 Arduino 程式，使用 Arduino 板控制 LCD 模組，顯示字串「10÷2=5」。

10-4-4 倒數計時器實習

一 功能說明

如圖 10-18 所示電路接線圖，使用 Arduino 板及按鍵開關，控制 LCD 模組在第 0 列中間位置顯示字串「count down」，在第 1 列中間位置顯示兩位倒數計時值由**初值開始，倒數計時到 00 則停止**。計時初值可以由電腦鍵盤輸入，按 Arduino 板 RESET 鍵清除計數值為 00。按一下按鍵開關則開始倒數計時且每秒減 1，再按一下按鍵開關則停止倒數計時。

二 電路接線圖

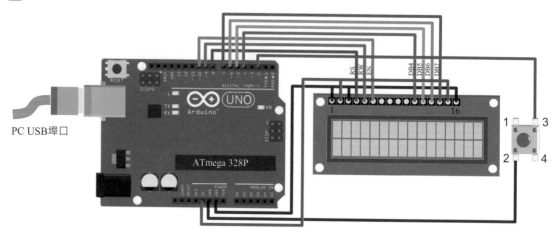

圖 10-18　倒數計時器實習電路圖

三 程式：ch10_4.ino

`#include <LiquidCrystal.h>`	//使用 LiquidCrystal.h 函式庫。
`LiquidCrystal lcd(8,9,10,4,5,6,7);`	//設定 RS、RW、EN 及 DB4~DB7 接腳。
`const int sw=2;`	//設定數位腳 2 連接按鍵開關。
`int debounce=20;`	//消除機械彈跳。
`int key;`	//電腦鍵盤輸入值。
`int tack;`	//按鍵開關狀態。
`unsigned int n=0;`	//按鍵次數。
`unsigned int count=0;`	//計時值。
`bool active=0;`	//active=0：停止計時，active=1：倒數計時中。
`unsigned long timeout=0;`	//系統時間。
`//初值設定`	
`void setup( )`	
`{`	
`    pinMode(sw, INPUT_PULLUP);`	//設定數位腳 2 為輸入模式，使用內部上升電阻。
`    Serial.begin(9600);`	//初始化序列埠，設定鮑率值 9600bps。
`    lcd.begin(16,2);`	//使用 1602 LCD 模組。
`    lcd.setCursor(3,0);`	//設定游標在第 3 行、第 0 列位置。
`    lcd.print("count down");`	//顯示字串"count down"。
`    lcd.setCursor(7,1);`	//設定游標在第 7 行、第 1 列位置。
`    lcd.print("00");`	//顯示數字 00。
`}`	
`//主迴圈`	
`void loop( )`	
`{`	

```
    if(Serial.available( ))              //電腦鍵盤按下任意鍵?
    {
        key=Serial.read( );              //讀取電腦鍵盤輸入值。
        key=key-'0';                     //將字元轉數值。
        if(key>=0 && key<=9 && active==0)    //輸入數字 0~9。
        {
            count=count*10+key;          //數字左移 1 位。
            count=count%100;             //最多顯示兩位計時值。
            lcd.setCursor(7,1);          //設定游標在第 7 行(X)、第 1 列(Y)。
            if(count<10)                 //計時值小於 10。
                lcd.print("0");          //計時值小於 10,在前面補 0。
            lcd.print(count);            //更新 LCD 顯示值。
        }
    }
    tack=digitalRead(sw);                //讀取按鍵開關狀態。
    if(tack==LOW)                        //按下按鍵開關?
    {
        delay(debounce);                 //進行延遲除彈跳程序。
        while(digitalRead(sw)==LOW)      //仍在按下狀態?
            ;                            //等待放開按鍵開關。
        n++;                             //按鍵次數加 1。
        n=n%2;                           //將按鍵次數轉成 0 或 1。
    }
    if(n==0)                             //按下偶數次按鍵?
        active=0;                        //停止倒數計時。
    else if(n==1)                        //按下奇數次按鍵?
        active=1;                        //開始倒數計時。
    if(active==1)                        //倒數計時中?
    {
        if((millis()-timeout)>1000)      //已經過 1 秒?
        {
            timeout=millis( );           //儲存系統時間。
            if(count>0)                  //倒數計時器大於 0?
            {
                count--;                 //倒數計時器之計時值減 1。
                lcd.setCursor(7,1);      //設定游標在第 7 行(X)、第 1 列(Y)位置。
                if(count<10)             //計時值小於 10?
                lcd.print("0");          //在前面補 0。
                lcd.print(count);        //更新 LCD 顯示值。
                if(count==0)             //已倒數至 0?
```

```
                {
                    n=0;               //重設按鍵次數為 0。
                    active=0;          //重設 active=0 停止倒數計時。
                }
            }
        }
    }
}
```

練習

1. 接續範例，改為兩位上數計時，初值~99，計時到 99 則停止。
2. 接續範例，改為四位倒數計時，初值~0000，倒數計時到 0000 則停止。

10-4-5　顯示自建字型實習

一 功能說明

　　如圖 10-17 所示電路接線圖，使用 Arduino 板控制 LCD 模組顯示字元「2021年 2 月 8 日」。文字型 LCD 模組提供使用者可以自建 8 個 5×7 字型，如圖 10-19 所示中文字年、月、日定義字型，每個字型需要 8 個位元組，位元組只使用位元 0~4，位元 5~7 不使用。LCD 模組使用位元對映方式來顯示字型，當位元值為 1 點亮，位元值為 0 則不亮。

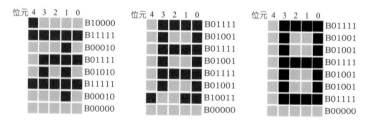

圖 10-19　中文字年、月、日定義字型

二 電路接線圖

　　如圖 10-17 所示電路。

三 程式：ch10_5.ino

```
#include <LiquidCrystal.h>                                    //使用 LiquidCrystal 函式庫。
LiquidCrystal lcd(8,9,10,4,5,6,7);                            //設定 RS、RW、EN 及 DB4~DB7 接腳。
byte yChar[8]={B10000,B11111,B00010,B01111,B01010,B11111,B00010,B00000};//年
byte mChar[8]={B01111,B01001,B01111,B01001,B01111,B01001,B11101,B00000};//月
byte dChar[8]={B01111,B01001,B01001,B01111,B01001,B01001,B01111,B00000};//日
int year=2021;                                               //年。
byte moon=2;                                                 //月。
byte day=8;                                                  //日。
//初值設定
void setup( )
{
    lcd.begin(16,2);                                         //使用 1602 LCD 模組。
    lcd.createChar(0,yChar);                                 //自建「年」字型，字型碼 0。
    lcd.createChar(1,mChar);                                 //自建「月」字型，字型碼 1。
    lcd.createChar(2,dChar);                                 //自建「日」字型，字型碼 2。
}
//主迴圈
void loop( )
{
    lcd.setCursor(0,0);                                      //設定游標在第 0 行、第 0 列。
    lcd.print(year);                                         //顯示年數值。
    lcd.write(byte(0));                                      //顯示中文字"年"。
    lcd.print(moon);                                         //顯示月數值。
    lcd.write(byte(1));                                      //顯示中文字"月"。
    lcd.print(day);                                          //顯示日數值。
    lcd.write(byte(2));                                      //顯示中文字"日"。
}
```

練習

1. 使用 Arduino 板控制 LCD 模組，在第 0 行、第 0 列顯示「2021 年 02 月 08 日」，在第 0 行第 1 列顯示「I ♥ LCD」，愛心符號「♥」如圖 10-20(a) 所示。

(a) 愛心符號　　　　　　　　　　　　　　　(b) 笑臉符號

圖 10-20　自建字型

2. 使用 Arduino 板控制 LCD 模組，在第 0 行、第 0 列顯示「2021 年 02 月 08 日」，在第 0 行第 1 列閃爍顯示「☺happy☺」，笑臉符號如圖 10-20(b) 所示。

10-4-6　顯示 15×16 字型實習

■ 功能說明

使用 Arduino 板控制 LCD 模組顯示如圖 10-21 所示 15×16 數字 0~9 字型，每秒上數加 1，計數 0~9。每一個數字字型由 6 格 LCD 字元組成。

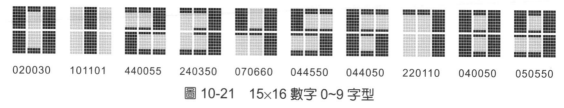

圖 10-21　15×16 數字 0~9 字型

15×16 數字是由如圖 10-22 所示 6 個 5×8 自建字型所組成，以 15×16 數字 0 為例，依序由左而右、由上而下組成編號為 0、2、0、0、3、0。

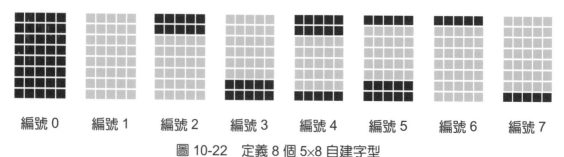

編號 0　　編號 1　　編號 2　　編號 3　　編號 4　　編號 5　　編號 6　　編號 7

圖 10-22　定義 8 個 5×8 自建字型

☐ 電路接線圖

　　如圖 10-17 所示電路。

☐ 程式：ch10_6.ino

```
#include <LiquidCrystal.h>                              //使用 LiquidCrystal.h 函式庫。
LiquidCrystal lcd(8,9,10,4,5,6,7);                      //設定 RS、RW、EN 及 DB4~DB7 接腳。
byte shape[8][8]={
{B11111,B11111,B11111,B11111,B11111,B11111,B11111,B11111},   //編號 0。
{B00000,B00000,B00000,B00000,B00000,B00000,B00000,B00000},   //編號 1。
{B11111,B11111,B00000,B00000,B00000,B00000,B00000,B00000},   //編號 2。
{B00000,B00000,B00000,B00000,B00000,B00000,B11111,B11111},   //編號 3。
{B11111,B11111,B00000,B00000,B00000,B00000,B00000,B11111},   //編號 4。
{B11111,B00000,B00000,B00000,B00000,B00000,B11111,B11111},   //編號 5。
{B11111,B00000,B00000,B00000,B00000,B00000,B00000,B00000},   //編號 6。
{B00000,B00000,B00000,B00000,B00000,B00000,B00000,B11111}};  //編號 7。
const char number[10][6]={
{0,2,0,0,3,0},{1,0,1,1,0,1},                            //15×16 數字 0、1。
{4,4,0,0,5,5},{2,4,0,3,5,0},                            //15×16 數字 2、3。
{0,7,0,6,6,0},{0,4,4,5,5,0},                            //15×16 數字 4、5。
{0,4,4,0,5,0},{2,2,0,1,1,0},                            //15×16 數字 6、7。
{0,4,0,0,5,0},{0,4,0,5,5,0} };                          //15×16 數字 8、9。
//初值設定
void setup( )
{
    lcd.begin(16,2);                                    //使用 1602 LCD 模組。
    for(int i=0; i<8; i++)                              //定義字型碼 0~7 的 8 個自建字型。
          lcd.createChar(i,shape[i]);
}
//主迴圈
void loop( )
{
    for(int i=0; i<10; i++)                             //顯示 0~9 等 10 個 15×16 數字。
    {
        showNumber(i,6);                                //顯示在中間位置。
        delay(1000);                                    //延遲 1 秒。
    }
}
//15×16 自建數字顯示函式
void showNumber(int value,int position)                 //顯示 15×16 自建數字。
```

```
{
    int i;
    lcd.setCursor(position,0);          //設定游標在第 position 行、第 0 列位置。
    for(i=0; i<=2; i++)                 //顯示 15×16 數字的上半部。
        lcd.write(byte(number[value][i]));
    lcd.setCursor(position,1);          //設定游標在第 position 行、第 1 列位置。
    for(i=3; i<=5; i++)                 //顯示 15×16 數字的下半部。
        lcd.write(byte(number[value][i]));
}
```

練習

1. 使用 Arduino 板控制 LCD 模組顯示如圖 10-21 所示 15×16 數字 0~9 字型，每秒下數減 1，計數 0~9。
2. 使用 Arduino 板控制 LCD 模組顯示如圖 10-21 所示 15×16 數字 0~9 字型，每秒上數加 1，計數 00~99。

10-4-7　串列式 LCD 模組顯示字串實習

一 功能說明

如圖 10-23 所示電路接線圖，使用 Arduino 板控制串列式 LCD 模組顯示字串，在第 0 列位置顯示字串「hello, World!」，在第 1 列位置顯示字串「I ♥ Arduino Uno.」。

雖然並列式 LCD 模組可以使用 4 位元（D4~D7）模式來控制，但對於 I/O 接腳有限的 Arduino 板而言，還是必須使用 RS、R/W、EN 及 D4~D7 等 7 支接腳來控制。使用串列式 LCD 模組只需 SDA、SCL 兩支接腳即可，節省了 Arduino 板 I/O 腳使用。

二 電路接線圖

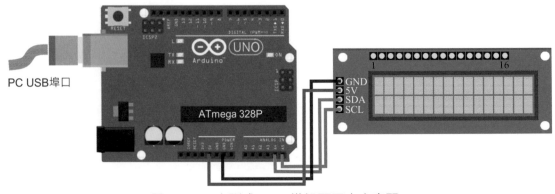

圖 10-23　串列式 LCD 模組顯示字串實習

📋 程式：ch10_7.ino

```
#include <Wire.h>
#include <LiquidCrystal_I2C.h>                //使用 LiquidCrystal_I2C 函式庫。
LiquidCrystal_I2C lcd(0x27,16,2);             //使用串列式 1620 LCD 模組。
uint8_t heart[8]={0x0,0xa,0x1f,0x1f,0xe,0x4,0x0,0x0};//愛心字型碼。
char str1[ ]="Hello, World!";                 //定義字串"Hello, World!"。
char str2[ ]="Arduino Uno.";                  //定義字串" Arduino Uno."。
//初值設定
void setup( )
{
    lcd.begin( );                            //初始化串列式 1602 LCD 模組。
    lcd.createChar(0,heart);                 //自建字元，字型碼 0。
    lcd.setCursor(0,0);                      //設定游標位置在第 0 行、第 0 列。
    lcd.print(str1);                         //顯示字串"Hello, World!"
    lcd.setCursor(0,1);                      //設定游標位置在第 0 行、第 1 列。
    lcd.print("I");                          //顯示字元"I"。
    lcd.print(" ");                          //空一格。
    lcd.write(byte(0));                      //顯示自建愛心字元"♥"
    lcd.print(" ");                          //空一格。
    lcd.print(str2);                         //顯示字串"Arduino Uno."
}
//主迴圈
void loop( ) {
}
```

🌱 練習

1. 使用 Arduino 板控制 LCD 模組，使用 Arduino 板控制串列式 LCD 模組，每秒顯示一個 0x20~0x7F 的 ASCII 字元碼及對應的字元。在第 0 行、第 0 列顯示字元碼，例如 41H。在第 0 行、第 1 列顯示字元，例如 A。

2. 使用 Arduino 板控制 LCD 模組，使用 Arduino 板控制串列式 LCD 模組，每秒顯示一個 0xA0~0xFF 的特殊字元碼及字元。在第 0 行、第 0 列顯示字元碼，例如 B1H。在第 0 行、第 1 列顯示字元，例如 ア。

10-4-8　串列式 LCD 模組計數器實習

功能說明

　　如圖 10-23 所示電路接線圖，使用 Arduino 板控制串列式 LCD 模組，顯示如圖 10-24 所示計數器。電腦鍵盤輸入 A 則計數值每秒自動上數加 1 至 9999 停止，輸入 B 則計數值每秒自動下數減 1 至 0000 停止。

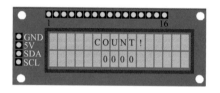

圖 10-24　計數器

電路接線圖

　　如圖 10-23 所示電路。

程式：ch10_8.ino

```
#include <Wire.h>
#include <LiquidCrystal_I2C.h>        //使用 LiquidCrystal_I2C 函式庫。
LiquidCrystal_I2C lcd(0x27,16,2);     //使用串列式 1620 LCD 模組。
unsigned long timeout=0;              //系統時間。
unsigned long count=0;                //計數值。
int key;                             //按鍵值。
//初值設定
void setup( )
{
    Serial.begin(9600);              //初始化序列埠，設定鮑率值為
9600bps。
    lcd.begin( );                    //初始化串列式 LCD 模組。
    lcd.setCursor(5,0);              //設定游標位置在第 5 行、第 0 列。
    lcd.print("COUNT!");             //顯示字串"COUNT!"。
    lcd.setCursor(6,1);              //設定游標位置在第 6 行、第 1 列。
    lcd.print("0000");               //顯示字串"0000"。
}
//主迴圈
void loop( )
{
    if(Serial.available( ))          //電腦鍵盤按下任意鍵?
```

```
    {
        key=Serial.read( );                          //讀取按鍵值。
    }
    if(millis( )-timeout>=1000)                       //已經過1秒?
    {
        timeout=millis( );                            //儲存系統時間。
        if(key=='A' || key=='a')                      //按下A鍵?
        {
            if(count<9999)                            //已上數計數至最大值9999?
                count++;                              //未到最大值9999,上數加1。
        }
        else if(key=='B' || key=='b')                 //按下B鍵?
        {
            if(count>0)                               //已下數計數至最小值0000?
                count--;                              //未到最小值0000,下數減1。
        }
        lcd.setCursor(6,1);                           //設定游標位置在第6行、第1列。
        if(count<10)                                  //計數值小於10則顯示值前面補000。
            lcd.print("000");
        else if(count<100)                            //計數值為10~100則顯示值前面補00。
            lcd.print("00");
        else if(count<1000)                           //計數值為100~1000則顯示值前面補0。
            lcd.print('0');
        lcd.print(count);                             //LCD顯示計數值。
    }
}
```

練習

1. 接續範例,增加 C、D、E、F 鍵功能。輸入 C 則計數值上數加 1,輸入 D 則計數值下數減 1,輸入 E 則停止計數,輸入 F 則計數值清除為 0000。

2. 接續範例,輸入 0~9 設定計數初值。當輸入數字時,計數值先左移 1 位再將輸入數字顯示在最右方。例如連續輸入 1、2、3、4,則計數值依序顯示為 0000、0001、0012、0123、1234。

11

聲音控制實習

11-1 認識聲音

聲音是一種**波動**，聲音的振動會引起空氣分子有節奏的振動，使周圍的空氣產生疏密變化，形成疏密相間的縱波，因而產生了聲波。人耳可以聽到的聲音頻率範圍在 **20Hz~20kHz** 之間。常用來將電能轉換成聲能的元件有蜂鳴器及喇叭，如圖 11-1 所示蜂鳴器及喇叭，依其驅動方式可以分成**有源**及**無源**兩種，如圖 11-1(a) 所示有源蜂鳴器，內含振盪電路且底部被密裝起來，加上直流電壓可以產生**固定頻率**輸出。如圖 11-1(b) 所示無源蜂鳴器內部不含振盪電路，底部明顯可以看到電路板，依所加的交流信號頻率不同，所發出的音調也不同。如果要用來產生音樂輸出，就必須使用無源蜂鳴器。如圖 11-1(c) 所示喇叭，與無源蜂鳴器相同，可以加上不同頻率的交流信號來產產生不同的音調。

(a) 有源　　　　　　　　(b) 無源　　　　　　　(c) 喇叭

圖 11-1　蜂鳴器及喇叭

如圖 11-2(a) 所示正弦波是組成聲音的基本波形，音量與波形振幅成正比，而音調與波形週期成反比。Arduino 利用 **tone( ) 函式**產生如圖 11-2(b) 所示方波信號，來模擬真實的聲音，而且一次只能輸出一種音調。

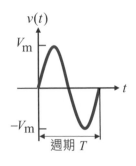 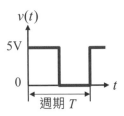

(a) 正弦波　　　　　　　　　　　(b) 方波

圖 11-2　聲音信號

11-1-1 音符

在音樂中的每個音符是由**音調**（tone）及**節拍**（beat）兩個元素所組成，音調是指**頻率的高低**，而節拍是指**聲音的長度**。如表 11-1 所示 C 調音符表，每一個音階可以分成八音度，共有 12 個音符，而每個八音度之間的頻率相差一倍，每個音符間的頻率 f 大約相差 1.06 倍，計算公式如下：

$$f(n) = 2^{1/12} \times f(n-1) = 1.06 \times f(n-1) \text{，} 1 \le n \le 12$$

表 11-1　C 調音符表

音階 n	1	2	3	4	5	6	7	8	9	10	11	12
簡符	C	C#	D	D#	E	F	F#	G	G#	A	A#	B
音符	Do	Do#	Re	Re#	Mi	Fa	Fa#	So	So#	La	La#	Si
低音	262	277	294	311	330	349	370	392	415	440	466	494
中音	523	554	587	622	659	698	740	784	831	880	932	988
高音	1046	1109	1175	1245	1318	1397	1480	1568	1661	1760	1865	1976

11-1-2 鋼琴鍵

鋼琴鍵的數量是 88 個鍵，分成 52 個白鍵和 36 個黑鍵。如圖 11-3 所示鋼琴鍵的排列方式，以一個八音度範圍來說，有 7 個白鍵和 5 個黑鍵，使用白、黑鍵兩種對比強烈的顏色，比較容易識辨。**白鍵是全音** Do、Re、Mi、Fa、So、La、Si，簡符為 C、D、E、F、G、A、B。**黑鍵是半音** Do#、Re#、Fa#、So#、La#，簡符為 C#、D#、F#、G#、A#，**半音是介於兩個全音之間的音符**。

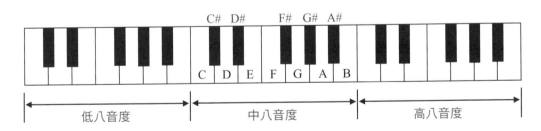

圖 11-3　鋼琴鍵的排列方式

11-1-3 頻率與週期

在表 11-1 中的數字代表該音符的頻率 f，單位赫芝（Hz）。如圖 11-4 所示音符波形，使用微控制器產生音符輸出時，必須先將音符的頻率換算成週期 T，週期等於頻率的倒數，即 $T=1/f$。之後每半週 $T/2$ 變換一次邏輯準位輸出，即可產生所需音符。

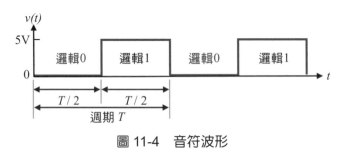

圖 11-4　音符波形

11-2　函式說明

11-2-1　tone( ) 函式

tone( ) 函式的功用是**輸出特定頻率方波至指定數位腳**。有三個參數必須設定，pin 參數指定聲音輸出的數位接腳，輸出可連接至蜂鳴器或其他揚聲器。frequency 參數設定聲音輸出頻率，單位赫芝（Hz）。duration 參數設定聲音持續時間，單位毫秒（ms）。如果沒有指定 duration 參數，則必須使用 noTone( ) 函式關閉聲音。

ATmega328 微控制器有三個硬體計時器，其中 timer0 被 millis( ) 函式使用，timer0 也負責 D5 與 D6 的 PWM 輸出。timer1 被 Servo.h 函式庫使用，timer1 也負責 D9 與 D10 的 PWM 輸出。因此只剩下 timer2 可以給 tone( ) 使用來產生音調，**一次只能使用一支數位腳輸出音調**。另外，timer2 也負責 D3 與 D11 的 PWM 輸出，所以使用 tone() 函式時會干擾到這兩個接腳的 PWM 輸出功能。tone( ) 函式可以輸出的頻率範圍在 **31Hz~65535Hz** 之間。

格式
```
tone(pin, frequency)
tone(pin, frequency, duration)
```

範例
```
tone(2, 1000, 500)                    //數位腳 D2 輸出 1000Hz 方波，時間 0.5 秒。
```

11-2-2　noTone( ) 函式

　　noTone( ) 函式的功用是**關閉聲音輸出**。noTone( ) 函式的格式如下，有一個參數必須設定，pin 參數指定輸出數位接腳。

格式　`noTone(pin)`

範例

`noTone(2);`　　　　　　　　　//關閉數位接腳 2 的輸出音調。

11-3　**實作練習**

11-3-1　電話聲實習

■ 功能說明

　　如圖 11-6 所示電路接線圖，使用 Arduino 板控制喇叭輸出電話聲音。如圖 11-5 所示電話聲音波形，由兩種不同頻率的訊號組合成一次振鈴（ringer），經過多次振鈴後再靜音一段時間，重複不斷即可產生電話聲音。

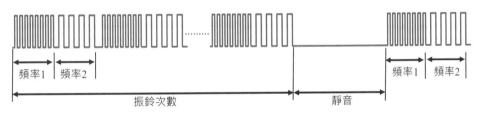

圖 11-5　電話聲音波形

■ 電路接線圖

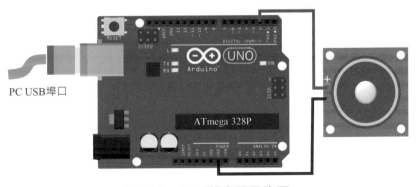

PC USB埠口

圖 11-6　電話聲實習電路圖

三 程式：ch11_1.ino

```
const int sp=2;                    //數位腳 D2 連接至喇叭。
int i;                             //迴圈變數。
//初值設定
void setup( ) {
}
//主迴圈
void loop( )
{
    for(i=0;i<10;i++)              //振鈴 10 次。
    {
        tone(sp,1000);            //輸出 1000Hz 音調 50 ms。
        delay(50);
        tone(sp,500);             //輸出 500Hz 音調 50ms。
        delay(50);
    }
    noTone(sp);                   //靜音 2 秒。
    delay(2000);
}
```

練習

1. 設計 Arduino 程式，使用 Arduino 板控制喇叭輸出如圖 11-7 所示警車聲音波形，警車聲頻音的頻率由低至高，再由高至低。

| 頻率1 | 頻率2 | 頻率3 | 頻率n | 頻率3 | 頻率2 | 頻率1 |

圖 11-7　警車聲音波形

2. 設計 Arduino 程式，使用 Arduino 板控制喇叭輸出嗶!嗶!嗶!的警報聲音。

11-3-2 播放音符實習

功能說明

　　如圖 11-6 所示電路接線圖，使用 Arduino 板控制喇叭，依序播放中音階 C、D、E、F、G、A、B 及高音階 C 等 8 個音符，每一個音符播放時間為 0.5 秒。

電路接線圖

　　如圖 11-6 所示電路。

程式：ch11_2.ino

```
const int speaker=2;                              //數位腳 D2 連接至喇叭。
const int toneTable[8]={523,587,659,694,784,880,988,1046};  //音符。
int i;                                            //迴圈變數。
//初值設定
void setup( ) {
}
//主迴圈
void loop( )
{
    for(i=0;i<8;i++)                              //八個音符。
    {
        tone(sp, toneTable[i]);                   //輸出音符 0.5 秒。
        delay(500);
        noTone(sp);                               //關閉喇叭 0.1 秒。
        delay(100);
    }
    delay(1000);                                  //間隔 1 秒。
}
```

練習

1. 使用 Arduino 板控制喇叭，依序播放低音階 C、D、E、F、G、A、B 及中音階 C 等 8 個音符，每一個音符播放 0.5 秒。

2. 使用 Arduino 板控制喇叭，以連接於類比腳 A0 的可變電阻來播放音符。可變電阻由左至右旋轉，依序播放中音階 C、D、E、F、G、A、B 及高音階 C 等 8 個音符。

11-3-3　電子琴實習

⼀　功能說明

　　如圖 11-8 所示電路接線圖，使用 Arduino 板模擬 8 鍵電子琴的功能。本例使用 8 個 TACK 按鍵開關來模擬中音 C、D、E、F、G、A、B 及高音 C 等 8 個音符琴鍵。按鍵按下則持續發出對應的音符，按鍵放開則聲音停止。

⼆　電路接線圖

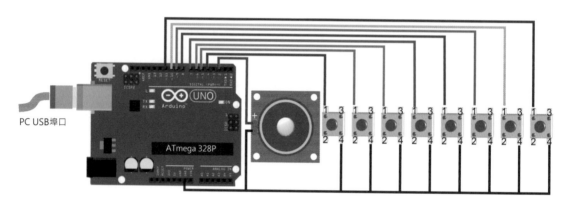

圖 11-8　電子琴實習電路圖

三　程式：ch11_3.ino

```
const int sp=2;                                    //數位接腳 2 連接至喇叭。
const int sw[8]={4,5,6,7,8,9,10,11};               //數位接腳 4~11 連接至琴鍵。
const int freq [8]={523,587,659,694,784,880,988,1046};//音符頻率表。
int i;                                             //迴圈變數。
int val;                                           //琴鍵狀態。
//初值設定
void setup( )
{
    for(i=0;i<8;i++)                               //設定數位腳 D4~D11 為輸入模式。
        pinMode(sw[i], INPUT_PULLUP);              //使用內建上拉電阻。

}
//主迴圈
void loop( )
{
    for(i=0;i<8;i++)
    {
```

```
        val=digitalRead(sw[i]);              //讀取琴鍵狀態。
        if(val==0)                           //按下琴鍵?
            tone(sp, freq [i],100);          //播放所按下琴鍵的音符。
    }
}
```

練習

1. 接續本例，將音符改為低音階 C、D、E、F、G、A、B 及中音階 C。
2. 接續第 1 題，將按鍵改為電腦鍵盤數字鍵 1~8。

11-3-4 播放旋律實習

功能說明

如圖 11-6 所示電路接線圖，使用 Arduino 板控制喇叭，播放如表 11-2 所示鋼琴入門音樂—小蜜蜂（Little Bee）。小蜜蜂簡譜每一段有 4 小節，每小節有 4 拍，如果演奏的速度是每分鐘 180 拍，則每拍的時間是 60/180 秒=60000/180 毫秒。

表 11-2　小蜜蜂簡譜

5 3 3 -	4 2 2 -	1 2 3 4	5 5 5 -
5 3 3 -	4 2 2 -	1 3 5 5	3 - - -
2 2 2 2	2 3 4 -	3 3 3 3	3 4 5 -
5 3 3 -	4 2 2 -	1 3 5 5	1 - - -

電路接線圖

如圖 11-6 所示電路。

程式：ch11_4.ino

```
const int sp=2;                                        //數位接D2連接至喇叭。
unsigned int freq[7]={523,587,659,694,784,880,988};   //音符頻率。
char toneName[ ]="CDEFGAB";                            //音符 。
char beeTone[ ]="GEEFDDCDEFGGGGEEFDDCEGGEDDDDDEFEEEEFGGEEFDDCEGGC";
                                                       //音符。
```

```
byte beeBeat[ ]={1,1,2,1,1,2,1,1,1,1,1,1,2, 1,1,2,1,1,2,1,1,1,1,4,
        1,1,1,1,1,1,2,1,1,1,1,1,1,2,1,1,2,1,1,2,1,1,1,1,4};  //節拍。
const int beeLen=sizeof(beeTone);              //小蜜蜂音符總數。
unsigned long tempo=180;                       //每分鐘 180 拍。
int i, j;                                      //迴圈變數。
//初值設定
void setup( ) {
}
//主迴圈
void loop( )
{
    for(i=0;i<beeLen;i++)                      //播放小蜜蜂樂曲。
        playTone(beeTone[i],beeBeat[i]);       //播放一個音符。
    delay(3000);                               //間隔 3 秒再重複播放。
}
//播放音符函式
void playTone(char toneNo,byte beatNo)
{
    unsigned long duration=beatNo*60000/tempo; //計算每拍時間 ( 毫秒 )。
    for(j=0;j<7;j++)
    {
        if(toneNo==toneName[j])                //查音符表。
        {
            tone(sp, freq[j]);                 //播放音符。
            delay(duration);                   //節拍。
            noTone(sp);                        //關閉聲音。
            delay(20);                         //音符間隔時間 20ms。
        }
    }
}
```

1. 使用 Arduino 板控制喇叭，播放如表 11-3 所示鋼琴入門音樂—小星星（Little Star）。小星星簡譜每一段有 4 小節，每小節有 4 拍，演奏速度是每分鐘 120 拍。

表 11-3　小星星簡譜

1	1	5	5	6	6	5	–	4	4	3	3	2	2	1	–
5	5	4	4	3	3	2	–	5	5	4	4	3	3	2	–
1	1	5	5	6	6	5	–	4	4	3	3	2	2	1	–

2. 接續上題，增加 6 個 LED 指示 C、D、E、F、G、A 等 6 個目前正在播放的音符。

11-3-5　音樂盒實習

功能說明

如圖 11-9 所示電路接線圖，使用 Arduino 板控制喇叭，播放兩首鋼琴入門音樂—小蜜蜂及小星星，演奏速度均為每分鐘 180 拍。本例使用一個按鍵開關來選擇音樂，開機時預設為靜音，每按一下按鍵，可以輪流選擇小蜜蜂、小星星及靜音。

電路接線圖

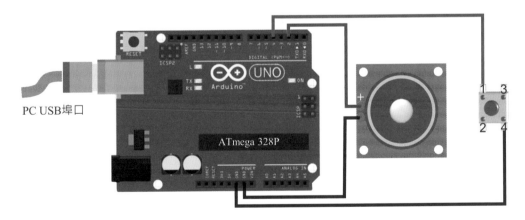

PC USB埠口

圖 11-9　音樂盒實習電路圖

三 程式：ch11_5.ino

```
const int sp=2;                                    //數位腳 D2 連接至喇叭。
const int sw=4;                                    //數位腳 D4 連接至按鍵開關。
const int debounce=20;                             //除彈跳 20ms。
char toneName[ ]="CDEFGAB";                         //音符表。
unsigned int freq[7]={523,587,659,694,784,880,988}; //頻率表。
char beeTone[]="GEEFDDCDEFGGGEEFDDCEGGEDDDDDEFEEEEFGGEEFDDCEGGC";
char starTone[ ]="CCGGAAGFFEEDDCGGFFEEDGGFFEEDCCGGAAGFFEEDDC";
byte beeBeat[]={1,1,2,1,1,2,1,1,1,1,1,1,2,1,1,2,1,1,2,1,1,1,1,4,
                                                   //小蜜蜂節拍。
          1,1,1,1,1,1,2,1,1,1,1,1,1,2,1,1,2,1,1,2,1,1,1,1,4};
byte starBeat[]={1,1,1,1,1,1,2,1,1,1,1,1,1,2,     //小星星節拍。
          1,1,1,1,1,1,2,1,1,1,1,1,1,2,
          1,1,1,1,1,1,2,1,1,1,1,1,1,2};
unsigned long tempo=180;                           //每分鐘 180 拍。
const int beeLen=sizeof(beeTone);                  //小蜜蜂音符總數。
const int starLen=sizeof(starTone);                //小星星音符總數。
int len=0;                                         //尚未演奏的剩餘音符。
int num;                                           //音符指標。
int keyVal=0;                                      //鍵值。
//初值設定
void setup( ) {
    pinMode(sw, INPUT_PULLUP);                     //設定數位腳 D4 為輸入模式。
}
//主迴圈
void loop( ) {
    if(digitalRead(sw)==0)                         //按下按鍵？
    {
        delay(debounce);                           //消除按鍵機械彈跳。
        while(digitalRead(sw)==0)                  //按鍵未放開？
            ;                                      //等待放開按鍵。
        keyVal++;                                  //鍵值加 1。
        if(keyVal>2)                               //鍵值大於 2？
            keyVal=0;                              //清除鍵值。
        num=0;                                     //從第一個音符開始播放。
        if(keyVal==1)                              //鍵值為 1？
            len=beeLen;                            //取出「小蜜蜂」音符總數。
        else if(keyVal==2)                         //鍵值為 2？
            len=starLen;                           //取出「小星星」音符總數。
```

```
    }
    if(keyVal==1 && len>0)                //鍵值為 1 且 len>0?
    {   playTone(beeTone[num],beeBeat[num]);    //播放小蜜蜂一個音符。
        num++;                             //下一個音符。
        len--;                             //長度減 1。
    }
    else if(keyVal==2 && len>0)           //鍵值為 2 且 len>0?
    {   playTone(starTone[num],starBeat[num]); //播放小星星一個音符。
        num++;                             //下一個音符。
        len--;                             //長度減 1。
    }
}
//播放音符函式
void playTone(char toneNo,byte beatNo)  {
    unsigned long duration=beatNo*60000/tempo;//計算節拍時間(單位:毫秒)。
    int i;
    for(i=0;i<7;i++)
    {
        if(toneNo==toneName[i])           //查音符表。
        {
            tone(sp,freq [i]);            //播放音符。
            delay(duration);              //音符發音長度(節拍)。
            noTone(sp);                   //關閉聲音。
        }
    }
}
```

練習

1. 設計 Arduino 程式，使用一個按鍵開關控制喇叭，播放兩首鋼琴入門音樂—小蜜蜂及小星星，同時使用七個 LED（D6~D12）顯示播放的音符 C、D、E、F、G、A、B。
2. 設計 Arduino 程式，使用一個按鍵開關控制喇叭，播放四首音樂，同時使用七個 LED（D6~D12）顯示播放的音符 C、D、E、F、G、A、B。

CHAPTER **12**

直流馬達控制實習

12-1　認識直流馬達

　　直流馬達（direct current motor，簡稱 DC motor）是由**法拉第（Faraday）**設計並經實驗成功的最早期電動機。加一直流電源在馬達線圈上使其產生電流時，在線圈旁的永久磁鐵因電磁作用，將電能轉換成機械動能驅使馬達轉動。直流馬達普遍應用於日常生活中，如圖 12-1(a) 所示小功率型直流馬達，常應用在玩具車、模型汽車、電動刮鬍刀、錄音機、錄影機、CD 唱盤等。如圖 12-1(b) 所示大功率型直流馬達，常應用在電動跑步機、電車、快速電梯、工作母機（車床、銑床）等。

(a) 小功率型　　　　　　　　　　　　(b) 大功率型

圖 12-1　直流馬達

12-1-1　驅動方式

　　直流馬達有兩種驅動方式：第一種驅動方式為**電壓驅動**，當兩極的電壓差愈大時，則馬達轉速愈快，反之當兩極的電壓差愈小時，則馬達轉速愈慢。第二種驅動方式為**電流驅動**，當通過線圈的電流愈大時，則馬達扭力愈大，反之當通過線圈的電流愈小時，則馬達扭力愈小。直流馬達的轉速不受電源頻率的限制，因此可以製作出高速馬達。

　　依其內部結構可以分成**有刷（brush）馬達**及**無刷（brushless）馬達**。有刷馬達是採用機械換向，外部磁極定子不動、內部線圈轉子轉動，由碳刷（brush）負責定子與轉子之間的電流傳導。有刷馬達控制電路簡單，但是馬達內的碳刷使用一段時間後會磨損，必須定期更換。無刷馬達採用電子換向，沒有換向器和碳刷，外部線圈定子不動、內部永久磁鐵轉子轉動，沒有碳刷，所以不用更換碳刷，強大有效率，但控制電路較複雜。Arduino 板輸出電流約 25mA，無法直接驅動直流馬達，必須外接電晶體或驅動電路，才能有足夠電流來驅動直流馬達轉動。常用的馬達驅動IC 如 **ULN2003**、**ULN2803**、**L293**、**L298** 等。

12-1-2　轉向控制

　　直流馬達外部有兩個電極 M^+ 及 M^-，當 M^+ 極電壓大於 M^- 極電壓時，馬達正轉，反之當 M^+ 極電壓小於 M^- 極電壓時，馬達反轉。**兩極的電壓極性可以控制馬達轉向。**

12-1-3　轉速控制

　　因為數位信號輸出 0V 及+5V，只能驅動馬達停止及轉動，無法控制馬達的轉速，我們可以利用**脈波寬度調變**（pulse width modulation，簡記 PWM）來控制直流馬達轉速。馬達有基本的起動轉矩以抵抗摩擦力，兩極的電壓差必須大於馬達的最小工作電壓，馬達才會轉動，因此 PWM 訊號的工作週期不能太小，否則太小的平均直流電壓，將無法驅使馬達轉動。如圖 12-2 所示 PWM 訊號，藉由調整脈波寬度，即可得到不同的平均直流電壓，達到控制馬達轉速的目的。平均直流電壓計算如下：

平均直流電壓　$V_{dc} = \dfrac{t_H}{T} V_m$

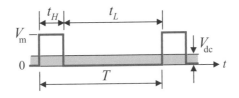

圖 12-2　PWM 訊號

12-1-4　ULN2003 馬達驅動模組

　　如圖 12-3 所示 ULN2003 馬達驅動模組，主要是由馬達驅動晶片 ULN2003A 所組成，16 腳 DIP 包裝，內含七組達靈頓電路，**每組輸出皆含保護二極體**，以保護 ULN2003A 輸出端免於受到負載線圈反電動勢的破壞。ULN2003A 每組輸出最大驅動電流 500mA，總輸出最大電流可達 2.5A。ULN2003 馬達驅動模組可以用來驅動馬達、線圈、繼電器等高功率元件。

(a) 模組外觀

(b) 模組接腳圖

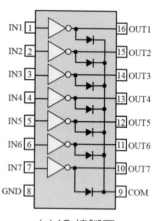
(c) IC 接腳圖

圖 12-3　ULN2003A 馬達驅動模組

　　ULN2003A 所有輸入邏輯準位都與 TTL 相容，Arduino Uno 板的輸出可以**直接連接**至模組的 IN1、IN2、IN3 及 IN4 四個輸入，將其所對應的 OUT1、OUT2、OUT3 及 OUT4 四個輸出連接至直流馬達，就可以控制直流馬達。在模組中的 J1 是馬達電源電壓輸入端，電壓範圍在 5~12V 之間。A、B、C、D 四個 LED 用來指示 ULN2003A 四個輸出狀態，**J2 短路時致能 LED 動作**。當模組輸出為低電位時則 LED 點亮，輸出為高電位時則 LED 不亮。ULN2803 與 ULN2003 具有相同的特性，差別在於 ULN2803A 為 18 腳 DIP 包裝，內含**八組**達靈頓電路。

12-1-5　L298 馬達驅動模組

　　如圖 12-4 所示 L298 馬達驅動模組，使用 L298 驅動 IC，用來驅動馬達、線圈、繼電器等高功率元件。L298 內含四組半橋式輸出，每組輸出最大驅動電流 1A，總輸出最大電流 4A。每兩組半橋可以組成一組全橋（full-bridge）或稱為 H 橋，最多有**兩組 H 橋可以控制兩組直流馬達的正、反轉，可以應用於自走車**（**12-3-5 節說明**）。

(a) 模組外觀

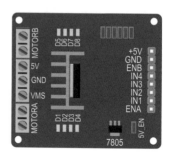
(b) 模組接腳圖

圖 12-4　L298 馬達驅動模組

1. 模組特性

L298 馬達電源 VMS 供電範圍 5~35V，利用 5V_EN 短路夾致能 7805 穩壓 IC 工作，產生 5V 直流電壓供電給 Arduino Uno 板。模組低電位輸入電壓範圍 –0.3V~1.5V，高電位輸入電壓範圍 2.3V~Vss，與 TTL 完全相容。因此 Arduino Uno 板的輸出可以直接連至模組輸入端 IN1~IN4。因為 L298 **內部不含保護二極體**，模組必須在每一組輸出各外接兩個保護二極體。

如表 12-1 所示 L298 馬達驅動模組的控制方式，模組輸入 IN1、IN2 對應 MOTORA 輸出。改變 IN1、IN2 極性可以控制 MOTORA 馬達的轉向。ENA 控制 MOTORA 馬達的轉速，改變連接於 ENA 的 PWM 訊號工作週期，即可改變 MOTORA **馬達轉速**。模組輸入 IN3、IN4 對應 MOTORB 輸出。改變 IN3、IN4 極性可以控制 MOTORB 馬達的轉向。ENB 控制 MOTORB 馬達的轉速，改變連接於 **ENB 的 PWM 訊號工作週期，即可改變 MOTORB 馬達轉速**。使用 PWM 訊號控制直流馬達轉速時，PWM 訊號的電壓平均值必須大於啟動馬達所需的最小直流電壓，以克服馬達的靜摩擦力，馬達才能轉動。

表 12-1 　L298 馬達驅動模組的控制方式

ENA (ENB)	IN1 (IN3)	IN2 (IN4)	MOTORA (MOTORB)
H	H	L	正轉
H	L	H	反轉
H	H	H	馬達停止
H	L	L	馬達停止
L	×	×	馬達停止

2. L298 驅動 IC

如圖 12-5 所示 L298 驅動 IC，圖 12-5(a) 所示為其接腳圖，圖 12-5(b) 所示為其內部電路圖，**黑色**數字腳位表示驅動**第一組**直流馬達的名稱及接腳，**紅色**數字腳位表示驅動**第二組**直流馬達的名稱及接腳。

(a) 接腳圖

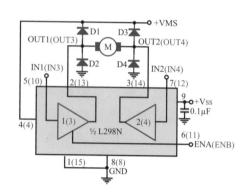

(b) 電路圖

圖 12-5　L298 驅動 IC

12-2　函式說明

12-2-1　analogWrite( ) 函式

analogWrite( ) 函式功用是**輸出 PWM 信號至指定接腳**，頻率大約是 500Hz。PWM 訊號用來控制 LED 亮度或是直流馬達轉速，在使用 analogWrite( ) 函式輸出 PWM 訊號時，不需要先使用 pinMode( ) 函式設定指定接腳為輸出模式。

analogWrite( ) 函式有 pin 及 value 兩個參數必須設定，pin 參數設定 PWM 信號輸出腳，大多數的 Arduino 板使用 **3、5、6、9、10 和 11** 等接腳輸出 PWM 信號，PWM 工作週期等於 value/T×100%。value 參數設定 PWM 信號的脈波寬度 t_H，其值為 0~255，而 **T 值固定為 255**，因此直流電壓等於 5V×(value/255)×100%。相關 PWM 信號說明，請詳見 4-2-5 節。

格式　`analogWrite(pin, value)`

範例
`analogWrite(5, 127);`　　　　　　　//輸出工作週期為 50% 的 PWM 信號至接腳 5。

如圖 12-6 所示三種不同脈波寬度的 PWM 信號，在脈波重複率 500Hz 及電源電壓 V_{CC} 不變的情形下，藉由調整脈波寬度，即可得到不同直流電壓值，達到控制馬達轉速的目的。

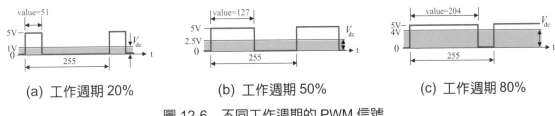

<table>
<tr><td>(a) 工作週期 20%</td><td>(b) 工作週期 50%</td><td>(c) 工作週期 80%</td></tr>
</table>

圖 12-6　不同工作週期的 PWM 信號

如圖 12-6(a) 所示設定 value=51，T 值固定等於 255，所以工作週期為 20%，平均直流電壓為 1V；圖 12-6(b) 所示設定 value=127，T 值固定等於 255，所以工作週期為 50%，平均直流電壓為 2.5V；圖 12-6(c) 所示設定 value=204，T 值固定等於 255，所以工作週期為 80%，平均直流電壓為 4V。必須注意的是馬達有基本的**啟動轉矩**以抵抗摩擦力，PWM 信號的工作週期不宜太小，以免馬達無法轉動。

12-3 實作練習

12-3-1 直流馬達正轉控制實習—使用 ULN2003 模組

功能說明

如圖 12-7 所示電路接線圖，使用 Arduino 板控制直流馬達連續正轉。本例使用 5V 直流馬達，所需電流量遠高於 Arduino 板所能提供，需要再使用 ULN2003A 馬達驅動模組來放大電流。ULN2003A 模組電源必須與馬達電源連接相同的外接電源。可以另外購買一個**小風扇**，方便觀察馬達轉動。

電路接線圖

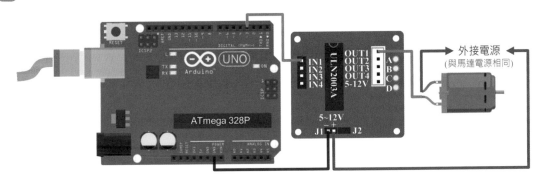

圖 12-7　直流馬達正轉控制實習電路圖

三 程式：ch12_1.ino

```
const int motorPin=3;                    //數位接腳 D2 連接馬達控制腳。
//初值設定
void setup( ) {
    pinMode(motorPin,OUTPUT);            //設定數位腳 D2 為輸出模式。
}
//主迴圈
void loop( ) {
    digitalWrite(motorPin,HIGH);         //啟動馬達轉動。
}
```

練習

1. 設計 Arduino 程式，控制直流馬達轉動 5 秒，停止 5 秒。
2. 設計 Arduino 程式，控制直流馬達反轉（將馬達極性對調連接）。

12-3-2　直流馬達轉速控制實習—使用 ULN2003 模組

一 功能說明

　　如圖 12-8 所示電路接線圖，使用 Arduino 板控制直流馬達轉速，本例使用 ULN2003 模組驅動直流馬達，使用一個按鍵開關控制馬達轉速，由停止到最高速共有五級轉速。按鍵開每按一下，轉速變化依序為「停止」「一級轉速」「二級轉速」「三級轉速」「四級轉速」「五級轉速」「停止」。一級為最低轉速，五級為最高轉速。

二 電路接線圖

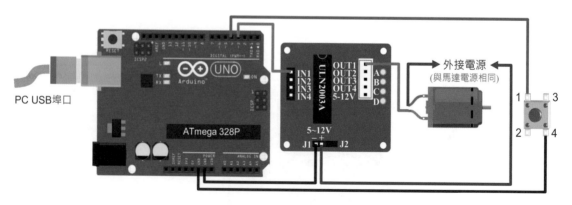

圖 12-8　馬達轉速度控制實習電路圖

程式：ch12_2.ino

```
const int motorPin=3;              //PWM 輸出 D3 連接馬達模組 IN1。
const int sw=4;                    //數位腳 D4 連接按鍵開關。
int motorSpeed=0;                  //馬達轉速。
unsigned int key;                  //按鍵狀態。
unsigned int keyData=1;            //已除彈跳按鍵值。
int one=0;                         //檢測到按鍵狀態為邏輯 1 的次數。
int zero=0;                        //檢測到按鍵狀態為邏輯 0 的次數。
//初值設定
void setup( ) {
    pinMode(sw,INPUT_PULLUP);      //設定 D4 為輸入模組，使用內部上升電阻。
}
//主迴圈
void loop( ) {
    keyScan( );                    //讀取按鍵狀態。
    if(keyData==0)                 //按下按鍵？
    {
        keyData=1;                 //清除鍵值。
        motorSpeed=motorSpeed+50;  //轉速加一級。
        if(motorSpeed>255)         //轉速已達第五級(最快)？
        motorSpeed=0;              //重設轉速為 0。
    }
    analogWrite(motorPin, motorSpeed);  //驅動馬達轉動。
}
//按鍵掃描函式
void keyScan(void)                 //消除機械彈跳函式。
{
    key=digitalRead(sw);           //讀取按鍵值。
    if(key==LOW)                   //按鍵狀態為低電位？
    {
        one=0;                     //清除 one=0。
        if(zero<5)                 //按下按鍵尚未穩定？
        {
            zero+=1;               //zero 加 1。
            if(zero==5)            //按下按鍵已在穩定狀態？
            keyData=0;             //儲存確認的按下按鍵值。
        }
    }
    one+=1;                        // one 加 1。
    if(one==5)                     //放開按鍵已在穩定狀態？
```

```
    {
        zero=0;                      //清除 zero=0。
        keyData=1;                   //清除按鍵值。
    }
}
```

練習

1. 使用 Arduino 板控制直流馬達轉速。使用一個按鍵開關控制馬達轉速,其動作順序為「停止」、「自然風」、「停止」。所謂自然風是指馬達轉速由慢漸快、再由快漸慢。

2. 使用 Arduino 板控制直流馬達轉速。使用一個按鍵開關控制馬達轉速,其動作順序為「停止」、「低速」、「高速」、「自然風」、「停止」。

12-3-3 直流馬達轉向控制實習—使用 L298 模組

一 功能說明

如圖 12-9 所示電路接線圖,使用 Arduino 板控制直流馬達轉向,正轉 5 秒再反轉 5 秒。模組 VMS 必須外接與馬達相同的電源,以提供足夠電流。模組 ENA 及 ENB 腳已連接上升電阻至+5V,以致能 MOTORA 及 MOTORB 動作。

二 電路接線圖

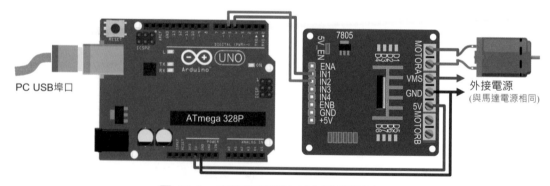

圖 12-9　直流馬達轉向控制實習電路圖

三 程式:ch12_3.ino

```
const int motorPos=4;                //數位腳 D4 連接 IN1。
const int motorNeg=5;                //數位腳 D5 連接 IN2。
//初值設定
void setup( )
```

```
{
    pinMode(motorPos, OUTPUT);           //設定 D4 為輸出模組。
    pinMode(motorNeg, OUTPUT);           //設定 D5 為輸出模組。
    digitalWrite(motorPos, HIGH);        //設定 D4 輸出高電位。
   digitalWrite(motorNeg, HIGH);         //設定 D5 輸出高電位。
}
//主迴圈
void loop( )
{
    digitalWrite(motorPos, HIGH);        //馬達正轉 5 秒。
    digitalWrite(motorNeg, LOW);
    delay(5000);
    digitalWrite(motorPos, LOW);         //馬達反轉 5 秒。
    digitalWrite(motorNeg, HIGH);
    delay(5000);
}
```

練習

1. 使用 Arduino 板控制直流馬達轉動的方向，馬達轉動方向由電腦鍵盤來控制，當輸入按鍵 A 則馬達正轉，當輸入按鍵 B 則馬達反轉，當輸入按鍵 S 則馬達停止。

2. 使用 Arduino 板控制直流馬達轉動的方向，馬達轉動方向由按鍵開關（D3）來控制，當按鍵控制依序為「停止」、「正轉」、「反轉」、「停止」。

12-3-4 直流馬達轉速控制實習—使用 L298 模組

一 功能說明

　　如圖 12-10 所示電路接線圖，使用 Arduino 板及按鍵開關控制直流馬達轉速。按鍵開關控制馬達轉速，依序為「停止」「低速」「中速」「高速」「停止」。

二 電路接線圖

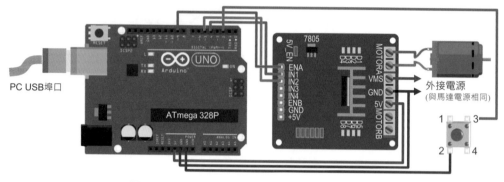

圖 12-10　直流馬達轉速控制實習電路圖

三 程式：ch12_4.ino

```
const int sw=2;                          //數位腳 D2 連接按鍵開關。
const int motorPos=4;                    //數位腳 D4 連接馬達驅動模組 IN1。
const int motorNeg=5;                    //數位腳 D5 連接馬達驅動模組 IN2。
const int ena=9;                         //數位腳 D9 連接馬達驅動模組 ENA。
int motorSpeed=0;                        //馬達轉速級別。
byte level[4]={0,50,100,200};            //馬達轉速值。
byte n;                                  //矩陣 level 的長度。
unsigned int key;                        //按鍵值。
unsigned int keyData=1;                  //已除彈跳鍵值。
int one=0;                               //檢測按鍵狀態為邏輯 1 的次數。
int zero=0;                              //檢測按鍵狀態為邏輯 0 的次數。
//初值設定
void setup( )
{
    n=sizeof(level);                     //計算矩陣 level 長度。
    pinMode(sw, INPUT_PULLUP);           //設定數位腳 D2 為輸入模組。
    pinMode(motorPos, OUTPUT);           //設定數位腳 D4 為輸出模組。
    pinMode(motorNeg, OUTPUT);           //設定數位腳 D5 為輸出模組。
    digitalWrite(motorPos, HIGH);        //馬達停止轉動。
    digitalWrite(motorNeg, HIGH);
}
//主迴圈
void loop( )
{
    keyScan( );                          //讀取按鍵狀態。
    if(keyData==0)                       //按下按鍵?
    {
```

```
        keyData=1;                          //清除鍵值。
        motorSpeed++;                       //馬達轉速級別加 1。
        if(motorSpeed>n)                    //級別超過 n=4?
            motorSpeed=0;                   //重設級別為 0(停止轉動)
    }
    if(motorSpeed==0)                       //轉速為 0?
    {
        digitalWrite(motorPos,HIGH);        //馬達停止轉動。
        digitalWrite(motorNeg,HIGH);
        analogWrite(ena,0);                 //設定馬達轉速為 0。
     }
    else                                    //轉速不為 0。
    {
        digitalWrite(motorPos,HIGH);        //啟動馬達。
        digitalWrite(motorNeg,LOW);
        analogWrite(ena,level[motorSpeed]); //設定馬達轉速。
    }
}
//按鍵掃描函式
void keyScan(void)                          //消除機械彈跳函式。
{
    key=digitalRead(sw);                    //讀取按鍵值。
    if(key==LOW)                            //按鍵狀態為低電位?
    {
        one=0;                              //清除 one=0。
        if(zero<5)                          //按下按鍵尚未穩定?
        {
            zero+=1;                        //zero 加 1。
            if(zero==5)                     //按下按鍵已在穩定狀態?
                keyData=0;                  //儲存確認的按下按鍵值。
        }
    }
    one+=1;                                 // one 加 1。
    if(one==5)                              //放開按鍵已在穩定狀態?
    {
        zero=0;                             //清除 zero=0。
        keyData=1;                          //清除按鍵值。
    }
}
```

📖**練習**

1. 使用 Arduino 板及按鍵開關控制直流馬達轉速。按鍵開關控制馬達轉速，依序為「停止」、「最低轉速」、「一級轉速」、「二級轉速」、「三級轉速」、「最高轉速」、「停止」。
2. 使用 Arduino 板及按鍵開關控制直流馬達轉速。按鍵開關控制馬達轉速，依序為「停止」、「自然風」、「停止」。

12-3-5　自走車實習

■ 功能說明

　　如圖 12-17 所示電路接線圖，使用 Arduino 板控制自走車前進、後退、右轉、左轉及停止等功能。本例使用 L298 組成兩組全橋驅動器，MOTORA 及 MOTORB 分別驅動自走車的右輪及左輪。右輪由 IN1、IN2 控制轉向，ENA 控制轉速；左輪由 IN3、IN4 控制轉向，ENB 控制轉速。本例使用序列埠監控視窗來控制，輸入鍵值 F 則自走車前進，輸入鍵值 B 則自走車後退，輸入鍵值 R 則自走車右轉，輸入鍵值 L 則自走車左轉，輸入鍵值 S 則自走車停止運行。實際自走車控制方法有**手機藍牙遙控、紅外線遙控、紅外線循跡、RF 遙控、XBee 遙控、WiFi 遙控、超音波避障**等多種，詳細說明請參考筆者另一著作「**Arduino 自走車最佳入門與應用**」。

1. 車體製作

　　如圖 12-11 所示四輪自走車，使用兩個減速直流馬達來控制右輪及左輪的運行，另外使用兩個萬向輪，前後各一個來維持車子平衡。自走車常使用充電電池來供電，例如使用兩個 3.7V 的 18650 鋰電池。

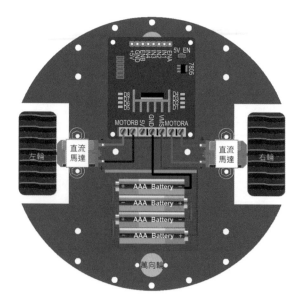

圖 12-11　四輪自走車

當馬達正極接高電位，馬達負極接低電位時，馬達正轉；反之當馬達正極接低電位，馬達負極接高電位時，馬達反轉。工廠大量生產有可能會造成**兩個相同規格的馬達轉速有輕微差異**，導致自走車在前進或後退時，因為兩輪的轉速差所造成的非直線運動。因此必須使用 PWM 信號，來微調左輪及右輪的轉速。

2. 運行原理

(1) 前進

如圖 12-12 所示自走車前進控制策略，當自走車要向前運行時，左輪必須反轉使其向前運動，右輪必須正轉使其向前運動，且兩輪轉速相同，自走車才會直線前進。

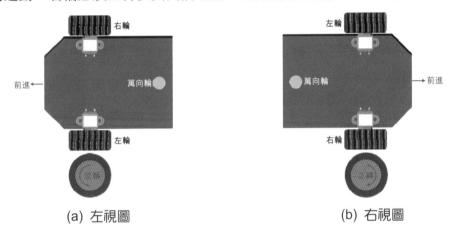

(a) 左視圖　　　　　　　　　(b) 右視圖

圖 12-12　自走車進前控制策略

(2) 後退

如圖 12-13 所示自走車後退控制策略，當自走車要向後運行時，左輪必須正轉使其向後運動，右輪必須反轉使其向後運動，且兩輪轉速相同，自走車才會直線後退。

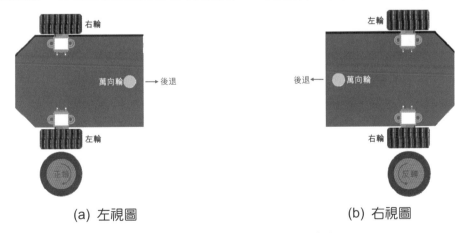

(a) 左視圖　　　　　　　　　(b) 右視圖

圖 12-13　自走車後退控制策略

(3) 右轉

如圖 12-14 所示自走車右轉控制策略,當自走車要向右運行時,左輪必須反轉使其向前運動,而右輪必須停止或反轉使其停止或向後運動,自走車才會右轉。

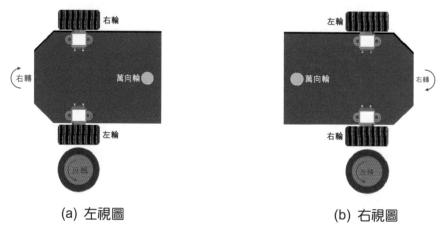

(a) 左視圖　　　　　　　　　　　(b) 右視圖

圖 12-14　自走車右轉控制策略

(4) 左轉

如圖 12-15 所示自走車左轉控制策略,當自走車要向左運行時,左輪必須停止或正轉使其停止或向後運動,而右輪必須正轉使其向前運動,自走車才會左轉。

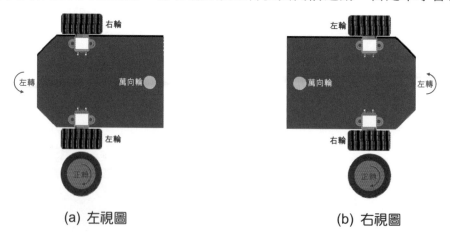

(a) 左視圖　　　　　　　　　　　(b) 右視圖

圖 12-15　自走車左轉控制策略

綜合上述運行原理說明,我們可以將自走車的運行方向分成如表 12-2 所示前進、後退、快速右轉、慢速右轉、快速左轉、慢速左轉及停止等七種控制策略。控制右輪及左輪的轉向即可達行不同的控制。

表 12-2　自走車運行方向的控制策略

控制策略	左輪	右輪
前　　進	反轉	正轉
後　　退	正轉	反轉
快速右轉	反轉	反轉
慢速右轉	反轉	停止
快速左轉	正轉	正轉
慢速左轉	停止	正轉
停　　止	停止	停止

3. 旋轉半徑

　　以自走車右轉為例，如圖 12-16(a) 所示快速右轉是左輪反轉、右輪反轉的動作情形，旋轉速度快、旋轉半徑小。如圖 12-16(b) 所示慢速右轉是左輪反轉、右輪停止的動作情形，旋轉速度慢、旋轉半徑大。可依實際用途選用合適的旋轉速度及半徑。

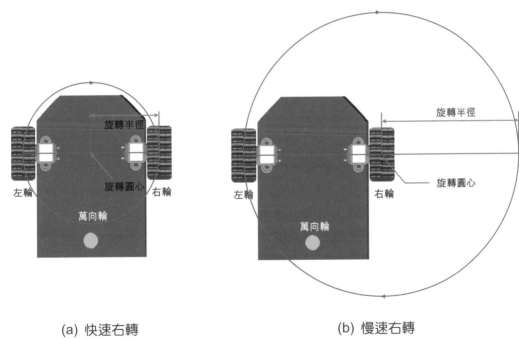

(a) 快速右轉　　　　　　　　　　　(b) 慢速右轉

圖 12-16　自走車旋轉半徑

⬛ 電路接線圖

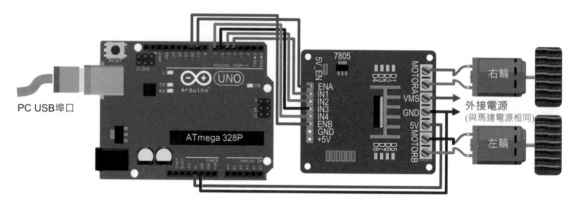

圖 12-17　自走車實習電路接線圖

⬛ 程式：ch12-5.ino

```
const int posR=4;                          //數位腳 D4 連接 IN1，控制右馬達正極。
const int negR=5;                          //數位腳 D5 連接 IN2，控制右馬達負極。
const int posL=6;                          //數位腳 D6 連接 IN3，控制左馬達正極。
const int negL=7;                          //數位腳 D7 連接 IN4，控制左馬達負極。
const int pwmR=9;                          //數位腳 D9 連接 ENA，控制右馬達轉速。
const int pwmL=10;                         //數位腳 D10 連接 ENB，控制左馬達轉速。
const int Rspeed=200;                      //右馬達轉速。
const int Lspeed=200;                      //左馬達轉速。
char key;                                  //鍵盤輸入值。
//初值設定
void setup( )
{
    Serial.begin(9600);                    //初始化序列埠，設定鮑率 9600bps。
    pinMode(posR, OUTPUT);                 //設定 D4 為輸出模式。
    pinMode(negR, OUTPUT);                 //設定 D5 為輸出模式。
    pinMode(posL, OUTPUT);                 //設定 D6 為輸出模式。
    pinMode(negL, OUTPUT);                 //設定 D7 為輸出模式。
}
//主迴圈
void loop( )
{
    if(Serial.available( ))                //按任意鍵？
        key=Serial.read( );                //讀取鍵值。
    if(key=='S' || key=='s')               //輸入 S 鍵？
        pause(0,0);                        //輸入 S 鍵，自走車停止運行。
```

```
    else if(key=='F' || key=='f')          //輸入 F 鍵？
        forward(Rspeed,Lspeed);            //輸入 F 鍵，自走車前進。
    else if(key=='B' || key=='b')          //輸入 B 鍵？
        back(Rspeed,Lspeed);               //輸入 B 鍵，自走車後退。
    else if(key=='R' || key=='r')          //輸入 R 鍵？
        right(Rspeed,Lspeed);              //輸入 R 鍵，自走車右轉。
    else if(key=='L' || key=='l')          //輸入 L 鍵？
        left(Rspeed,Lspeed);               //輸入 L 鍵，自走車左轉。
}
//停止函式
void pause(byte RmotorSpeed, byte LmotorSpeed)
{
    analogWrite(pwmR,RmotorSpeed);         //設定右馬達轉速。
    analogWrite(pwmL,LmotorSpeed);         //設定左馬達轉速。
    digitalWrite(posR,LOW);                //設定右馬達停止轉動。
    digitalWrite(negR,LOW);
    digitalWrite(posL,LOW);                //設定左馬達停止轉動。
    digitalWrite(negL,LOW);
}
//前進函式
void forward(byte RmotorSpeed, byte LmotorSpeed)
{
    analogWrite(pwmR,RmotorSpeed);         //設定右馬達轉速。
    analogWrite(pwmL,LmotorSpeed);         //設定左馬達轉速。
    digitalWrite(posR,HIGH);               //設定右馬達正轉。
    digitalWrite(negR,LOW);
    digitalWrite(posL,LOW);                //設定左馬達反轉。
    digitalWrite(negL,HIGH);
}
//後退函式
void back(byte RmotorSpeed, byte LmotorSpeed)
{
    analogWrite(pwmR,RmotorSpeed);         //設定右馬達轉速。
    analogWrite(pwmL,LmotorSpeed);         //設定左馬達轉速。
    digitalWrite(posR,LOW);                //設定右馬達反轉。
    digitalWrite(negR,HIGH);
    digitalWrite(posL,HIGH);               //設定左馬達正轉。
    digitalWrite(negL,LOW);
}
//右轉函式
```

```
void right(byte RmotorSpeed, byte LmotorSpeed)
{
    analogWrite(pwmR,RmotorSpeed);          //設定右馬達轉速。
    analogWrite(pwmL,LmotorSpeed);          //設定左馬達轉速。
    digitalWrite(posR,LOW);                 //設定右馬達停止轉動。
    digitalWrite(negR,LOW);
    digitalWrite(posL,LOW);                 //設定左馬達反轉。
    digitalWrite(negL,HIGH);
}
//左轉函式
void left(byte RmotorSpeed, byte LmotorSpeed)      //馬達左轉函式。
{
    analogWrite(pwmR,RmotorSpeed);          //設定右馬達轉速。
    analogWrite(pwmL,LmotorSpeed);          //設定左馬達轉速。
    digitalWrite(posR,HIGH);                //設定右馬達正轉。
    digitalWrite(negR,LOW);
    digitalWrite(posL,LOW);                 //設定左馬達停止轉動。
    digitalWrite(negL,LOW);
}
```

練習

1. 接續範例，增加右前車燈 R1(D8)、左前車燈 L1(D11)、右後車燈 R2(D12)、左後車燈 L2(D13)。當自走車前進則 R1、L1 亮，當自走車後退則 R2、L2 亮，當自走車右轉則 R1、R2 閃爍，當自走車左轉則 L1、L2 閃爍，當自走車停止則所有燈皆不亮。

CHAPTER **13**

伺服馬達控制實習

13-1　認識伺服馬達

如圖 13-1 所示常見伺服馬達（servo motor）又稱為**伺服機**，其基本原理與一般直流馬達相同，但兩者的使用場合不同，因此所要求的特性也不同。一般直流馬達較注重啟動及運行，而伺服馬達則注重輸出位置的**精確度**及**穩定度**。伺服馬達具有體積小、重量輕、輸出功率大、扭力大、效率高等特性，常被廣泛運用在位置及速度的控制應用，例如機器人、遙控車、遙控直昇機、遙控船及無人搬運車等。

(a) PARALLAX 公司　　　(b) 廣營 GWS 公司　　　(c) 輝盛 Tower Pro 公司

圖 13-1　伺服馬達

13-1-1　伺服馬達結構

如圖 13-2 所示伺服馬達系統結構，由**控制電路**、**編碼電路**及**馬達本體**所組成。PWM 信號輸入控制電路進行運算及信號轉換後，驅動馬達轉動。編碼電路的功用是檢知馬達目前位置，將位置進行編碼並回授給控制電路進行比較及調整，以保持直流馬達轉動位置的準確性。馬達本體是由**直流馬達**、**減速齒輪組**及**可變電阻**所組成，當直流馬達轉動時，帶動減速齒輪組產生高扭力的輸出，同時也會改變可變電阻值，並且將可變電阻檢測值回授給控制電路，以達準確控制轉動角度的目的。

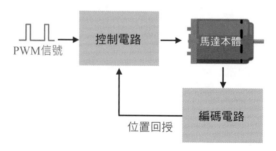

圖 13-2　伺服馬達結構

13-1-2　伺服馬達規格

常見的伺服馬達廠牌有 Futaba、Hi-tec、JR、DELUXE、PARALLAX、廣營 GWS 及輝盛 Tower Pro 等，廠商所提供的伺服馬達規格包含**外形尺寸（mm）**、**重量（g）**、**速度（秒/60°）**、**扭力（kg/cm）**、**測試電壓**、**齒輪種類**以及是否含有**滾珠軸承**等。速度單位為秒/60°，是指伺服馬達轉動 60° 所需的秒數。扭力單位為 kg/cm，是指在擺臂長度 1cm 處能吊起多少 kg 重的物體。齒輪種類有塑膠及金屬兩種，其中金屬齒輪不會因為負載過大而產生崩牙現象，因此可以承受較大的扭力及速度，而塑膠齒輪價格較便宜。為了使馬達轉動時更平滑穩定、輕快精準，有些伺服馬達會在轉軸上加裝**滾珠軸承**。

使用者在選用伺服馬達時，可依實際需求及經濟考量來決定使用的規格。如表 13-1 所示國內製造商廣營 GWS 所生產的伺服馬達規格，包含標準型伺服馬達 S03T/STD、連續旋轉型伺服馬達 S35/STD。標準型伺服機可應用在**遙控模型**及**機械手臂**，如遙控飛機的機翼起降或尾翼方向或是機械手臂的伸、舉、抓等動作，連續旋轉型伺服機可應用在**機器人**及**自走車**等。

表 13-1　GWS 伺服馬達規格

| 型號 | 功用 | 重量 | 尺寸 | 4.8V | | 6V | |
	角度	克 (g)	長×寬×高(mm)	速度 (秒/60°)	扭力 (kg/cm)	速度 (秒/60°)	扭力 (kg/cm)
S35	連續旋轉型	41	39.5×20.0×35.6	0.15	2.5	0.13	2.8
S03T	標準型	46	39.5×20.0×35.6	0.33	7.2	0.27	8.0

13-1-3　伺服馬達接線

如表 13-2 所示伺服馬達電氣規格，無論何種廠牌的伺服馬達，都有三條控制線，一條為**電源線**、一條為**接地線**、另一條為**信號線**，雖然顏色不同，但是排列順序大致相同。電源線通常是紅色，接地線通常是黑色或棕色，信號線通常是黃色、橙色或白色。伺服馬達電源 Vservo 須使用外接電源，以提供足夠電流，馬達才能正常動作。Arduino 板可以直接使用數位腳連接於伺服馬達的信號線即可控制。

表 13-2　伺服馬達電氣規格

接腳顏色	名稱	說明	最小值	典型值	最大值
橙（白）	Signal	輸入	3.3V	5.0V	Vservo+0.2V
紅（紅）	Vservo	電源	4.0V	5.0V	6.0V
棕（黑）	V_{SS}	接地		0	

13-1-4　伺服馬達控制原理

　　伺服馬達的控制信號為 PWM 脈波，依其旋轉角度可以分為兩種：一為標準型（standard），運動角度 0~180°；另一為連續旋轉型（continuous），運動角度 0~360°。典型伺服機的 PWM 脈波週期為 10ms~22ms，正脈波寬度安全範圍為 0.75ms~2.25ms，臨界範圍為 0.5ms~2.5ms，當正脈波寬度超出臨界範圍時，伺服馬達可能會燒毀。

1. 標準型（運動角度 0~180°）

　　如圖 13-3 所示標準型（standard）伺服馬達控制信號，PWM 脈波週期為 20ms。以正脈波寬度來決定旋轉角度，當正脈波寬度為 0.7ms 時，伺服馬達轉至 0 度；當正脈波寬度為 1.5ms 時，伺服馬達轉至 90 度；當正脈波寬度為 2.3ms 時，伺服馬達轉至 180 度。伺服馬達的轉動角度與正脈波寬度沒有一定的精確關係，必須經由**反覆測試修正**找出適當關係，正脈波寬度 t 與角度 θ 的關係如下：

$$\theta = 180° \times \left(\frac{t - 0.7ms}{2.3ms - 0.7ms} \right) \text{ 或 } t = \frac{\theta}{180} \times (2.3ms - 0.7ms) + 0.7ms$$

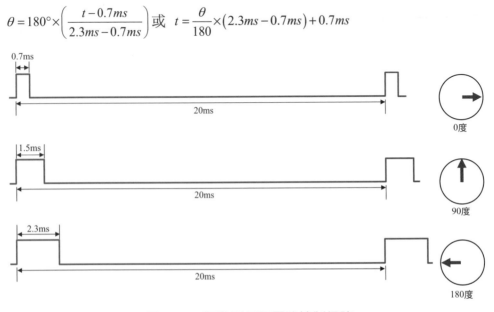

圖 13-3　標準型伺服馬達控制信號

2. 連續旋轉型（運動角度 0~360°）

如圖 13-4 所示連續旋轉型伺服馬達控制信號，脈波的週期為 20ms，以正脈波寬度來決定轉動方向。當正脈波寬度**等於 1.5ms** 時，伺服機**停止不動**，停在中間 90 度位置。當正脈波寬度**小於 1.5ms**（例如 1.3ms）時，伺服馬達**順時針連續旋轉**，而且正脈波寬度愈小，轉動速度愈快。當正脈波寬度**大於 1.5ms**（例如 1.7ms）時，伺服馬達**逆時針連續旋轉**，而且正脈波寬度愈大，轉動速度愈快。有些連續旋轉型伺服馬達提供校正旋鈕，當 PWM 脈波的正脈波寬度為 1.5ms 時，可調校旋鈕使伺服馬達停止轉動。

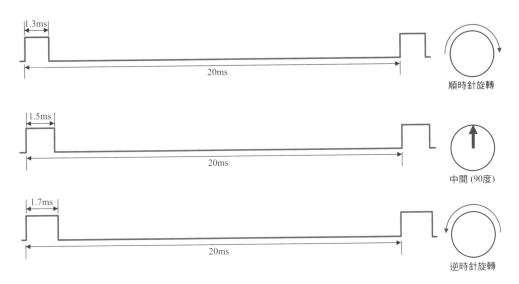

圖 13-4　連續旋轉型伺服馬達控制信號

13-2　函式說明

13-2-1　Servo 函式庫

Servo 函式庫支援多數 Arduino 板控制 12 個伺服馬達， Arduino Mega 板可以控制 48 個伺服馬達，Arduino Due 板可以控制 60 個伺服馬達。Arduino Uno 板使用 Servo 函式庫時，Servo 函式庫會**關閉數位腳 D9、D10 的 PWM 功能**。Servo 函式庫可以控制標準型伺服馬達的轉動角度（0~180°之間），也可以控制連續旋轉型伺服馬達的旋轉速度。

格式 Servo

範例

include <Servo.h>	//使用 Servo 函式庫。
Servo servo;	//建立一個伺服馬達物件 servo。

13-2-2 attach( ) 函式

　　attach( ) 函式的功用是**指定連接至伺服馬達的 Arduino 板數位腳**，有 pin、min 及 max 等三個參數必須設定。pin 參數設定連接伺服馬達的數位腳。min 參數（可選的）設定最小脈波寬度，單位微秒（μs），與伺服馬達的最小角度（0 度）有關，預設值是 544。max 參數（可選的）設定最大脈波寬度，單位微秒（μs），與伺服馬達的最大角度（180 度）有關，預設值是 2400。在使用 attach( ) 函式前，必須先使用 Servo 宣告一個 Servo 資料型態物件。

格式 attach(pin, min, max)

範例

include <Servo.h>	//使用 Servo 函式庫。
Servo servo;	//建立一個伺服馬達物件 servo。
void setup( ) {	
servo.attach(9);	//數位腳 D9 連接伺服馬達信號輸入腳。
}	
void loop( ) {	
}	

13-2-3 write( ) 函式

　　write( ) 函式的功用是**指定標準型伺服馬達的轉動角度或是連續旋轉型伺服馬達的轉動速度**，只有一個參數 angle 必須設定。如果是使用標準型伺服馬達，則 angle 參數可以設定轉動角度（以度為單位，範圍 0~180°）。如果使用連續旋轉型伺服馬達，則 angle 參數可以設定轉動速度，當 0≤angle<90 時，馬達順時針旋轉，angle=0 時，轉動速度最快；當 angle=90 時，馬達停止轉動；當 90<angle≤180 時，馬達逆時針旋轉，angle=180 時，轉動速度最快。

格式 `write(angle)`

範例

```
include <Servo.h>                    //使用 Servo 函式庫。
Servo servo;                         //建立一個伺服馬達物件 servo。
void setup( ) {
    servo.attach(9);                 //數位腳 D9 連接伺服馬達信號輸入腳。
    servo.write(0);                  //設定標準型伺服馬達轉動至 0 度位置。
}
void loop( ) {
}
```

13-2-4　writeMicroseconds( ) 函式

　　writeMicroseconds( ) 函式的功用是**指定標準型伺服馬達的轉動角度或是連續旋轉型伺服馬達的轉動速度**，只有一個參數 uS 必須設定，資料型態為 int。如果使用標準型伺服馬達，則 uS 參數可以設定轉動角度（單位微秒μs）。如果使用連續旋轉型伺服馬達，則 uS 參數可以設定轉動速度，當 700≤uS<1500 時，馬達順時針旋轉，uS=700 時，轉動速度最快。當 uS=1500 時，馬達停止轉動；當 1500<uS≤2300 時，馬達逆時針旋轉，uS=2300 時，轉動速度最快。在使用 writeMicroseconds( ) 函式前，必須先使用 Servo 宣告一個 Servo 資料型態物件。

格式 `writeMicroseconds(uS)`

範例

```
include <Servo.h>                            //使用 Servo 函式庫。
Servo servo;                                 //建立一個伺服馬達物件 servo。
void setup( ) {
    servo.attach(9);                         //數位腳 D9 連接伺服馬達信號輸入腳。
    servo.writeMicroseconds(1500);           //設定連續旋轉型伺服馬達停在中間位置不轉動。
}
void loop( ) {
}
```

13-2-5　read( ) 函式

　　read( ) 函式的功用是**讀取目前標準型伺服馬達的轉動角度**，不用設定任何參數，傳回值為 0~180°。所讀取的轉動角度，是最後一次使用 write( ) 函式所設定的轉動角度。在使用 read( ) 函式前，必須先使用 Servo 宣告一個 Servo 資料型態物件。

格式　`read( )`

範例

`include <Servo.h>`	//使用 Servo 函式庫。
`Servo servo;`	//建立一個伺服馬達物件 servo。
`void setup( ) {`	
`    servo.attach(9);`	//數位腳 D9 連接伺服馬達信號輸入腳。
`    servo.write(45);`	//設定標準型伺服馬達轉動至 45 度位置。
`    servo.read( )`	//讀取標準型伺服馬達目前位置，傳回值為 45。
`}`	
`void loop( ) {`	
`}`	

13-2-6　attached( ) 函式

attached( ) 函式的功用是**檢查伺服馬達是否連接至 Arduino 板的數位腳**，如果有連接，傳回值 true，如果沒有連接，傳回值 false。在使用 attached( ) 函式之前，必須先使用 Servo 宣告一個 Servo 資料型態物件。

格式　`attached( )`

範例

`include <Servo.h>`	//使用 Servo 函式庫。
`void setup( ) {`	
`    servo.attach(9);`	//數位腳 D9 連接伺服馬達信號輸入腳。
`    boolean val=servo.attached( );`	//傳回值 val=true。
`}`	
`void loop( ) {`	
`}`	

13-2-7　detach( ) 函式

detach( ) 函式的功用是**移除所有連接至伺服馬達的 Arduino 板數位腳設定**，使用 detach( ) 函式後，Arduino 板數位接腳 9、10 又可以用於 analogWrite( ) 函式的 PWM 輸出。在使用 detach( ) 函式之前，必須先使用 Servo 宣告一個 Servo 資料型態物件。

格式 `read( )`

範例

```
include <Servo.h>                        //使用 Servo 函式庫。
void setup( ) {
    servo.attach(9);                     //數位腳 D9 連接伺服馬達信號輸入腳。
    servo.detach( );                     //移除所有連接至伺服馬達的數位腳設定。
}
void loop( ) {
}
```

13-3 實作練習

13-3-1 控制標準型伺服馬達轉動角度實習

一 功能說明

　　如圖 13-5 所示電路接線圖，使用 Arduino 板控制標準型伺服馬達在 0°、45°、90°、135°、180°來回轉動，每秒變化一個角度。伺服馬達必須外接電源，以提供足夠的電流，伺服馬達才能正常工作。

二 電路接線圖

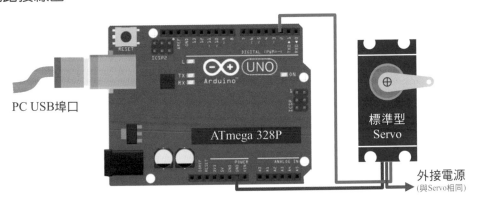

圖 13-5　控制標準型伺服馬達轉動角度實習電路圖

📃 程式：ch13_1.ino

```
#include <Servo.h>              //使用 Servo.h 函式庫。
Servo servo;                    //建立 Servo 資料型態的物件 servo。
int angle;                      //標準型伺服馬達的轉動角度。
//初值設定
void setup( )
{
    servo.attach(2);            //數位腳 D2 連接伺服馬達信號線。
}
//主迴圈
void loop( )
{
    for(angle=0; angle<=180; angle=angle+45) //由 0 度逆時針轉動至 180 度。
    {
        servo.write(angle);                  //設定轉動角度。
        delay(1000);                         //每秒變化一個角度。
    }
    for(angle=180; angle>=0; angle=angle-45) //由 180 度順時針轉動至 0 度。
    {
        servo.write(angle);                  //設定轉動角度。
        delay(1000);                         //每秒變化一個角度。
    }
}
```

🌱 練習

1. 設計 Arduino 程式，控制標準型伺服馬達在 45°到 135°之間來回擺動。
2. 設計 Arduino 程式，控制標準型伺服馬達在 45°、90°、135°三個角度來回擺動，每個角度停留 5 秒。

13-3-2　電腦鍵盤控制標準型伺服馬達轉動角度實習

🔵 功能說明

如圖 13-5 所示電路接線圖，使用電腦鍵盤控制標準型伺服馬達轉動角度。按下 a 鍵則伺服馬達轉動至 0 度位置；按下 b 鍵則伺服馬達轉動至 90 度位置；按下 c 鍵則伺服轉動至 180 度位置。

電路接線圖

如圖 13-5 所示電路。

程式：ch13_2.ino

```
#include <Servo.h>                    //使用 Servo.h 函式庫。
Servo servo;                          //建立 Servo 資料型態物件 servo。
//初值設定
void setup( )
{
    Serial.begin(9600);              //初始化序列埠，設定鮑率 9600bps
    servo.attach(2);                 //數位腳 D2 連接伺服馬達信號線。
}
//主迴圈
void loop( )
{
    if(Serial.available( ))          //鍵盤輸入任意鍵？
    {
        char ch=Serial.read( );      //讀取按鍵值。
        Serial.println(ch);          //顯示按鍵值。
        if(ch=='A' || ch=='a')       //輸入 A 鍵？
            servo.write(0);          //輸入 A 鍵，轉至 0 度位置。
        else if(ch=='B' || ch=='b')  //輸入 B 鍵？
            servo.write(90);         //輸入 B 鍵，轉至 90 度位置。
        else if(ch=='C' || ch=='c')  //輸入 C 鍵？
            servo.write(180);        //輸入 C 鍵，轉至 180 度位置。
    }
}
```

練習

1. 設計 Arduino 程式，利用鍵盤控制伺服馬達轉動。當按下 a 鍵時，伺服馬達轉動至 0 度位置；當按下 b 鍵時，伺服馬達轉動至 45 度位置；當按下 c 鍵時，伺服轉動至 90 度位置；當按下 d 鍵時，伺服馬達轉動至 135 度位置；當按下 e 鍵時，伺服轉動至 180 度位置。

2. 設計 Arduino 程式，利用鍵盤控制伺服馬達轉動。當按下 a 鍵時，伺服馬達轉動由 0 至 180 度來回擺動；當按下 b 鍵時，伺服馬達轉動由 45 至 135 度來回擺動；當按下 c 鍵時，伺服馬達轉動至 90 度後停止。

13-3-3　電腦鍵盤控制伺服馬達轉動任意角度實習

一 功能說明

如圖 13-5 所示電路接線圖，使用鍵盤控制伺服馬達轉動任意角度。數字鍵 0~9 可以設定伺服馬達轉動角度；按下 a 鍵則伺服馬達轉動到所設定的角度。例如輸入 90a，伺服馬達轉動至 90 度位置；輸入 20a，伺服馬達轉動至 20 度位置。

二 電路接線圖

如圖 13-5 所示電路。

三 程式：ch13_3.ino

```
#include <Servo.h>                      //使用 Servo.h 函式庫。
Servo servo;                           //建立 Servo 資料型態物件 servo。
int angle=0;                           //伺服馬達轉動角度。
//初值設定
void setup( )
{
    Serial.begin(9600);                //初始化序列埠，設定鮑率為 9600bps。
    servo.attach(2);                   //數位腳 D2 連接至伺服馬達信號輸出腳。
}
//主迴圈
void loop( )
{
    if(Serial.available())             //鍵盤按下任意鍵?
    {
        char ch=Serial.read();         //讀取按鍵值。
        if(ch>='0' && ch<='9')         //按鍵為數字 0~9?
        angle=angle*10+ch-'0';         //若為數字鍵，計算加權值並儲存。
        else if(ch=='A' || ch=='a')    //按鍵為 a 鍵?
        {
            servo.write(angle);        //轉動至所設定角度的位置。
            angle=0;                   //重設角度值。
        }
    }
}
```

練習

1. 設計 Arduino 程式,使用鍵盤控制兩個伺服馬達 a 及 b 轉動任意角度。按下數字鍵 0~9 可以設定伺服馬達轉動角度;按鍵 a 或 b 控制伺服馬達 a 或 b 轉動至設定的角度。例如輸入 90a 時,伺服馬達 a 轉動至 90 度位置;輸入 180b 時,伺服馬達 b 轉動至 180 度位置。

2. 設計 Arduino 程式,使用鍵盤控制四個伺服馬達 a、b、c 及 d 轉動任意角度。按下數字鍵 0~9 可以設定伺服馬達轉動角度;按鍵 a、b、c 或 d 控制伺服馬達 a、b、c 或 d 轉動至設定的角度。例如輸入 90a 時,伺服馬達 a 轉動至 90 度位置;輸入 180b 時,伺服馬達 b 轉動至 180 度位置;輸入 45c 時,伺服馬達 c 轉動至 45 度位置;輸入 135d 時,伺服馬達 d 轉動至 135 度位置。

13-3-4 自動追光系統實習

功能說明

如圖 13-7 所示電路接線圖,使用光線控制伺服馬達轉動角度。如圖 13-6 所示安置三個光敏電阻 A、B、C 分別在 0°、90°、180°的位置。如果加裝太陽能板,即可控制太陽能板正面永遠指向太陽,以得到最大的照射功率,完成簡單的**自動追光系統**。

圖 13-6　光線位置與伺服馬達角度位置的關係

如果光線完全照射在光敏電阻 A 時,馬達轉動至 0°位置;如果光線照射在光敏電阻 A 與 B 之間時,馬達轉動至 45°位置;如果光線完全照射在光敏電阻 B 時,馬達轉動至 90°位置;如果光線照射在光敏電阻 B 與 C 之間時,馬達轉動至 135°位置;如果光線完全照射在光敏電阻 C 時,馬達轉動至 180°位置。當光線愈強,光敏電阻值愈小，則類比輸入電壓愈大，經 ATmega328P 微控制器轉換後的數位值也愈大。本例設定數位值 800 為光線感應標準，可依實際情況調整。

二 電路接線圖

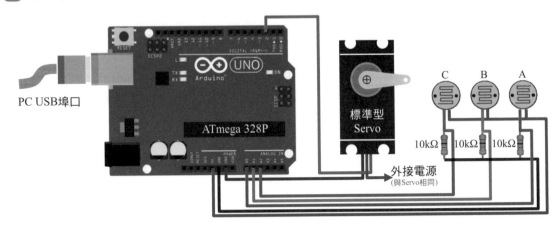

圖 13-7　自動追光系統實習電路圖

三 程式：ch13_4.ino

`#include <Servo.h>`	//使用 Servo.h 函式庫。
`Servo servo;`	//建立 Servo 資料型態的物件。
`int i;`	//迴圈變數。
`//初值設定`	
`void setup( )`	
`{`	
`    servo.attach(2);`	//數位腳 D2 連接至伺服馬達信號輸出腳。
`    servo.write(0);`	//設定伺服馬達在 0 度位置。
`}`	
`//主迴圈`	
`void loop( )`	
`{`	
`    const int cds[3]={0,1,2};`	//三個光敏電阻接至類比接腳 A0、A1、A2。
`    int val[3];`	//類比值。
`    for(i=0;i<3;i++)`	//讀取三個光敏電阻狀態。
`        val[i]=analogRead(cds[i]);`	
`    if(val[0]>800 && val[1]<800 && val[2]<800)`	//光源在 a 的位置？
`        servo.write(0);`	//馬達轉動至 0 度位置。
`    else if(val[0]>800 && val[1]>800 && val[2]<800)`	//光源在 a、b 間的位置？
`        servo.write(45);`	//馬達轉動至 45 度位置。
`    else if(val[0]<800 && val[1]>800 && val[2]<800)`	//光源在 b 的位置？

```
        servo.write(90);                                      //馬達轉動至90度位置。
    else if(val[0]<800 && val[1]>800 && val[2]>800)  //光源在 b、c 間的位置?
        servo.write(135);                                     //馬達轉動至135度位置
    else if(val[0]<800 && val[1]<800 && val[2]>800)  //光源在 c 的位置。
        servo.write(180);                                     //馬達轉動至180度位置
}
```

練習

1. 接續範例，新增三個發光二極體（LED）L1、L2、L3 指示三個光敏電阻受光狀態，當光敏電阻受光照射時，點亮 LED；反之當光敏電阻未受光照射時，關閉 LED。
2. 接續範例，新增三個發光二極體（LED）L1、L2、L3 指示三個光敏電阻受光狀態，當光敏電阻受光照射時，閃爍 LED；反之當光敏電阻未受光照射時，關閉 LED。

13-3-5 電腦鍵盤控制連續型伺服馬達轉向及轉速實習

一 功能說明

如圖 13-8 所示電路接線圖，使用電腦鍵盤控制連續旋轉型伺服馬達轉動方向及轉動速度。輸入 F 鍵則馬達快速正轉；輸入 1 鍵則馬達慢速正轉；輸入 2 鍵則馬達慢速反轉；輸入 R 鍵則馬達快速反轉；輸入 S 鍵則馬達停止轉動。

當設定角度小於 90 度時，馬達正轉，角度愈小，正轉速度愈快。當設定角度大於 90 度時，馬達反轉，角度愈大，反轉速度愈快。當設定角度為 90 度，馬達停止轉動。如果設定 90 度角度時，馬達不會停止轉動，可以微調整馬達上的可變電阻，如果沒有可變電阻，可以微調設定角度略大於或略小於 90 度，即可使馬達停止轉動。

二 電路接線圖

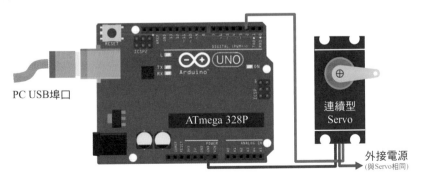

圖 13-8　電腦鍵盤控制連續型伺服馬達轉向及轉速實習電路圖

三 程式：ch13_5.ino

```
#include <Servo.h>                  //使用 Servo.h 函式庫。
Servo servo;                        //建立 Servo 資料型態的物件。
int ch;                             //盤鍵輸入值。
//初值設定
void setup( )
{
    servo.attach(2);                //數位腳 D2 連接至伺服馬達信號輸出腳。
    servo.write(90);                //設定伺服馬達在 90 度位置，馬達停止轉動。
    Serial.begin(9600);             //初始化序列埠，設定鮑率 9600bps。
}
//主迴圈
void loop( )
{
    if(Serial.available( ))         //輸入任意鍵？
    {
        ch=Serial.read( );          //讀取鍵盤輸入值。
        if(ch=='F' || ch=='f')      //輸入 F 鍵？
            servo.write(0);         //輸入 F 鍵，馬達快速正轉。
        else if(ch=='1' || ch=='1') //輸入 1 鍵？
            servo.write(80);        //輸入 1 鍵，馬達慢速正轉。
        else if(ch=='2' || ch=='2') //輸入 2 鍵？
            servo.write(100);       //輸入 2 鍵，馬達慢速反轉。
        else if(ch=='R' || ch=='r') //輸入 R 鍵？
            servo.write(180);       //輸入 R 鍵，馬達快速反轉。
        else if(ch='S' || ch=='s')  //輸入 S 鍵？
            servo.write(90);        //馬達停止轉動。
    }
}
```

練習

1. 接續範例，使用五個 LED(D8~D12)分別指示快速正轉（F 鍵）、慢速正轉（1 鍵）、慢速反轉（2 鍵）、快速反轉（R 鍵）及停止轉動（S 鍵）等五種狀態。

2. 使用電腦鍵盤控制連續型伺服馬達轉向及轉速。當按下 F 鍵時則馬達正轉；當按下 R 鍵時則馬達反轉；當按下 S 鍵時則馬達停止轉動。在馬達正轉或反轉期間，輸入＋鍵可加速馬達正、反轉速度。在馬達正轉或反轉期間，輸入-鍵可減速馬達正、反轉速度。

CHAPTER **14**

步進馬達控制實習

14-1 認識步進馬達

如圖 14-1 所示步進馬達（step motor）常應用於工業控制如機械手臂、工具機等或電腦周邊裝置如印表機、光碟機、磁碟機等。步進馬達與一般直流馬達比較具有下列特性：

- ☐ 馬達轉動角度與**輸入脈波數**成正比，誤差角度小且不累積。
- ☐ 馬達轉動速度與**輸入脈波頻率**成正比例變化。
- ☐ 馬達啟動、停止、加速、減速、正轉及反轉的**反應速度快**。
- ☐ **沒有慣性**，即當停止輸入控制信號時，馬達會立刻停止。
- ☐ 利用數位信號以**開迴路**（open loop）方式控制，電路系統簡單。
- ☐ 低轉速、高扭力特性及無電刷結構，適用範圍廣且可靠性高。

圖 14-1　步進馬達

14-1-1　步進馬達結構

如圖 14-2 所示步進馬達結構，包含**控制電路、驅動電路、直流電源**及**步進馬達**本體等四個部分，步進馬達是一種能將輸入脈波轉成機械能量的裝置。

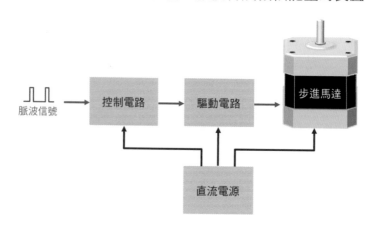

脈波信號　控制電路　驅動電路　步進馬達　直流電源

圖 14-2　步進馬達結構

1. 控制電路

　　控制電路主要功用是**控制馬達的轉動角度、轉動速度及轉動方向**，控制電路可以使用數位邏輯電路組合完成或是由 Arduino 板直接產生控制信號。

(1) 轉角控制：**步進馬達的轉動步數與輸入脈波數成正比**，因此我們只要控制輸入脈波數即可控制步進馬達的轉動角度。如圖 14-3 所示步進馬達轉角控制，以一圈 200 步的步進馬達為例，每步轉動角度=360°/200 步=1.8°/步，輸入 1 個脈波轉動角度=1 步×1.8°/步=1.8°，輸入 10 個脈波則轉動角度=10 步×1.8°/步=18°。

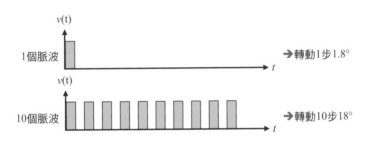

圖 14-3　步進馬達轉角控制

(2) 轉速控制：**步進馬達轉速與輸入脈波頻率成正比**，如果輸入脈波頻率愈高，則馬達轉速愈快，但是當馬達轉速太快時，會產生失速（stall）現象，**所謂失速是指步進馬達的轉速無法跟上輸入脈波頻率的快速變化，而導致轉動停止的一種現象**。如圖 14-4 所示步進馬達轉速控制，以一圈 200 步的步進馬達為例，輸入 200Hz 脈波信號，每秒鐘轉動 200 步，正好 1 圈，因此每分鐘轉動 60 圈，轉速為 60rpm（revolutions per minute）。同理，輸入 400Hz 脈波信號，每秒鐘轉動 400 步，正好 2 圈，因此每分鐘轉動 120 圈，轉速為 120rpm。

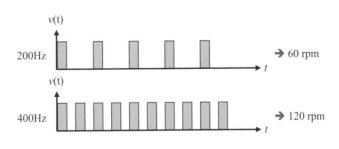

圖 14-4　步進馬達轉速控制

(3) 轉向控制：**步進馬達轉向由不同的控制相序信號來改變**，例如相序為 A、B、$\overline{A}$、$\overline{B}$ 時，馬達正轉；相序為 $\overline{B}$、$\overline{A}$、B、A 時，馬達反轉。

2. 驅動電路

驅動電路主要功用是**將控制電路輸出信號的電流放大，以產生足夠的電流**來驅動步進馬達線圈使其轉動。Arduino Uno 板輸出電流只有 25mA，無法直接驅動馬達，必須使用馬達驅動 IC 提供足夠電流來驅動馬達，常用馬達驅動 IC 如 ULN2003、ULN2803、L293、L298 等。在 12-1-4 節及 12-1-5 節有詳細說明。

3. 直流電源

直流電源主要功用是**供給步進馬達工作時所需的穩定直流電壓**，不同規格的步達馬達會有不同的額定工作電壓，通常在馬達的外殼會有標示，常用的額定工作電壓有 3V、5V、6V、12V 及 24V 等。驅動電路及步進馬達的電源腳必須同時連接到相同的外接直流電源。

4. 步進馬達

如圖 14-5 所示步進馬達結構，內部包含兩組線圈，依線圈接線可分成**四線式**、**五線式及六線式**。四線式含兩組線圈，稱為二相步進馬達。五線式及六線式含中心抽頭接線將線圈分成兩個部分，如同有四組線圈，因此稱為四相步進馬達。依流過磁極線圈的電流方向（極性）區分，可以分成單極性（unipolar）及雙極性（bipolar）兩種，所謂極性是指流過磁極線圈的電流方向。

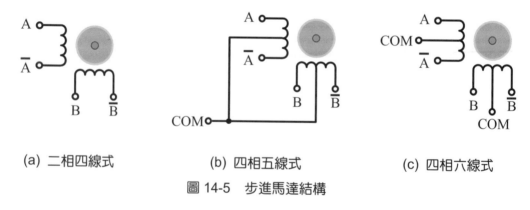

(a) 二相四線式　　　　(b) 四相五線式　　　　(c) 四相六線式

圖 14-5　步進馬達結構

市售步進馬達的接線大多會按 A、B、$\overline{A}$、$\overline{B}$ 等順序排列，很容易找出正確的接線順序。可以使用三用電表測量接線順序，將三用電表切換至 **R×1 檔**，測量馬達任意兩接線。因為共同點（common，簡記 COM）為線圈的中心點，而 A 組線圈（A、$\overline{A}$）與 B 組線圈（B、$\overline{B}$）並不連接，所以由中心點 COM 至各相的電阻應相同而且近似為 A 組或 B 組線圈電阻的一半。如果要更確定接線，可以使用一組直流電源並將其調整至馬達的工作電壓。將電源的負端連接至 COM 線，再使用電源的正端依序碰觸另外四條線，每次一條線。若馬達能夠正確正轉四步，代表接線相序為 A、B、$\overline{A}$、$\overline{B}$。反之若馬達能夠正確反轉四步，代表接線相序為 $\overline{B}$、$\overline{A}$、B、A。

14-1-2 步進馬達激磁方式

步進馬達依其激磁方式可分成 **1 相激磁型**、**2 相激磁型**及 **1-2 相激磁型**等。如圖 14-6 所示 1 相激磁型操作時序，在同一時間內只會有一相線圈激磁導通，馬達消耗功率低且扭力小，因此又稱為低功率型（low power type）步進馬達。

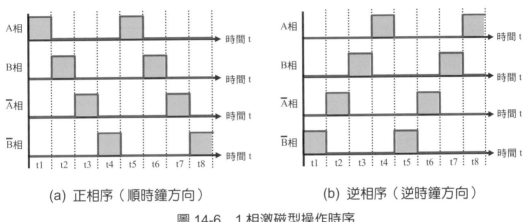

| (a) 正相序（順時鐘方向） | (b) 逆相序（逆時鐘方向） |

圖 14-6　1 相激磁型操作時序

如圖 14-7 所示 **2 相激磁型**操作時序，在同一時間內會有兩相同時激磁，馬達扭力較大但消耗功率較高，四相步進馬達通常使用這種方式。

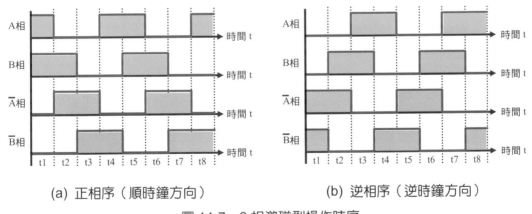

| (a) 正相序（順時鐘方向） | (b) 逆相序（逆時鐘方向） |

圖 14-7　2 相激磁型操作時序

如圖 14-8 所示 **1-2 相激磁型**操作時序，又稱**半步激磁型**，可以使馬達解析度（resolution）或稱為精密度增加一倍。常用步進馬達轉動一圈為 200 步，每步轉動角度為 1.8 度；如果使用半步激磁，則轉動一圈為 400 步，每步轉動角度為 0.9 度。

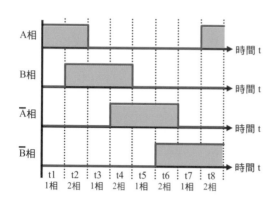

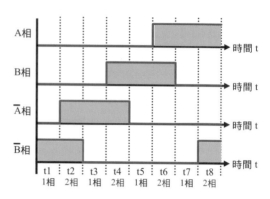

(a) 正相序（順時鐘方向）　　　　(b) 逆相序（逆時鐘方向）

圖 14-8　1-2 相激磁型操作時序

14-2　TEAC 四相步進馬達

　　如圖 14-9 所示 TEAC 四相步進馬達，常搭配 12-1-5 節的 L298 馬達驅動模組。L298 馬達電源 VMS 供電範圍 5~35V，利用 5V_EN 短路夾致能 7805 穩壓 IC 工作，產生 5V 直流電壓供電給 Arduino Uno 板。L298 內含四組半橋式輸出，每組輸出最大驅動電流 1A，總輸出最大電流 4A。模組與 TTL 完全相容。因此 Arduino Uno 板的輸出可以直接連接至模組輸入端 IN1~IN4。因為 L298 **內部不含保護二極體**，模組必須在每一組輸出各外接兩個保護二極體。

(a) 外觀　　　　　　　　　　(b) 接腳

圖 14-9　TEAC 四相步進馬達

14-3　28BYJ-48 四相步進馬達

　　如圖 14-10 所示 28BYJ-48 四相步進馬達，常搭配 12-1-4 節的 ULN2003A 馬達驅動模組一起出售。ULN2003A 馬達驅動模組的馬達電源電壓輸入範圍 5~12V，所有輸入邏輯準位都與 TTL 相容，Arduino Uno 板的輸出可以直接連至 ULN2003A 馬達驅動模組 IN1、IN2、IN3 及 IN4 四個輸入，所對應的 OUT1、OUT2、OUT3 及 OUT4 四個輸出連接至步進馬達，就可以控制步進馬達的轉向及轉速。28BYJ-48 步進馬達有 5V 及 12V 兩種規格，12V 規格的扭力較大，皆可使用 ULN2003A 馬達驅動模組來驅動。

28BYJ-48

$\overline{B}\ \overline{A}$　B A
+5V

(a) 外觀　　　　　　　　　　　　(b) 接腳

圖 14-10　28BYJ-48 四相步進馬達

　　28BYJ-48 四相步進馬達與 TEAC 四相步進馬達最大的不同點是 28BYJ-48 四相步進馬達內含**減速齒輪**。在 28BYJ-48 四相步進馬達規格表中的步幅角度（stride angle）為 **5.625°/64**，是以 **1-2 相半步激磁驅動**來定義，表示馬達轉動 64 步的步進角為 5.625°。因為**馬達的齒輪減速比為 64:1**，所以馬達轉動一圈 360° 需要 64/(1/64)=4096 步。在 Arduino 內建步進馬達函式庫 Stepper 以 **2 相激磁驅動**，步幅角度減半為 5.625°/32，表示馬達轉動 32 步的步進角為 5.625°，所以馬達轉動一圈需設定 32/(1/64)=2048 步。

14-4 函式說明

14-4-1　Stepper 函式庫

　　Stepper 函式庫允許我們**使用二線或四線來控制單極或雙極步進馬達**，宣告於 setup( ) 與 loop( ) 函式之上，有 steps、pin1、pin2、pin3 及 pin4 等五個參數必須設定。steps 參數是設定步進馬達轉動一圈的步進總數，如果步進馬達的步進角為 1.8°/步，則一圈的步進總數等於 360° / (1.8° / 步)=200 步。pin1、pin2、pin3、pin4 是設定連接步進馬達控制腳 A、$\overline{A}$、B、$\overline{B}$ 的 Arduino 數位接腳，如果是使用二線來控制步進馬達，則 pin3 及 pin4 不需設定。在 Arduino 內建步進馬達函式中，是以 **2 相激磁正相序**來驅動，激磁順序為 $AB \rightarrow B\overline{A} \rightarrow \overline{A}\,\overline{B} \rightarrow \overline{B}A$。

格式
```
stepper(steps, pin1, pin2)
stepper(steps, pin1, pin2, pin3, pin4)
```

範例
```
include <Stepper.h>                //使用 Stepper 函式庫。
Stepper stepper(200, 2, 3, 4, 5);  //使用四線控制一圈 200 步的四相步進馬達。
```

14-4-2　setSpeed( ) 函式

　　setSpeed( ) 函式的功用是**指定步進馬達的轉速**，有 rpms 參數必須設定。rpms 參數是設定步進馬達每分鐘的轉動圈數（revolutions per minute，簡記 RPM），此函式不會使步進馬達轉動，必須再執行 step( ) 函式才能使步進馬達開始轉動。對於一個步進角為 1.8° / 步的步進馬達而言，如果設定轉速為 1PRM，代表步進馬達每分鐘轉動一圈共 200 步。

格式　`setSpeed(rpms)`

範例
```
include <Stepper.h>                //使用 Stepper 函式庫。
Stepper stepper(200, 2, 3, 4, 5);  //使用四線控制一圈 200 步的四相步進馬達。
stepper.setSpeed(1);               //馬達轉速為 1 RPM，每分鐘轉一圈。
```

14-4-3 step( ) 函式

step( ) 函式的功用是**啟動步進馬達開始轉動至所設定的步進數後停止**, steps 參數設定所要轉動的步進數,若 steps 為正值則馬達正轉,反之若 steps 為負值則馬達反轉。

格式 `step(steps)`

範例

```
include <Stepper.h>                //使用 Stepper.h 函式庫。
Stepper stepper(200, 2, 3, 4, 5); //使用四線控制一圈 200 步的步進馬達。
stepper.setSpeed(1);              //馬達轉速為 1 RPM。
stepper.step(200);                //馬達正轉 200 步。
```

14-5 實作練習

14-5-1 控制步進馬達轉動方向實習

█ 功能說明

如圖 14-11 所示電路接線圖,使用 Arduino 板控制步進馬達轉動方向。步進馬達的轉動方向可以由 step( ) 函式來控制,當 steps 參數為正值時則馬達正轉,當 steps 參數為負值時則馬達反轉。本例先設定 steps 參數為 50,使馬達正轉 50 步,再設定 steps 參數為 -50,使馬達反轉 50 步後停止轉動。

█ 電路接線圖

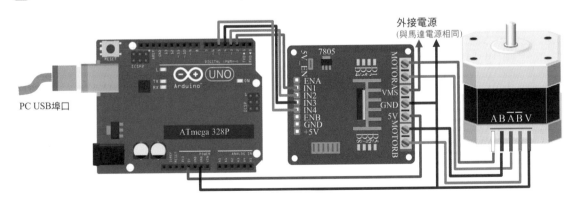

圖 14-11 控制步進馬達轉動方向實習電路圖

程式：ch14_1.ino

```
#include <Stepper.h>                  //使用 Stepper 函式庫。
#define steps 200                     //步進馬達每圈步進總數。
Stepper stepper(steps, 2, 3, 4, 5);  //建立 Stepper 資料型態的物件 stepper。
//初值設定
void setup( )
{
    stepper.setSpeed(1);              //設定步進馬達的轉速為 1 RPM。
    stepper.step(50);                 //馬達正轉 50 步。
    stepper.step(-50);                //馬達反轉 50 步。
}
//主迴圈
void loop( ) {
}
```

練習

1. 設計 Arduino 程式，控制 4 相步進馬達先正轉 1 圈，再反轉 1 圈後停止。

2. 設計 Arduino 程式，控制 4 相步進馬達重複正轉 1 圈→反轉 1 圈→正轉 1 圈…。

14-5-2 控制步進馬達轉動速度實習

一 功能說明

如圖 14-11 所示電路接線圖，使用 Arduino 板控制步進馬達的轉動速度，每 10 秒轉動一圈。每 10 秒轉一圈即每分鐘 6 圈，所以設定馬達轉速為 6 RPM。

三 電路接線圖

如圖 14-11 所示電路圖。

三 程式：ch14_2.ino

```
#include <Stepper.h>                  //使用 Stepper 函式庫。
#define STEPS 200                     //步進馬達每圈步進數。
Stepper stepper(STEPS, 2, 3, 4, 5);  //建立 Stepper 資料型態物件 stepper。
//初值設定
void setup( )
{
```

```
    stepper.setSpeed(6);          //設定步進馬達轉速為 6 RPM，每 10 秒轉一圈。
}
//主迴圈
void loop( )
{
    stepper.step(1);              //馬達連續正轉。
}
```

📖 **練習**

1. 設計 Arduino 程式，控制四相步進馬達連續正轉，每分鐘 10 圈。
2. 設計 Arduino 程式，控制四相步進馬達連續反轉，每圈 5 秒鐘。

14-5-3　電腦鍵盤控制步進馬達轉向及轉速實習

▬ 功能說明

　　如圖 14-11 所示電路接線圖，使用電腦鍵盤控制步進馬達的轉向及轉速。數字 0~9 鍵設定馬達的**轉動步數**或**轉速**。R 鍵：馬達正轉所設定的步進數，L 鍵：馬達反轉所設定的步進數，S 鍵：設定馬達的轉速 RPM 值，E 鍵：馬達停止轉動。例如鍵盤輸入 6S 時，表示設定馬達轉速為 10 RPM，表示轉一圈 6 秒；輸入 100R 時，馬達正轉 100 步；輸入 50L 時，馬達反轉 50 步。

▬ 電路接線圖

　　如圖 14-11 所示電路圖。

▬ 程式：ch14-3.ino

```
#include <Stepper.h>              //使用 Stepper 函式庫。
#define STEPS 200                 //步進馬達每圈步進數。
Stepper stepper(STEPS, 2, 3, 4, 5); //建立 Stepper 資料型態的物件。
int n=0;                          //步進數或速度的設定值。
char key;                         //電腦鍵盤輸入值。
//初值設定
void setup( )
{
    stepper.setSpeed(1);
    Serial.begin(9600);          //初始化序列埠，設定鮑率 9600bps。
```

```
        Serial.println("press 0~9:setting steps/speed");
                                            //數字 0~9 設定步進數或轉速。
        Serial.println("press S:setting speed(default 1 RPM)");//S鍵:設定轉速。
        Serial.println("press R:right turn");    //R鍵:正轉。
        Serial.println("press L:left turn");     //L鍵:反轉。
}
//主迴圈
void loop( )
{
        if(Serial.available( ))                  //鍵盤輸入任意鍵?
        {
                key=Serial.read( );              //讀取按鍵值。
                if(key>='0' && key<='9')         //輸入 0~9 鍵?
                        n=n*10+key-'0';          //計算數值。
                else if(key=='R' || key=='r')    //輸入 R 鍵?
                {
                        stepper.step(n);         //輸入 R 鍵,設定正轉步進數為 n。
                        n=0;                     //清除 n 值。
                }
                else if(key=='L' || key=='l')    //輸入 L 鍵?
                {
                        stepper.step(-1*n);      //輸入 L 鍵,設定反轉步進數為 n。
                        n=0;                     //清除 n 值。
                }
                else if(key=='S' || key=='s')    //輸入 S 鍵?
                {
                        stepper.setSpeed(n);     //輸入 S 鍵,設定轉速為 n。
                        n=0;
                }
        }
}
```

練習

1. 接續範例,新增 E 鍵,輸入 E 鍵使馬達停止轉動。

2. 接續範例,新增 + 鍵及 - 鍵功能,其中 + 鍵使馬達連續正轉,- 鍵使馬達連續反轉。

14-5-4 可程式步進馬達轉速及轉向控制實習

功能說明

如圖 14-12 所示電路接線圖,使用 4×4 矩陣鍵盤控制步進馬達轉速及轉向,同時使用串列式八位七段顯示模組顯示步進數。顯示模組左邊四位及右邊四位同步顯示步進數設定值,最大可設定步進數為 9999。馬達轉動時,左邊四位步進數顯示值不變,馬達每轉動一步,右邊四位步進數顯示值減 1,減至 0 則馬達停止轉動。

矩陣鍵盤功能說明如下,按鍵 0~9:設定馬達的轉動步數或速度,同時顯示輸入鍵值。按鍵 A:設定馬達轉速。按鍵 B:馬達停止轉動,同時清除顯示值為 00000000。按鍵 C:馬達正轉所設定步進數,馬達正轉一步,顯示器右邊四位顯示值減 1。按鍵 D:馬達反轉所設定步進數,馬達反轉一步,顯示器右邊四位顯示值減 1。例如鍵盤輸入 10A,設定馬達轉速 10 RPM,每分鐘轉 10 圈,即一圈 6 秒;輸入 100C,馬達正轉 100 步;輸入 50D,馬達反轉 50 步。

電路圖

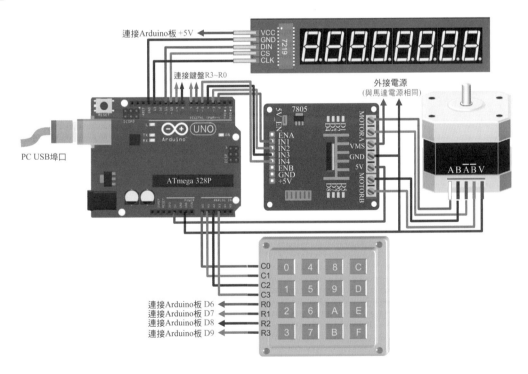

圖 14-12 可程式步進馬達轉速及轉向控制實習電路圖

📑 程式：ch14_4.ino

```
#include <SPI.h>                              //使用 SPI 函式庫。
#include <Stepper.h>                          //使用 Stepper 函式庫。
#define STEPS 200                             //一圈 200 步。
Stepper stepper(STEPS,2,3,4,5);              //使用四相步進馬達。
unsigned int steps=0;                         //步進數設定值。
int i;                                        //迴圈變數。
const int slaveSelect=10;                     //MAX7219 致能腳。
const int decodeMode=9;                       //MAX7219 解碼模式暫存器。
const int intensity=10;                       //MAX7219 亮度控制暫存器。
const int scanLimit=11;                       //MAX7219 掃描限制暫存器。
const int shutDown=12;                        //MAX7219 關閉模式暫存器。
const int dispTest=15;                        //MAX7219 顯示測試暫存器。
int col;                                      //鍵盤行號。
int row;                                      //鍵盤列號。
char keyData;                                 //按鍵值。
const int numCols=4;                          //鍵盤總行數。
const int numRows=4;                          //鍵盤總列數。
const int debounce=20;                        //除彈跳延遲。
const int colPin[ ]={14,15,16,17};           //數位腳 D14~D17 連接鍵盤行 C0~C3。
const int rowPin[ ]={6,7,8,9};               //數位腳 D6~D9 連接鍵盤列 R0~R3。
const char keyMap[numRows][numCols]=         //定義鍵盤按鍵位置。
{ {'0','4','8','C'}, {'1','5','9','D'}, {'2','6','A','E'}, {'3','7',
'B','F'} };
//初值設定
void setup( )
{
    SPI.begin( );                            //初始化 SPI 介面。
    pinMode(slaveSelect, OUTPUT);            //設定數位腳 10 為輸出埠。
    digitalWrite(slaveSelect, HIGH);         //除能 MAX7219。
    sendCommand(shutDown, 1);                //設定 MAX7219 正常工作。
    sendCommand(dispTest, 0);                //關閉 MAX7219 顯示測試。
    sendCommand(intensity, 7);               //中階亮度。
    sendCommand(scanLimit, 7);               //掃描八位七段顯示器。
    sendCommand(decodeMode, 255);            //設定八位顯示器皆為 BCD 解碼模式。
    stepper.setSpeed(1);                     //步進馬達初速為 1RPM。
    for(col=0;col<numCols;col++)             //設定數位腳 D14~D17 為輸出模式。
    {
        pinMode(colPin[col],OUTPUT);
        digitalWrite(colPin[col],HIGH);
```

```
    }
    for(row=0;row<numRows;row++)  //設定數位腳 D6~D9 為輸入模式，使用內建提升電阻
        pinMode(rowPin[row],INPUT_PULLUP);
    for(i=1; i<=8; i++)                         //清除顯示值為 00000000。
        sendCommand(i,0);
}
//主迴圈
void loop( )
{
    char key=keyScan( );                        //掃描鍵盤。
    if(key!='X')                                //按下任意鍵？
    {
        keyData=key;                            //儲存鍵值。
        if(key>='0' && key<='9')                //按下數字鍵 0~9？
        {
            steps=steps*10+key-'0';             //計算步進數或轉速。
            steps=steps%10000;                  //最大設定值 9999。
            sendCommand(8,steps/100/10);        //左邊四位顯示設定值。
            sendCommand(7,steps/100%10);
            sendCommand(6,steps%100/10);
            sendCommand(5,steps%100%10);
            sendCommand(4,steps/100/10);        //右邊四位顯示設定值。
            sendCommand(3,steps/100%10);
            sendCommand(2,steps%100/10);
            sendCommand(1,steps%100%10);
        }
        else if(key=='A')                       //按下 A 鍵（設定步進數或轉速）？
        {
            stepper.setSpeed(steps);            //設定轉速。
            steps=0;                            //清除設定值。
        }
        else if(key=='B')                       //按下 B 鍵（停止轉動）？
        {
            steps=0;                            //清除設定值。
            for(i=1; i<=8; i++)                 //清除顯示值為 00000000。
                sendCommand(i,0);
        }
    }
    if(keyData=='C')                            //按下 C 鍵（馬達正轉）？
    {
```

```
        if(steps>0)                              //正轉尚未結束？
        {
            stepper.step(1);                     //每正轉一步，設定值減1。
            steps--;
            sendCommand(4,steps/100/10);         //右邊四位顯示剩餘步進數。
            sendCommand(3,steps/100%10);
            sendCommand(2,steps%100/10);
            sendCommand(1,steps%100%10);
        }
    }
    else if(keyData=='D')                        //按下D鍵（馬達反轉)？
    {
        if(steps>0)
        {
            stepper.step(-1);                    //每反轉一步，設定值減1。
            steps--;
            sendCommand(4,steps/100/10);         //左邊四位顯示剩餘步進數。
            sendCommand(3,steps/100%10);
            sendCommand(2,steps%100/10);
            sendCommand(1,steps%100%10);
        }
    }
}
//鍵盤掃描函式
char keyScan( )
{
    int i, j;                                    //迴圈變數。
    char key='X';                                //空鍵（無按鍵）。
    for(i=0; i<numCols; i++)                      //掃描四行。
    {
        digitalWrite(col[i], LOW);               //致能第i行掃描動作（低電位）。
        for(j=0; j<numRows; j++)                  //每行檢測四個按鍵的狀態。
        {
            if(digitalRead(row[j])==LOW)         //有按鍵被按下？
            {
                delay(debounce);                 //消除機械彈跳。
                while(digitalRead(row[j])==LOW)  //按鍵未放開？
                    ;                            //等待按鍵放開。
                key=keyMap[j][i];                //儲存按鍵值。
            }
```

```
        }
            digitalWrite(col[i], HIGH);          //除能第 i 行掃描動作。
        }
        return(key);                             //傳回按鍵值至主函式。
}
//SPI 寫入函式
void sendCommand(byte command,byte value)
{
        digitalWrite(slaveSelect, LOW);          //致能 MAX7219。
        SPI.transfer(command);                   //將指令寫入 MAX7219。
        SPI.transfer(value);                     //將資料寫入 MAX7219。
        digitalWrite(slaveSelect, HIGH);         //除能 MAX7219。
}
```

練習

1. 接續範例，新增 E、F 兩個按鍵功能。E 鍵：正轉所設定的圈數，F 鍵：反轉所設定的圈數。例如輸入 1E，步進馬達正轉 1 圈；輸入 2F，步進馬達反轉 2 圈。

2. 接續範例，增加按鍵音功能，即按下任意鍵，蜂鳴器(D18)發出短嗶聲。

14-5-5　28BYJ-48 步進馬達轉向控制實習

■ 功能說明

　　如圖 14-14 所示電路接線圖，使用 Arduino 板配合 ULN2003A 馬達驅動模組來驅動 28BYJ-48 四相步進馬達，再使用電腦鍵盤來控制步進馬達的轉向。按下按鍵 F 則步進馬達正轉一圈；按下按鍵 R 則步進馬達反轉一圈。如圖 14-13 所示 28BYJ-48 四相步進馬達與 ULN2003A 馬達驅動模組接線圖，因為**莫士座有方向性**，所以 OUT1、OUT2、OUT3、OUT4 依序連接至馬達驅動模組的 $\overline{B}$、$\overline{A}$、B、A 等接腳。

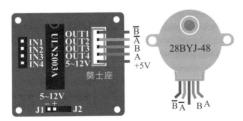

圖 14-13　28BYJ-48 四相步進馬達與 ULN2003A 馬達驅動模組接線圖

如果我們使用 Arduino 板的數位腳 D2~D5 來驅動 28BYJ-48 四相步進馬達，必須先使用 Arduino 函式庫 Stepper (2048,2,3,4,5) 宣告一個步進馬達物件。其中 2048 為 28BYJ-48 四相步進馬達轉動一圈的總步數，D2 連接 A、D3 連接 $\overline{A}$、D4 連接 B、D5 連接 $\overline{B}$，才能正常驅動步進馬達轉動。

電路接線圖

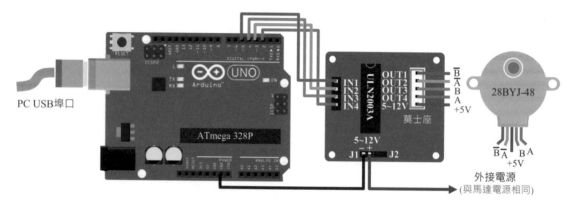

圖 14-14　步進馬達轉向控制實習(使用 ULN2003A 馬達模組)電路圖

程式：ch14_5.ino

`#include <Stepper.h>`	//使用 Stepper.h 函式。
`#define STEPS 2048`	//使用 28BYJ-48 四相步進馬達。
`Stepper stepper(STEPS,2,3,4,5);`	//建立 Stepper 資料型態的物件。
`char key;`	//按鍵值。
`//初值設定`	
`void setup( )`	
`{`	
`    stepper.setSpeed(15);`	//設定步進馬達轉速，每分鐘 15 轉。
`    Serial.begin(9600);`	//初始化序列埠視窗，傳輸率為 9600bps。
`}`	
`//主迴圈`	
`void loop( )`	
`{`	
`    if(Serial.available( ))`	//按下任意鍵?
`    {`	
`        key=Serial.read( );`	//讀取並儲存按鍵值。
`        if(key=='F'||key=='f')`	//按鍵值為 F 或 f?
`            stepper.step(2048);`	//正轉一圈。
`        else if(key=='R'||key=='r')`	//按鍵值為 R 或 r?
`            stepper.step(-2048);`	//反轉一圈。

```
    }
}
```

練習

1. 使用 Arduino 板配合 ULN2003A 步進馬達驅動模組來驅動 28BYJ-48 四相步進馬達，再使用電腦鍵盤來控制步進馬達的轉向。數字鍵 0~9 設定**轉動圈數**，按下按鍵 F 或 f，步進馬達正轉至所設定的圈數；按下按鍵 R 或 r，步進馬達反轉至所設定的圈數。例如連續輸入 5F 則馬達正轉 5 圈；連續輸入 2R 則馬達反轉 2 圈。

2. 使用 Arduino 板配合 ULN2003A 步進馬達驅動模組來驅動 28BYJ-48 四相步進馬達，再使用電腦鍵盤來控制步進馬達的轉向。數字鍵 0~9 設定**轉動角度**，按下按鍵 F 或 f，步進馬達正轉至所設定的角度；按下按鍵 R 或 r，步進馬達反轉至所設定的角度。例如連續輸入 45F，則馬達正轉 45 度；連續輸入 90R，則馬達反轉 90 度。

CHAPTER **15**

通訊實習

15-1 認識無線通訊

　　人類早期的溝通方式是使用語言及文字，自 1876 年貝爾（bell）發明有線電話以來，大大延伸人類生活的空間範圍。有線通訊最主要的優點是高傳輸率、高保密性及高服務品質，但有線通訊成本較高，而且受到環境的限制。近年來各種無線通訊技術迅速發展，例如**近距離無線通訊**（Near Field Communication，簡記 NFC）、**無線射頻辨識**（Radio Frequency IDentification，簡記 RFID）、**紅外線**（Infrared Data Association，簡記 IrDA）、**藍牙**（Bluetooth）、**射頻**（Radio frequency，簡記 RF）**無線**、**ZigBee** 和**無線區域網路** 802.11（Wi-Fi）及**微波通訊**等，已普遍應用於日常生活中。無線通訊技術除了提高使用的方便性之外，也能有效減少纜線所造成的困擾。

　　如表 15-1 所示 NFC、RFID、IrDA、Bluetooth 的特性比較，NFC 較 RFID 傳輸距離短是為了提高行動支付的保密性與安全性。相較於其他無線通訊如紅外線、藍牙及 Wi-Fi 等，NFC 只需以**實體的輕觸動作**就可以產生虛擬的連線，具有建立連線速度快、保密性高、消耗功率低、成本低、干擾小及使用簡單等優點。

表 15-1　NFC、RFID、IrDA、Bluetooth 的特性比較

特性	NFC	RFID	IrDA	Bluetooth
協會 logo				
網路類型	點對點	點對點	點對多	點對多
傳輸方向	雙向	單向	單向	雙向
通訊標準	ISO/IEC 18092	ISO/IEC 14443A	各廠自訂	IEEE 802.15.1x
傳輸媒介	電磁波	電磁波	紅外線	電磁波
保密性	最高	高	低	低
晶片成本	低	低	中	高
傳輸速度	≤424Kbps	≤10Mbps	≤4Mbps	≤1Mbps
載波頻率	13.56MHz	125KHz 13.56MHz 2.45GHz	38KHz	2.4GHz
傳輸距離	≤10cm	10cm~100m	≤2m	≤100m

15-2　無線射頻辨識

15-2-1　認識無線射頻辨識

無線射頻辨識（Radio Frequency IDentification，簡記 RFID），又稱為**電子標籤**，為一種無線的辨識技術。如圖 15-1 所示 RFID 系統，包含**天線**（antenna 或 coil）、**RFID 感應器**（reader）及 **RFID 標籤**（tag）三個部分。RFID 的運作原理是利用 RFID 感應器發射無線電磁波產生射頻場域（RF-field），去觸動在感應範圍內的 RFID 標籤。RFID 標籤再藉由電磁感應產生電流，來供應 RFID 標籤上的 IC 晶片運作，並且利用電磁波回傳 RFID 標籤內存的**唯一識別碼**（Unique Identifier，簡記 **UID**）給 RFID 感應器來辨識。

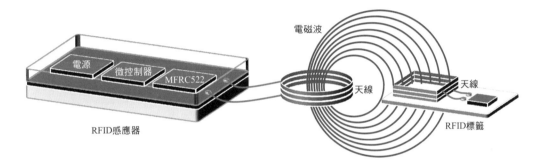

圖 15-1　RFID 系統

RFID 是一種**非接觸式**、**短距離**的自動辨識技術，RFID 感應器辨識 RFID 標籤完成後，會將資料傳送到後端系統，以進行追蹤、統計、查核、結帳及存貨控制等處理。RFID 技術廣泛應用在各種行業中，如門禁管理、貨物管理、防盜應用、聯合票證、自動控制、動物監控追蹤、倉儲物料管理、醫療病歷系統、賣場自動結帳、員工身份辨識、生產流程追蹤、高速公路自動收費系統等。如表 15-2 所示 RFID 與條碼（Barcode）比較，RFID 具有小型化、多樣化、可穿透性、可重複使用及高環境適應性等優點。

表 15-2　RFID 與條碼（Barcode）比較

特性	條碼 Barcode	無線射頻頻辨識 RFID
體積	較大	較小
穿透性	紅外線讀取不可穿透	電磁波讀取可以穿透
重複使用	不可	可以

特性	條碼 Barcode	無線射頻頻辨識 RFID
讀取數量	一次一個	可同時讀取多個
遠距讀取	需要光線	不需光線
資料容量	小	大
讀寫能力	只能讀取	重複讀寫
讀取環境	污損即無法讀取	污損仍可以讀取
高速讀取	移動讀取受限	可移動讀取

如表 15-3 所示 RFID 頻率範圍，分為**低頻**（LF）、**高頻**（HF）、**超高頻**（UHF）及**微波**（Microwave）等四種。低頻 RFID 主要應用於門禁管理，高頻 RFID 主要應用於智慧卡，而超高頻 RFID 暫不開放，主要應用於卡車或拖車追蹤等，微波 RFID 則應用於高速公路電子收費系統（Electronic Toll Collection，簡記 ETC）。超高頻 RFID 及微波 RFID 採用主動式標籤，通訊距離最長可達 10~50 公尺。

表 15-3　RFID 頻率範圍

頻帶名稱	頻率範圍	常用頻率	通訊距離	傳輸速度	標籤價格	主要應用
低頻	9~150kHz	125kHz	≤10cm	低速	1 元	門禁管理
高頻	1~300MHz	13.56MHz	≤10cm	低中速	0.5 元	智慧卡
超高頻	300~1200MHz	433MHz	≥1.5m	中速	5 元	卡車追蹤
微波	2.45~5.80GHz	2.45GHz	≥1.5m	高速	25 元	ETC

1. RFID 感應器

RFID 感應器透過無線電波來存取 RFID 標籤上的資料。依其存取方式可以分為 RFID 讀取器及 RFID 讀寫器兩種。RFID 感應器內部組成包含**電源電路**、**天線**、**微控制器**、**發射器**及**接收器**等。發射器負責將訊號透過天線傳送給 RFID 標籤。接收器負責接收 RFID 標籤所回傳的訊號，並且轉交給微控制器處理。RFID 感應器除了可以讀取 RFID 標籤內容外，也可以將資料寫入 RFID 標籤中。

依 RFID 感應器的功能可分成圖 15-2(a) 所示**手持型讀卡機**、圖 15-2(b) 所示**固定型讀卡機**及圖 15-2(c) **遠距離讀卡機**三種機型，各有其用途。手持型讀卡機的機動性較高，但通訊距離較短、涵蓋範圍較小。固定型讀卡機的資料處理速度快、通訊距離較長、涵蓋範圍較大，但機動性較低。遠距離讀卡機價格最高，但通訊距離最長、涵蓋範圍最大，常應用於汽車門禁管理、高速公路 ETC 收費等系統。

(a) 手持型讀卡機

(b) 固定型讀卡機

(c) 遠距離讀卡機

圖 15-2　RFID 感應器

2. RFID 標籤

如圖 15-3 所示 RFID 標籤，依其種類可以分成**貼紙型**、**卡片型**及**鈕扣型**等三種，貼紙型 RFID 標籤採用紙張印刷，常應用於物流管理、防盜系統、圖書館管理、供應鏈管理、ETC 收費系統等。卡片型及鈕扣型 RFID 標籤採用塑膠包裝，常應用於門禁管理及大眾運輸等。

(a) 貼紙型

(b) 卡片型

(c) 鈕扣型

圖 15-3　RFID 標籤

如圖 15-4 所示 RFID 標籤內部電路，由**微晶片**（microchip）及**天線**所組成。微晶片儲存 UID 碼，而天線的功能是用來感應電磁波和傳送 RFID 標籤內存的 UID 碼。較大面積的天線，可以感應的範圍較遠，但所佔空間也較大。

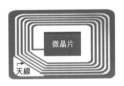
(a) 卡片型

(b) 鈕扣型

圖 15-4　RFID 標籤內部電路

RFID 標籤依其驅動能量來源可以分為**被動式**、**半主動式**及**主動式**三種，三者最大不同處是有沒有**內置電源裝置**，有內置電源裝置的 RFID 標籤傳輸距離較遠。

(1) 被動式 RFID 標籤

被動式 RFID 標籤本身沒有電源裝置，所需電流全靠 RFID 標籤上的線圈來感應 RFID 感應器所發出的無線電磁波，再利用**電磁感應原理**產生電流供電。只有在接收到 RFID 感應器所發出的訊號，才會**被動**回應訊號給感應器，因為感應電流較小，所以通訊距離較短。

(2) 半主動式 RFID 標籤

半主動式 RFID 標籤的規格類似於被動式，但是多了一顆**小型電池**，若 RFID 感應器發出的訊號微弱，RFID 標籤還是有足夠的電流將內部記憶體的 UID 碼回傳給 RFID 感應器。半主動式 RFID 標籤與被動式 RFID 標籤比較，具有反應速度更快、通訊距離更長等優點。

(3) 主動式 RFID 標籤

主動式 RFID 標籤**內置電源**，用來供應內部 IC 晶片所需的電流，並且**主動傳送**訊號供感應器讀取，電磁波訊號較被動式及半主動式 RFID 標籤強，因此通訊距離最長。另外，主動式 RFID 標籤有較大的記憶體容量可用來儲存 RFID 感應器所傳送的附加訊息。

15-2-2　RFID 模組

常用的 RFID 模組有**低頻 RFID 模組**及**高頻 RFID 模組**兩種。低頻 RFID 模組使用 **125kHz** 低頻載波通訊，主要應用於門禁管理。高頻 RFID 模組使用 **13.56MHz** 高頻載波通訊，主要應用於智慧卡、門禁管理及員工身份辨識等，因為載波不同，所以**兩者無法通用**。

1. 低頻 RFID 模組

如圖 15-5 所示為 Parallax 公司所生產的 125kHz 低頻 RFID 模組，使用**標準串列通訊介面**，輸出 TTL 電位，工作電壓 5V，最大傳輸速率為 2400bps，通訊距離在 10 公分以內。使用 8 個資料位元、無同位元、1 個停止位元的 8N1 格式通訊協定。低頻 RFID 模組所讀取的 RFID 標籤卡號共 **12 位元組，包含 1 個開始位元組**（**0x0c=10**）、**10 個資料位元組及 1 個結束位元組**（**0x0a=13**）。

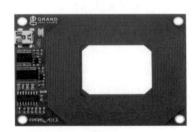
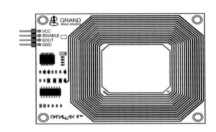

(a) 模組外觀　　　　　　　　　　　　(b) 接腳圖

圖 15-5　低頻 RFID 模組

因為低頻 RFID 模組與 Arduino 板都是使用串列通訊介面來傳輸資料，必須設定其他數位腳當成低頻 RFID 模組的通訊埠，才不會造成無法上傳草稿碼的問題。通常是使用 **SoftwareSerial.h 函式庫**，以軟體來複製硬體串列埠的功能，提供給需要使用串列埠通訊的模組。

2. 高頻 RFID 模組

如圖 15-6 所示 13.56MHz 高頻 RFID 模組，使用恩智普（NXP）半導體公司所生產的晶片 MFRC522，支援 UART、I2C、SPI 等多種串列介面。**多數的 RFID 模組以使用 SPI 介面居多**，因此支援 SPI 介面的函式庫也比較容易取得。

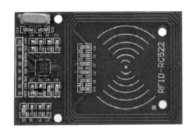
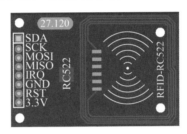

(a) 模組外觀   (b) 接腳圖

圖 15-6　高頻 RFID 模組

高頻 RFID 模組（proximity coupling device，簡記 **PCD**）可以經由感應方式來讀取近接式（非接觸式）Mifare 卡（proximity IC card，簡記 **PICC**）。Mifare 卡是 NXP 公司在近接式 IC 智慧卡領域的註冊商標，使用 ISO/IEC 14443-A 標準。Mifare 卡使用簡單、技術成熟、性能穩定、安全性及保密性高、內存容量大，是目前世界上使用量最大的近接式 IC 智慧卡。在 Mifare 卡內有一組 **4 位元組長度**的唯一識別碼（Unique Identifier，簡記 **UID**），可以作為電子錢包、大樓門禁、大眾運輸、差勤考核、借書證等識別用途。

高頻 RFID 模組使用 SPI 串列通訊介面，輸出 TTL 電位，工作電壓 3.3V，最大傳輸速率 10Mbps，感應距離 0~10 公分。高頻 RFID 模組所需函式庫可至如圖 15-7 所示網頁 https://github.com/ljos/MFRC522 下載。下載完成後再將其加入 Arduino IDE。

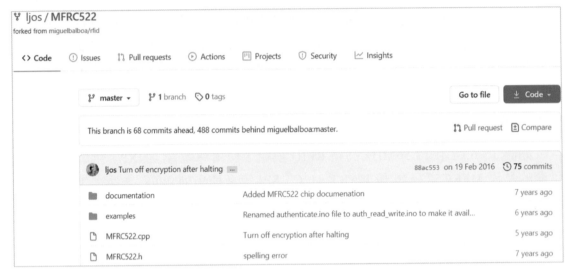

圖 15-7　高頻 RFID 模組函式庫

15-3　紅外線

15-3-1　認識紅外線

　　紅外線（Infrared）是一種波長**介於微波與可見光之間的電磁波**，常用紅外線接收器的波長約在 800 奈米（nm）至 1000 奈米（mm）之間，屬於不可見光，穿透雲霧能力比可見光強，常應用在通訊、探測、醫療、軍事等方面。

　　為了解決個人電腦、筆記型電腦、印表機、掃瞄器、滑鼠及鍵盤等設備在短距離連線的問題，1993 年成立紅外線數據協會（Infrared Data Association，簡記 **IrDA**），並且在 1994 年發表 IrDA 1.0 紅外線數據通訊協定。IrDA 是一種利用紅外線進行點對點、窄角度（30°錐形範圍）的短距離無線通訊技術，傳輸速率在 9600 bps 至 16 Mbps 之間。IrDA 具有體積小、連接方便、安全性高、簡單易用等優點，但其缺點是無法穿透實心物體，容易受外界光線的干擾。

15-3-2　紅外線發射模組

　　如圖 15-8 所示紅外線發射模組方塊圖，內部由**編碼電路、載波電路、調變電路、放大器及紅外線發射二極體**五個部分所組成。

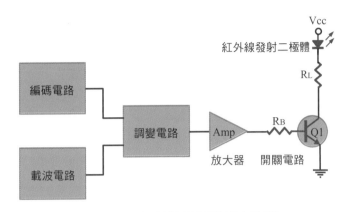

圖 15-8　紅外線發射模組方塊圖

　　紅外線發射模組是以調變的方式,將編碼數據和固定頻率載波進行調變後再傳送出去,**調變的主要目的是提高發射效率、降低功率消耗**。紅外線遙控常應用在電視機、冷氣機、投影機、微電腦風扇、電動門、汽車防盜等設備上。紅外線通訊能有效抵抗低頻電源訊號的干擾,而且具有編解碼容易、電路簡單、消耗功率低及成本低等優點。紅外線具有**方向性**,而且無法穿透物體,只有在圓錐狀光束中心點向外的一定角度θ內才能接收到訊號,角度θ=0°的傳輸距離最遠,角度愈大則傳輸距離愈短。

1. 編碼電路

　　使用紅外線進行遠端遙控時,必須先將每個按鍵編碼成指令碼,而且每一個按鍵指令都應該是獨一無二、不可重複。當遠端紅外線接收器接收到紅外線編碼信號,並且加以解碼後,會依不同的按鍵指令執行不同的功能。不同廠商會有不同的紅外線協定,所定義的指令格式及位元編碼方式也不相同。以下說明最通行的 **NEC**、**Philips RC5** 及 **SONY** 三家廠商的紅外線協定。

(1) NEC 紅外線協定

　　如圖 15-9 所示 NEC 紅外線協定的編碼格式,使用 8 位元位址(adress)碼及 8 位元指令(command)碼。因為是使用 8 位元指令碼,所以**最多可以編碼 256 個按鍵**。NEC 編碼格式包括起始碼、位址碼、反向位址碼、指令碼以及反向指令碼,訊號都是由最小有效位元(Least Significant Bit,簡記 LSB)開始傳送。其中起始碼是由 9ms 邏輯 1 訊號及 4.5ms 邏輯 0 訊號所組成,而位址碼及指令碼皆傳送兩次,是為了增加遠端遙控的可靠性。

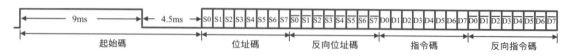

圖 15-9　NEC 紅外線協定的編碼格式

在 NEC 紅外線協定中的位元資料是使用如圖 15-10 所示**脈波間距編碼**（pulse-distance coding），邏輯 0 是發射 560us 的紅外線訊號，再停止 560us 的時間，而邏輯 1 是發射 560us 的紅外線訊號，再停止約三倍 560us 的時間 1.68ms。

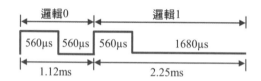

圖 15-10　NEC 紅外線協定的脈波間距編碼

(2) Philips RC5 紅外線協定

如圖 15-11 所示 Philips RC5 紅外線協定的編碼格式，包含 2 位元的起始位元（S1、S2）、1 位元的控制（control，簡記 C）位元、5 位元的位址碼及 6 位元的指令碼，訊號都是由 LSB 位元開始傳送。因為是使用 6 位元指令碼，所以**最多可以編碼 64 個按鍵**，在 RC5 的擴充模式下可以使用 7 位元指令碼，擴充編碼 128 個按鍵。RC5 的起始位元 S1、S2 通常是邏輯 1，控制位元 C 在每次按下按鍵後，邏輯準位會反向，這樣就可以區分同一個按鍵是一直被按著不放，還是重複按。如果是一直按著相同鍵不放，則控制位元 C 不會反向，如果是重複按相同鍵，則控制位元 C 會反向。

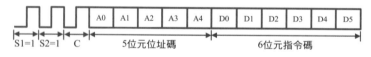

圖 15-11　Philips RC5 紅外線協定的編碼格式

在 Philips RC5 紅外線協定中的位元資料是使用如圖 15-12 所示**雙相位編碼**（bi-phase coding），其中邏輯 0 是先發射 889us 的紅外線訊號，再停止 889us 的時間。邏輯 1 是先停止 889us 的時間，再發射 889us 紅外線訊號。邏輯 0 與邏輯 1 的相位編碼方式也可以互換。

圖 15-12　Philips RC5 紅外線協定的雙相位編碼

(3) SONY 紅外線協定

如圖 15-13 所示 SONY 紅外線協定的編碼格式,由 13 個位元所組成,包含 1 位元起始位元、7 位元指令碼及 5 位元位址碼,訊號都是由 LSB 位元開始傳送。因為是使用 7 位元指令碼,所以**最多可以編碼 128 個按鍵**。起始位元是由 2.4ms 邏輯 1 訊號及 0.6ms 邏輯 0 訊號所組成。

圖 15-13　SONY 紅外線協定的編碼格式

在 SONY 紅外線協定中的位元資料是使用如圖 15-14 所示**脈波長度編碼**(pulse-length coding),其中邏輯 0 是先發射 0.6ms 紅外線訊號,再停止 0.6ms 的時間。邏輯 1 是先發射 1.2ms 的紅外線訊號,再停止 0.6ms 的時間。

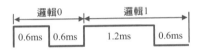

圖 15-14　SONY 紅外線協定的脈波長度編碼

2. 載波電路與調變電路

在紅外線通訊中常用的載波(carrier)頻率在 **30kHz 到 60kHz** 之間,其中以 30kHz、33kHz、36kHz、38kHz、40kHz 及 56 kHz 等載波較為通用。例如 **Philips RC5 紅外線協定使用 36kHz 載波,NEC 紅外線協定使用 38kHz 載波,SONY 紅外線協定使用 40kHz 載波**。紅外線訊號的發射與否,與位元資料的邏輯準位有關,當位元資料為邏輯 1 時則發射紅外線訊號,當位元資料為邏輯 0 時則停止發射,如此做法是為了節省功率消耗。如圖 15-15(a) 所示是直接將編碼完成的紅外線訊號發射出去,很容易受到周圍環境光源的干擾,傳送距離也不遠,而且功率消耗較大。如圖 15-15(b) 所示是利用**調變(modulation)技術**,將資料加上高頻載波傳送出去,可以抵抗周圍環境光源的干擾,增加傳輸距離,而且功率消耗較小。

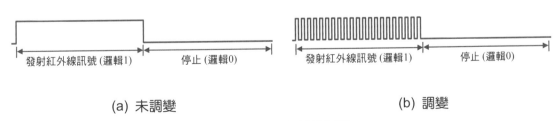

(a) 未調變　　　　　　　　　　(b) 調變

圖 15-15　紅外線信號

15-3-3 紅外線接收模組

如圖 15-16 所示紅外線接收模組方塊圖，內部電路由**紅外線接收二極體**、**放大器**（amplifier）、**限幅器**、**帶通濾波器**（bandpass filter）、**解調變電路**（demodulator）、**積分器**（integrator）及**比較器**（comparator）所組成。當紅外線接收二極體接收到紅外線信號時，會將信號送到放大器放大，並且由限幅器來限制脈波振幅，以減少雜訊干擾。限幅器輸出信號至帶通濾波器濾除 30kHz~60kHz 以外的載波。帶通濾波器輸出經解調變電路、積分器及比較器等電路，還原紅外線發射器所發送的數位信號。

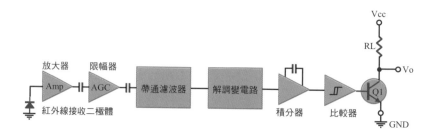

圖 15-16　紅外線接收模組方塊圖

如圖 15-17 所示日製 IRM2638 載波 38kHz、波長 940nm 紅外線接收模組，最大距離可達 35 公尺，包含電源 V_{CC}、接地 GND 及信號輸出 OUT 三支腳。紅外線接收模組的種類很多，在使用時必須特別注意接腳定義及特性。另外，發射器與接收器的紅外線訊號，必須使用相同載波頻率及波長，一般家電用的紅外線遙控器使用 38kHz 載波、940nm 波長的紅外線。若載波或波長不相同，可能會降低傳輸距離及可靠性。

(a) 元件　　　　　　　　　　　　　(b) 接腳圖

圖 15-17　IRM2638 紅外線接收模組

如圖 15-18 所示紅外線接收模組接收角度θ與相對傳輸距離的關係，在直線θ=0°時，相對傳輸最大距離為 1.0。當接收角度愈小時，相對傳輸距離愈長，反之當接收角度愈大時，相對傳輸距離愈短。IRM2638 紅外線接收模組上、下、左、右等最大接收角度為 45°，0° 位置的最大接收距離為 14 公尺，45° 位置最大接收距離為 6 公尺。

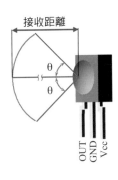
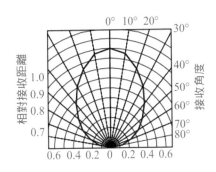

(a) 接收角度   (b) 特性曲線

圖 15-18　紅外線接收模組接收角度 θ 與相對傳輸距離的關係

　　紅外線接收模組所需函式庫可至圖 15-19 所示網頁 https://github.com/Arduino-IRremote/Arduino-IRremote 下載。下載完成後再將其加入 Arduino IDE 中。

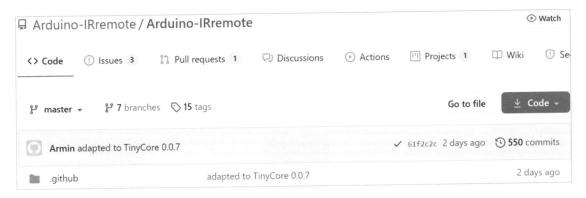

圖 15-19　紅外線接收模組函式庫

15-4　藍牙

　　藍牙（Bluetooth）技術由 Ericsson、IBM、Intel、NOKIA、Toshiba 等五家公司協議，標準版本 802.15.1 為低成本、低功率、涵蓋範圍小的**跳頻**（**Frequency Hopping Spread Spectrum，簡記 FHSS）RF 系統**，所謂跳頻是指載波快速在不同頻率中切換，可以非常有效抵禦蓄意的干擾。藍牙使用 2.4GHz~2.4835GHz 的 ISM（Industrial Scientific Medical Band）頻段來進行通訊。ISM 頻段主要是開放給工業、科學和醫學機構使用，無需許可證或費用、發射功率低於 1W，且不可對其他頻段造成干擾。

藍牙適用於連結電腦與電腦、電腦與周邊以及電腦與其他行動數據裝置，如行動電話、呼叫器、PDA 等。前節所述紅外線是一種**視距傳輸**，兩個通訊設備必須對準，而且中間不能被其他物體阻隔。藍牙則是使用 2.45GHz 載波傳輸，傳輸不受物體阻隔的限制。

每個藍牙技術連接裝置都依 IEEE 802 標準所制定的 48 位元位址，可以一對一、一對多連接，藍牙技術可以加密保護，保密性高而且較不受電磁波干擾。2001 年 Bluetooth1.1 版正式列入 IEEE 802.15.1 標準，傳輸率 1Mbps，傳輸範圍最遠 10 公尺。2.0 版將傳輸率提升至 2~3Mbps，3.0 版將傳輸率提升至 24Mbps，4.0 版將傳輸距離提升至 100 公尺，5.0 版將傳輸距離提升至 300 公尺。

15-4-1　藍牙模組

如圖 15-20 所示廣州匯承信息科技所生產的 HC 系列藍牙模組，符合藍牙 V2.0+EDR 規格，並且支援 SPP（Serial Port Profile）。使用者透過藍牙連線時可將其視為序列埠裝置，藍牙模組出廠時的預設參數為**自動連線『從端（Slave）』角色、鮑率 9600bps、8 個資料位元、無同位元及 1 個停止位元，PIN 碼為 1234**。在藍牙模組周邊如郵票的齒孔為其接腳，需自行焊接於萬孔板或專用載板上，常見的藍牙模組如圖 15-20(b) 所示 HC-05 藍牙模組及如圖 15-20(c) 所示 HC-06 藍牙模組。

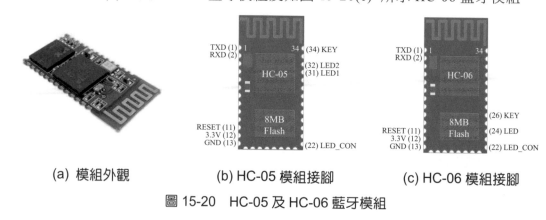

(a) 模組外觀　　　　(b) HC-05 模組接腳　　　　(c) HC-06 模組接腳

圖 15-20　HC-05 及 HC-06 藍牙模組

HC-05 同時具有主控端（Master）及從端（Slave）兩種工作模式，出廠前已經預設為自動連線從端模式，但可使用 AT 命令更改工作模式。HC-06 只具有主控端或從端其中一種工作模式，且出廠前已經設定為從端模式，不能再使用 AT 命令更改。

藍牙模組是一種能將原有的**全雙工串列埠 UART / TTL 介面轉換成無線傳輸**的裝置。藍牙模組不限作業系統、不需安裝驅動程式，就可以直接與各種微控制器連接，使用起來相當容易，只要注意電源及串列埠 RXD、TXD 的接腳，就能正確配對連線。HC-06 是較早期的版本，不能更改工作模式，AT 命令也相對較少，**建議購買 HC-05 藍牙模組，** HC-05 藍牙模組的主要接腳功能說明如表 15-4 所示。

表 15-4　HC-05 藍牙模組的主要接腳功能說明

模組接腳	功能說明
1	TXD：藍牙串列埠傳送腳，連接至單晶片的 RXD 腳。
2	RXD：藍牙串列埠接收腳，連接至單晶片的 TXD 腳。
11	RESET：模組重置腳，低電位動作，不用時可以空接。
12	3.3V：電源接腳，電壓範圍 3.0V~4.2V，典型值為 3.3V，工作電流小於 50mA。
13	GND：模組接地腳。
31	LED1：工作狀態指示燈，有三種狀態說明如下： 配對完成時，此腳輸出 2Hz 方波，也就是每秒快閃二下。 模組通電同時令 KEY 腳為高電位，此腳輸出 1Hz 方波（慢閃），表示進入 **AT 命令回應模式，使用 38400 bps 傳輸率。** 模組通電同時令 KEY 腳為低電位，此腳輸出 2Hz 方波（快閃），表示進入自動連線模式，使用 **9600bps 傳輸率。**如果再令 KEY 腳為高電位，可進入 **AT 命令回應模式，**但此腳仍輸出 2Hz 方波（快閃）。
32	LED2：配對指示燈，配對連線成功後，輸出高電位且 LED2 恒亮。
34	KEY：模式選擇腳，有兩種模式。 1. 當 KEY 為低電位或空接時，模組通電後進入自動連線模式。 2. 當 KEY 為高電位時，模組通電後進入 **AT 命令回應模式。**

15-4-2　含載板 HC-05 藍牙模組

　　為了減少使用者焊接的麻煩，元件製造商會將藍牙模組的 KEY、VCC、GND、TXD、RXD、RESET、LED1、LED2 等主要接腳，焊接組裝成如圖 15-21 所示含載板 HC-05 藍牙模組。不同製造廠商會有不同的引出接腳名稱，但大同小異。多數微控制器的工作電壓為 5V，而藍牙模組的**工作電壓為 3.3V。**載板內含一個 3.3V 的直流電壓調整 IC（LD33V），可將 5V 輸入電壓穩壓為 3.3V 以供電給藍牙模組使用。

(a) 模組外觀

(b) 接腳圖

圖 15-21　含載板 HC-05 藍牙模組

15-4-3 藍牙模組工作模式

藍牙模組分成**自動連線**及 **AT 命令回應**兩種工作模式，當藍牙模組的 KEY 腳為低電位或空接時，藍牙模組工作在自動連線模式。在自動連線模式下又可分成**主（Master）**、**從（Slave）**及**回應測試（Slave-Loop）**三種工作角色（ROLE）。Master 角色為主動連接，查詢周圍的藍牙從設備，以建立藍牙主、從設備間的數據通道。Slave 角色為被動連接，接收藍牙主設備連線請求以建立數據通道。而 Slave-Loop 角色為被動連接接收藍牙主設備數據並將數據原樣傳回。**使用藍牙模組前必須先進行配對，配對完成進行連線，連線成功後才能開始進行資料傳輸。**藍牙模組還沒有連線前的電流約為 30mA，連線後不論通訊與否的電流約為 8mA，沒有休眠模式。

15-4-4 藍牙模組參數設定

藍牙模組出廠時預設為**自動連線**模式，必須進入 **AT 命令回應**模式，才能設定藍牙模組的參數。設定藍牙模組 **KEY 腳高電位**，即可進入 **AT 命令回應**模式，執行所有 AT 命令，AT 命令使用 38400bps 傳輸率。**AT 命令不是透過藍牙無線傳輸來設定**，必須使用序列埠介面及通訊軟體（如 Arduino IDE）來設定藍牙參數。在 Arduino Uno 板上有一個序列埠介面 IC ATmega16u2，負責將 USB 信號轉換成 TTL 信號。進入 Arduino IDE 序列埠監控視窗後，設定使用 NL&CR（**結束字符「\r\n」**），就可以使用 AT 命令來設定所有藍牙參數。

AT 命令沒有大、小寫之分，只要輸入 AT 命令後再按 Enter⏎ 鍵，即可自動產生結束字符。不同廠商的 AT 命令可能會有些不同，在購買藍牙模組時必須向廠商索取或下載 AT 命令規格書。如表 15-5 所示 HC-05 藍牙模組常用 AT 命令說明，實際測試會比較容易了解指令功能。藍牙模組出廠時使用相同模組名稱 HC-05、HC-06 等，使用藍牙模組進行實驗前，必須先更改藍牙名稱，才不會互相干擾。

表 15-5 HC-05 藍牙模組常用 AT 命令說明

功能	AT 命令	回應	參數說明
模組測試	AT	OK	無
模組重置	AT+RESET	OK	無
查詢模組軟體版本	AT+VERSION?	+VERSION:參數 OK	軟體版本及製造日期
恢復出廠設定狀態	AT+ORGL	OK	無
取得模組位址	AT+ADDR?	+ADDR:參數	藍牙模組位址

功能	AT 命令	回應	參數說明
查詢模組名稱	AT+NAME?	+NAME:參數 OK	模組名稱
設定模組名稱	AT+NAME=參數	OK	模組名稱
查詢模組工作角色	AT+ROLE?	+ROLE:參數 OK	0:從 (Slave)(預設) 1:主 (Master) 2:回應 (Slave-Loop)
設定模組工作角色	AT+ROLE=參數	OK	同上
查詢模組配對碼	AT+PSWD?	+PSWD:參數 OK	配對碼(預設 1234)
設定模組配對碼	AT+PSWD=參數	OK	配對碼
查詢串列埠參數	AT+UART	+UART=參數 1,2,3 OK	參數 1:傳輸速率 參數 2:停止位元 參數 3:同位位元 預設值 9600,0,0
設定串列埠參數	AT+UART=參數 1,2,3	OK	參數 1:傳輸速率 4800,9600,19200, 38400,57600,115200, 230400,460800, 921600,1382400 參數 2:停止位元 0:1 位,1:2 位 參數 3:同位位元 0:None,1:Odd,2:Even
查詢連接模式	AT+CMODE?	+CMODE:參數 OK	0:指定位址(預設值) 1:任意位址 2:回應角色
設定連接模式	AT+CMODE=參數	OK	連接模式
查詢綁定藍牙位址	AT+BIND?	+BIND:參數 OK	綁定藍牙位址 00:00:00:00:00:00 (預設值)
設定綁定藍牙位址	AT+BIND=參數		綁定藍牙位址,在指定 藍牙位址時才有效。

15-4-5 兩個藍牙模組建立連線

藍牙模組可以分為主（Master）及從（Slave）兩種角色，HC-05 藍牙模組可以設定為主角色或從角色，出廠預設為從（Slave）角色，而 HC-06 藍牙模組只能當從（Slave）角色。在進行配對時，主端藍牙裝置可以主動連接其他的藍牙裝置，而從端藍牙裝置只能被動的等待主端藍牙裝置連接。

如果要讓兩個藍牙模組進行連線，至少要有一個是 HC-05 藍牙模組而且使用『AT+ROLE』命令將其設定為主角色（Master）。兩個藍牙進行連線通訊前，必須使用『AT+CMODE』命令將主端及從端兩個藍牙模組都設定為**連接指定藍牙位址**，並且使用『AT+UART』命令設定相同的傳輸率。每一個藍牙模組都有唯一的藍牙位址，可以先使用『AT+ADDR』命令取得從端的藍牙位址，主端再以『AT+BIND』命令來連結（bind）從端藍牙模組。設定完成後，在每次重新通電開機時，Arduino 不需再寫入任何程式碼，兩個藍牙模組就可以自動連線並且互相傳送資料。

15-4-6 認識手機藍牙模組

藍牙模組已經是智慧型行動裝置的基本配備，它可以讓您與他人分享檔案，也可以與其他藍牙裝置如耳機、喇叭等進行無線通訊。無論您想利用藍牙來做什麼工作，第一個步驟都是先將您的手機與其他藍牙裝置進行配對。所謂配對是指設定藍牙裝置而使其可以連線到手機的程序。以 Android 手機來說明配對程序。

STEP 1

1. 以 SAMSUNG A8 手機為例，開啟 Android 手機藍牙視窗。

2. 開啟（ON）藍牙裝置。

3. 按下搜尋開始尋找周圍藍牙裝置。

4. 在可用的裝置列表中，列出找到的藍牙裝置。點選 HC-05 進行配對。

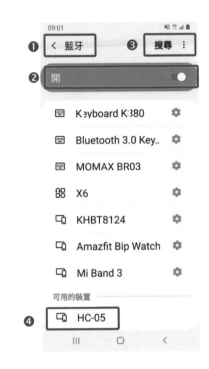

STEP 2

1. 出現『藍牙配對要求』視窗後，輸入數字密碼，預設密碼為 1234。

2. 輸入數字密碼後，按下『確定』完成配對。

STEP 3

1. 配對完成後，可以在配對裝置中看到 HC-05 藍牙裝置名稱。

15-4-7 認識 App Inventor 2

Android 中文名稱**安卓**，是由 Google 特別為行動裝置所設計，以 Linux 語言為基礎的開放原始碼作業系統，主要應用在**智慧型手機**和**平板電腦**等行動裝置上。Android 一字的原意為**機器人**，使用如圖 15-22 所示 Android 綠色機器人符號，代表一個輕薄短小、功能強大的作業系統。Android 作業系統完全免費，任何廠商可以不用經過 Google 的授權，即可任意使用，但必須尊重其智慧財產權。

圖 15-22　Android 綠色機器人符號

　　Android 作業系統支援鍵盤、滑鼠、相機、觸控螢幕、多媒體、繪圖、動畫、無線裝置、藍牙裝置、GPS 及加速度計、陀螺儀、氣壓計、溫度計等感測器。雖然使用 Android 原生程式碼來開發手機應用程式，是最能直接控制到這些裝置，但是繁雜的程式碼對於一個初學者來說往往是最困難的。所幸 Google 實驗室發展出 Android 手機應用程式的開發平台 App Inventor，捨棄複雜的程式碼，改用**視覺導向程式拼塊堆疊**來完成 Android 應用程式。Google 已於 2012 年 1 月 1 日將 App Inventor 開發平台移交給麻省理工學院（Massachusetts Institute of Technology，簡記 MIT）行動學習中心繼續維護開發，並於同年 3 月 4 日以 MIT App Inventor 名稱公佈使用。目前 MIT 行動學習中心已發表最新版本 App Inventor 2。本章所使用的手機端藍牙遙控程式即以 App Inventor 2 完成。

1. 安裝 App Inventor 2 開發工具

　　App Inventor 2 為**全雲端的開發環境**，所有動作都必須在瀏覽器上完成（建議使用 Google Chrome），在設計 Android App 應用程式之前，必須先註冊一個 Gmail 帳號，並且安裝完成 App Inventor 2 開發工具。

STEP 1

1. 輸入網址 appinventor.mit.edu/explore/ai2/windows.html 進入安裝畫面。

2. 點選 Download the installer 下載 App Inventor 2。

STEP 2

1. 在新視窗中點選 Download the installer，開始下載檔案。

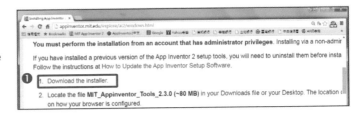

STEP 3

1. 下載完成後，執行 MIT_App_Inventor_Tools_2.3.0 _win_setup

2. 依對話方塊指示即可完成程式安裝。

3. 安裝完成後，就可以開始使用 App Inventor 2，來設計 App 應用程式。

2. 建立第一個 App Inventor 2 專案

本文主旨在討論如何使用 App Inventor 2 完成手機藍牙 App 程式，如果想要更詳細了解 App Inventor 2 的使用方法，請參考相關 App Inventor 2 的書籍說明。以下我們使用一個簡單的範例，讓您可以快速熟悉 App Inventor 2 的開發流程。

STEP 1

1. 使用 Chrome 瀏覽器，輸入網址 ai2.appinventor.mit.edu，頁面自動導向 Google 帳戶登入畫面。

2. 輸入註冊的帳號、密碼後，按下【登入】鈕。

STEP 2

1. 點選【Allow】鈕進入 App Inventor 2 專案管理畫面。

STEP 3

1. 點選【Projects→My projects→Start new project】鈕，建立一個新的專題。
2. 在專題名稱中輸入 firstApp 後，按【OK】鈕，完成建立專題的動作。

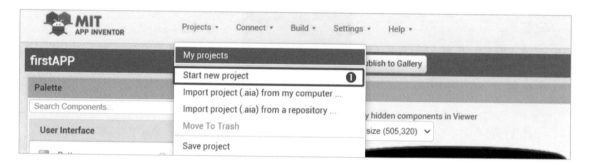

STEP 4

1. 專案名稱(Project)：新建的專案名稱 firstApp。
2. 元件面板(Palette)：直接將「元件面板」的元件拖曳至「工作面板」即可使用。
3. 工作面板(Viewer)：手機 App 程式顯示頁面，以**所見即所得**方式來設計手機介面。
4. 元件清單(Components)：工作面板所有放置的元件都會在元件清單出現。
5. 元件屬性(Properties)：選擇工作面板中某個元件，即可顯示該元件屬性。

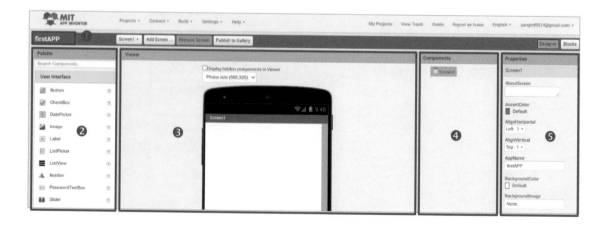

STEP **5**

1. 直接拖曳 Label 元件至工作面板中。

2. 在元件屬性（Properties）面板中，更改 Label 元件的屬性：勾選粗體（FontBold）、設定字型（FontSize）為 18、文字（Text）內容為 Hello,App Inventor 2、顏色（Color）為紅色。

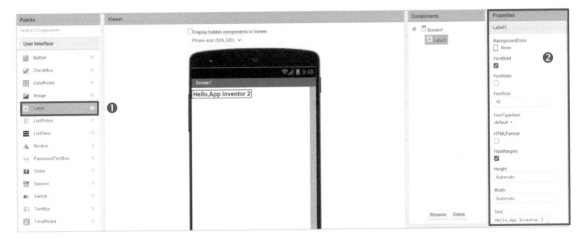

STEP **6**

1. 點選【Build→App(provide OR code for .apk)】建立 firstAPP 專案的 QR code。

2. 使用 QuickMark 等 QR code 掃描軟體掃描完成後，安裝並執行，即可在手機螢幕上顯示所設計專案 firstAPP 文字。

3. 如果不能順利安裝執行，必須開啟手機**設定→安全性→安裝未知應用程式**，允許手機使用不是 Play Store 的應用程式。

15-5　RF 無線

1901 年義大利科學家馬可尼（Guglielmo Marconi）成功將電磁波訊號由英國傳送通過 2500 公里的大西洋至加拿大紐芬蘭。這種電磁波訊號稱為**射頻**（Radio Frequency，簡記 RF）或**無線電頻率**，頻率在 300GHz 以下，是指在空間（包括空氣和真空）中傳播的電磁波，利用空間中電離層的反射，進行遠距離的傳輸。時至今日，無線電通訊與人類生活已經密不可分。如表 15-6 所示國際電信聯盟（International Telecommunication Union，簡記 ITU）無線電頻率劃分表，在 Arduino 無線應用電路中，經常使用 315MHz、433MHz 及 2.4GHz 等 RF 無線模組，主要應用於遙控開關、遙控插座、汽車防盜產品、家庭防盜產品、遙控電動門、無線耳機、遊戲控制器及 PC 無線周邊裝置，如無線滑鼠、無線鍵盤等。

表 15-6　國際電信聯盟 ITU 無線電頻率劃分表

波段	頻帶命名	頻率範圍	波長（公尺）	用途
超長波	特低頻（VLF）	3~30kHz	10^4~10^5	聲音
長波	低頻（LF）	30~300kHz	10^3~10^4	國際廣播
中波	中頻（MF）	300~3000kHz	10^2~10^3	AM 廣播
短波	高頻（HF）	3~30MHz	10~10^2	民間電台
超短波	特高頻（VHF）	30~300MHz	1~10	FM 廣播
微波	超高頻（UHF）	300~3000MHz	10^{-1}~1	電視、無線通訊
微波	極頻（SHF）	3~30GHz	10^{-2}~10^{-1}	電視廣播、雷達
微波	至高頻（EHF）	30~300GHz	10^{-3}~10^{-2}	遙控測量

15-5-1　TG-11 無線模組

TG-11 無線模組分為 315MHz 及 433MHz 兩種頻率，如圖 15-23 所示 TG-11 / 315MHz 無線模組，發射及接收使用不同模組。發射模組的發射距離 20~200 米，工作電壓 3~12V，使用振幅偏移調變（amplitude shift keying，簡記 ASK），利用載波振幅的大或小來區別所傳送的位元為邏輯 1 或 0，屬於 AM 調變。當傳送位元為邏輯 1 時才會有發射訊號，位元為邏輯 0 則不發射訊號，以節省功率消耗。接收模組工作電壓 5V，靜態電流 4mA，接收靈敏度-105dBm，值愈小代表靈敏度愈高。分貝毫瓦定義為 $10\log_{10}(\dfrac{P}{1mW})$，因此當 P=1mW 時，分貝毫瓦等於 0dBm。

RF 無線模組內含載板天線，可再外接 1/4 波長天線，以提高接收靈敏度。因為波速 $v=$波長$\lambda \times$頻率 f，所以 1/4 波長約等於 24cm，計算如下式：

$$\frac{1}{4}\lambda = \frac{1}{4}\frac{v}{f} = \frac{1}{4}\times\frac{3\times10^8}{315\text{MHz}} \cong 24\text{cm}$$

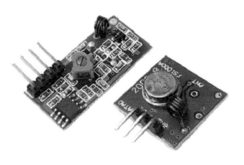

(a) 模組外觀　　　　　　　　　　　　　　(b) 接腳圖

圖 15-23　TG-11 / 315MHz 無線模組

在使用 RF 無線模組前，必須先下載如圖 15-24 所示 VirtualWire.h 函式庫，網址：http://electronoobs.com/eng_arduino_virtualWire.php。下載完成後，在 Arduino IDE 軟體中，點選【草稿碼→匯入程式庫→加入.zip 程式庫】加入 VirtualWire.h 函式庫。

圖 15-24　RF 無線模組函式庫

15-5-2　nRF24L01 無線模組

如圖 15-25 所示 nRF24L01 無線模組，發射及接收使用相同模組，載板內置天線，使用 ISM 開放頻段 2.4~2.4835GHz。工作電壓 1.9V~3.6V，在最大輸出功率 0dBm、TX 發射模式下的電流為 11.3mA。在最高速率 2Mbps、RX 接收模式下的輸出功率為-6dBm 和 12.3mA。具有 125 多頻點可以設定使用，滿足多點通信的需求。

 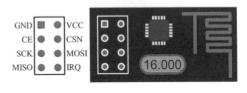

(a) 模組外觀　　　　　　　　　　　　　　(b) 接腳圖

圖 15-25　nRF24L01 無線收發模組

如表 15-7 所示 nRF24L01 無線模組接腳說明，使用 SPI 介面與微控制器建立通訊通道。MOSI 接 Arduino Uno 板的 D11，MISO 接 D12，SCK 接 D13，CE、CSN 可接任何腳，預設值 CE 接 D7，CSN 接 D8，IRQ 可以不接。

表 15-7　nRF24L01 無線模組接腳說明

接腳	名稱	功能說明
1	GND	接地腳。
2	VCC	電源腳，輸入範圍 1.9V~3.6V。
3	CE	致能腳，致能 RX 模式或 TX 模式。
4	CSN	SPI 介面的晶片選擇腳。
5	SCK	SPI 介面的時序(Clock)腳。
6	MOSI	SPI 介面的主出從入(master output slave input)腳。
7	MISO	SPI 介面的主入從出(master input slave output)腳。
8	IRQ	中斷請求腳。

在使用 nRF24L01 無線模組前，必須先下載如圖 15-26 所示 RF24-master 函式庫，下載網址：https://github.com/nRF24/RF24。下載完成後，在 Arduino IDE 軟體中，點選【草稿碼→匯入程式庫→加入.zip 程式庫】，將 RF24-master 函式庫加入。

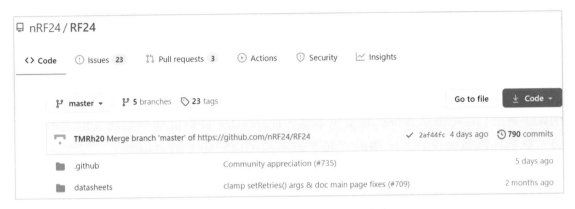

圖 15-26　nRF24L01 模組函式庫

如表 15-8 所示 TG-11 無線模組與 nRF24L01 無線模組的特性比較，因為訊號衰減與訊號頻率成正比，因此 TG-11 訊號衰減率會低於 nRF24L01。中低頻電磁波的能量比較低，所以 TG-11 需要消耗較大的電力，才能達到與 nRF24L01 相同的傳輸距離。

表 15-8　TG-11 無線模組與 nRF24L01 無線模組的特性比較

無線模組	TG-11 無線模組	nRF24L01 無線模組
工作頻率	315MHz / 433MHz	2.4GHz
傳輸距離	30~50 公尺（無障礙）	<30 公尺（無障礙）
繞射能力	高	弱
傳輸速率	低	高（最高 2Mbps）
方向性	低	高
可用頻段	各國開放規定不同	各國開放 ISM 2.4GHz 頻段
消耗功率	較高	較低

15-6　ZigBee

Zigbee 是由 Zigbee 聯盟所制定的一種無線網路標準，以低功率無線網路標準 **IEEE 802.15.4** 為基礎。ZigBee 聯盟的九家創始公司包括飛利浦、Honeywell、三菱電機、摩托羅拉、三星、BM Group、Chipcon、Freescale 及 Ember，擁有超過 70 位成員。Zigbee 是一種短距離、架構簡單、低消耗功率與低傳輸速率的無線通訊技術，傳輸距離約數十公尺,使用免費頻段 2.4GHz 及 900MHz,傳輸速率 10Kbps~250Kbps,網路架構具備 Master / Slave 屬性,可以達到雙向通訊功用。

Zigbee 與 IrDA 相比,IrDA 只能點對點通訊,而每個 ZigBee 網路最多可支持 255 個設備,也就是說**每個 ZigBee 設備最多可以與另外 254 台設備相連接**。與 Wi-Fi 相比,Wi-Fi 消耗功率高而且設備成本高,而 ZigBee 具有低功率消耗及低成本的優勢,在低耗電待機模式下,兩節普通 5 號電池可以使用 6 個月以上。

15-7 無線網路 Wi-Fi

所謂無線區域網路(Wireless Local Area Network,簡記 WLAN)是指由無線基地台(Access Point,簡記 AP)連結電信服務商的數據機(Modem)發射無線訊號,再由使用者電腦所裝設的無線網卡來接收訊號。因應無線區域網路的需求,美國電子電機工程師協會(IEEE)制定無線區域網路通訊標準 IEEE802.11,而無線網路(Wireless Fidelity,簡記 Wi-Fi)即是 IEEE802.11 標準的實現。Wi-Fi 的工作頻率是 2.4GHz,與無線電話、藍牙等無線設備,共享同一不需頻率使用許可證的頻段,最高速率可達 54Mbps。Wi-Fi 的應用相當廣泛,其中 **802.11g 版本被大多數無線網絡產品製造商選擇作為產品標準**。

15-8 函式說明

15-8-1 SoftwareSerial.h 函式庫

Arduino 硬體內建支援串列通訊 UART 功能,使用數位腳 D0 當做接收端(receiver,簡記 RX),數位腳 D1 當做傳送端(transmitter,簡記 TX)。有時我們可能需要使用多個串列埠,例如使用藍牙通訊,在 Arduino 編輯器中已內建 SoftwareSerial.h 函式庫,可以使用軟體來複製多個軟體串列埠,允許使用其他的數位接腳來進行串列通訊,最大傳輸速率可達 115200 bps。因為是使用軟體複製串列埠,所以 SoftwareSerial.h 函式庫的限制是:如果同時使用多個軟體串列埠時,**一次只能使用一個串列埠**傳輸資料。SoftwareSerial( ) 函式有 RX 及 TX 兩個參數必須設定,第一個參數 RX 是設定接收端所使用的數位接腳,第二個參數 TX 是設定傳送端所使用的數位接腳。

格式 `SoftwareSerial(RX,TX)`

範例

`byte val;`	`//宣告 byte 資料型態的變數 val。`
`#include <SoftwareSerial.h>`	`//使用 SoftwareSerial 函式庫。`
`SoftwareSerial mySerial(2,3);`	`//設定數位腳 2 為 RX，數位腳 3 為 TX。`

15-8-2 IRremote.h 函式庫

　　IRremote.h 是一個支援 Arduino **紅外線通訊的函式庫**，提供 IRreceiver 及 IRsender 兩種類別，用來傳送或接收紅外線的訊號。IRremote.h 函式庫可以使用 Arduino 板的**任意數位腳**來當做接收腳，所使用的紅外線接收器必須內含帶通濾波器（bandpass filter）。IrReceiver 物件是由 IRreceiver 類別所建立，功用是用來**接收紅外線訊號**。

1. begin( ) 函式

　　begin(IR_RECEIVE_PIN,ENABLE_LED_FEEDBACK) 函式用來**致能紅外線接收**，有兩個參數，IR_RECEIVE_PIN 參數用來設定 Arduino 板的接收數位腳，ENABLE_LED_FEEDBACK 參數值為 true，功用是致能 Arduino 板指示燈 L（D13）動作，當接收到紅外線訊號時，指示燈 L 會閃爍一下。因為紅外線是不可見光，使用指示燈 L 當作視覺回饋是很有用的一種方式。如果不使用 D13 的指示燈，可以將參數改寫成 DISABLE_LED_FEEDBACK 或 false。

格式 `IrReceiver.begin(IR_RECEIVE_PIN,ENABLE_LED_FEEDBACK)`

範例

`#include <IRremote.h>`	`//使用 IRremote 函式庫。`
`const int IR_RECEIVE_PIN = 2;`	`//使用數位腳 D2 當作紅外線訊號接收腳。`
`void setup( ) {`	
`    IrReceiver.begin(IR_RECEIVE_PIN,ENABLE_LED_FEEDBACK);`	`//致能紅外線接收。`
`}`	

2. decode( ) 函式

　　decode( ) 函式的功用是**接收並解碼紅外線訊號**。當正確接收到解碼的紅外線訊號時，可以使用 decodedIRData.protocol 讀取紅外線訊號的**協定**（**protocol**），使用 decodedIRData.address 讀取 8 位元的**位址碼**，使用 decodedIRData.command 讀取 8 位元的**指令碼**。每家廠商都有自己專屬的紅外線通訊協定，IRremote.h 函式庫支援多數通訊協定，如 NEC、Philips RC5、Philips RC6、SONY 等，如果是沒有支援的通訊協定，則傳回 UNKNOWN 解碼型式。如表 15-9 所示 IRremote.h 函式庫中的廠商代碼，共有 21 種廠商代碼，常用 **NEC 代碼為 5**。

表 15-9　IRremote.h 函式庫中的廠商代碼

代碼	廠商	代碼	廠商	代碼	廠商
0	UNKNOWN	8	KASEIKYO_JVC	16	SONY
1	DENON	9	KASEIKYO_DENON	17	APPLE
2	DISH	10	KASEIKYO_SHARP	18	BOSEWAVE
3	JVC	11	KASEIKYO_MITSUBISHI	19	LEGO_PF
4	LG	12	RC5	20	MAGIQUEST
5	NEC	13	RC6	21	WHYNTER
6	PANASONIC	14	SAMSUNG		
7	KASEIKYO	15	SHARP		

格式
```
IrReceiver.decodedIRData.protocol
IrReceiver.decodedIRData.address
IrReceiver.decodedIRData.command
```

範例
```cpp
#include <IRremote.h>                        //使用 IRremote 函式庫。
const int IR_RECEIVE_PIN = 2;               //使用數位腳 D2 當作紅外線訊號接收腳。
void setup( )
{
    Serial.begin(115200);                   //初始化序列埠，設定鮑率 115200bps。
    IrReceiver.begin(IR_RECEIVE_PIN,ENABLE_LED_FEEDBACK);//致能紅外線接收。
}
void loop( )
{
    if(IrReceiver.decode( ))                //正確接收到解碼的紅外線訊號。
    {
        Serial.print(IrReceiver.decodedIRData.protocol,HEX); //顯示協定。
        Serial.print(IrReceiver.decodedIRData.address,HEX);  //顯示位址碼。
        Serial.println(IrReceiver.decodedIRData.command,HEX);//顯示指令碼。
        IrReceiver.resume( );               //重新致能接收，接收下一筆紅外線訊號。
    }
}
```

3. printIRResultShort( ) 函式

IrReceiver.printIRResultShort(&Serial) 函式的功用是**讀取紅外線發射器的協定、按鍵位址碼、按鍵指令碼及 32 位元紅外線訊號原始數據**，&Serial 參數是將所得數據資料顯示於序列埠監控視窗中。

格式　`IrReceiver.printIRResultShort(&Serial)`

範例
```
IrReceiver.printIRResultShort(&Serial)//讀取並顯示協定、位址碼、指令碼及原始數據。
```

4. resume( ) 函式

使用 decode( ) 函式接收完紅外線訊號後，接收會停止，必須使用 resume( ) 函式來**重置 IR 接收器**，才能再接收下一筆紅外線訊號。

格式　`IrReceiver.resume( )`

範例
```
IrReceiver.resume( )          //重新致能接收，接收下一筆紅外線訊號。
```

15-8-3　VirtualWire.h 函式庫

VirtualWire.h 是一個支援 Arduino 的無線通訊函式庫，使用振幅偏移調變（amplitude shift keying，簡記 ASK）的通訊方式，支援多數廉價無線電發射機和接收機。VirtualWire.h 函式庫是由 Mike McCauley 所撰寫用來存取無線網路上的資料。VirtualWire.h 函式庫預設使用 Arduino 數位腳 D12 為傳送腳，數位腳 D11 為接收腳，**可重設使用其他數位腳**。

1. vw_set_tx_pin( ) 函式

vw_set_tx_pin(transmit_pin) 函式功用是**設定 RF 傳送模組的數據資料輸入腳 DIN**，參數 transmit_pin 可以設定資料輸入腳，預設為數位腳 D12。

格式　`vw_set_tx_pin(transmit_pin)`

範例
```
#include <VirtualWire.h>          //使用 VirtualWire 函式庫。
vw_set_tx_pin(3);                 //設定使用數位腳 D3 為傳送模組的資料輸入腳。
```

2. vw_set_rx_pin( ) 函式

vw_set_rx_pinr(eceive _pin) 函式功用是**設定 RF 接收模組的數據資料輸出腳 DOUT**，參數 receive _pin 可以設定資料輸出腳，預設為數位腳 D11。

格式　vw_set_rx_pin(receive _pin)

範例

#include <VirtualWire.h>	//使用 VirtualWire 函式庫。
vw_set_rx_pin(2);	//設定數位腳 D2 為接收模組的資料輸出腳。

3. vw_setup( ) 函式

vw_setup(speed) 函式功用是**初始化函式庫，並且設定傳送或接收的速率**。參數 speed 可以設定傳輸率（bits per second，簡記 bps），資料型態為 unsigned int。在使用 vw_setup( ) 函式之前，必須先設定完成所有接腳的配置。

格式　vw_setup(speed)

範例

#include <VirtualWire.h>	//使用 VirtualWire 函式庫。
vw_setup(2000);	//初始化函式庫，並且設定傳輸速率為 2000bps。

4. vw_send( ) 函式

vw_send(message,length) 函式功用是**設定所要傳送的字串資料及長度**。有 message、length 兩個參數必須設定，message 指向 byte 資料型態的陣列，而 length 是陣列的長度。

格式　vw_send(message,length)

範例

#include <VirtualWire.h>	//使用 VirtualWire 函式庫。
byte buf[ ]="hello";	
vw_send(buf,sizeof(buf));	//傳送 sizeof(buf) 長度的陣列 buf。

5. vw_wait_tx( ) 函式

vw_wait_tx( ) 函式功用是**等待數據資料完成傳送**，通常會在 vw_send( ) 函式之後使用，以確認資料能夠被正確傳送完成。

格式 vw_wait_tx( )

範例

#include <VirtualWire.h>	//使用 VirtualWire 函式庫。
byte buf[ ]="hello";	
vw_send(buf,sizeof(buf));	//傳送 sizeof(buf) 長度的陣列 buf。
vw_wait_tx( );	//等待資料傳送完成。

6. vw_rx_start( ) 函式

vw_rx_start( ) 函式功用是**啟動接收模組**。在接收模組接收資料之前,必須使用此函式啟動中斷程序,監控數據接收的情形。

格式 vw_rx_start( )

範例

#include <VirtualWire.h>	//使用 VirtualWire 函式庫。
void setup( )	
{	
vw_set_rx_pin(2);	//設定數位腳 D2 為接收模組的資料輸出腳。
vw_setup(2000);	//初始化函式庫,並且設定傳輸速率 2000bps。
vw_rx_start( );	//啟動接收程序。
}	
void loop( ) {	
}	

7. vw_get_message( ) 函式

vw_get_message(buf,len) 函式功用是**讀取長度 len 之陣列 buf 數據資料,並且存入緩衝區中**。buf 參數指向接收資料的陣列,len 參數為 buf 陣列的長度,巨集 VW_MAX_MESSAGE_LEN 預設長度為 80 位元組。如果數據資料接收正確則回傳 true,否則回傳 false。

格式 vw_get_message(buf,&buflen)

範例

#include <VirtualWire.h>	//使用 VirtualWire 函式庫。
byte buf[VW_MAX_MESSAGE_LEN];	//接收緩衝區。
byte len=VW_MAX_MESSAGE_LEN;	//接收緩衝區大小。
unsigned int speed=2000;	//傳輸率 2000bps。
void setup( )	
{	
vw_set_rx_pin(2);	//設定數位腳 D2 為接收模組的資料輸出腳。

```
        vw_setup(speed);                        //初始化函式庫,並且設定傳輸率為 2000bps。
        vw_rx_start( );                         //啟動接收程序。
}
void loop( )
{
        if(vw_get_message(buf,&len))
        {…}
}
```

8. vw_rx_stop( )

vw_rx_stop( ) 函式功用是**停止接收程序**。在 vw_rx_start( ) 函式再次被使用之前,不會收到任何訊息,以節省中斷處理周期。

15-8-4　RF.h 函式庫

RF.h 是一個支援 Arduino 的無線通訊函式庫,由 maniacbug 所撰寫用來支援 nRF2L01 無線模組,存取無線網路上的資料。

1. begin( ) 函式

begin( ) 函式功用是**啟動 nRF24L01 模組**,不用設定任何參數。

格式　begin( )

範例
```
#include "RF24.h"                   //使用 RF24 函式庫。
RF24 radio(9,10);                   //設定 D9 連接 CE 腳,D10 連接 CSN 腳。
radio.begin( );                     //啟動 nRF24L01 模組。
```

2. setChannel( ) 函式

setChannel(channel) 函式功用是**設定無線模組使用的無線電頻率,收、發端必須設定相同的頻率**。nRF24L01 晶片使用 2.4~2.525GHz 的 ISM 頻段範圍,參數 channel 可以設定的範圍是 0~125 其中一個頻率點,來當成通訊通道。依據我國電信技術規範,只能使用 2.4GHz~2.4835GHz 頻率範圍,發射功率在 1W 以下,實際 channel 的設定範圍只能在 0~83,例如設定 channel=83,選擇 2.483 GHz 頻率點為通訊通道。

格式　setChannel(channel)

範例
```
#include "RF24.h"                   //使用 RF24 函式庫。
RF24 radio(7, 8);                   //設定 D7 連接 CE 腳,D8 連接 CSN 腳。
```

```
radio.begin( );                         //啟動 nRF24L01 模組。
radio.setChannel(83);                   //設定無線電頻率為 2.483GHz。
```

3. openWritingPipe( ) 函式

　　openWritingPipe(pipe) 函式功用是**設定傳送通道的位址**。參數 addr 用來設定通道位址，格式為 5 個字元。不同通道的位址不能相同，第一個字元常使用數字來區分通道位址，例如 1Node、2 Node…、125Node。

格式　openWritingPipe(addr)

範例
```
#include "RF24.h"                       //使用 RF24 函式庫。
RF24 radio(9,10);                       //設定 D9 連接 CE 腳，D10 連接 CSN 腳。
const byte addr[ ] = "1Node";           //設定通道位址。
radio.openWritingPipe(addr);            //設定通道位址。
```

4. openReadingPipe( ) 函式

　　openReadingPipe(pipe,addr) 函式功用是**設定接收通道的編號及位址**。參數 pipe 用來設定通道的編號，最多有 6 個（編號 0~5）接收通道；參數 addr 用來設定通道的位址，格式為 5 個字元。不同通道的位址不能相同，第一個字元常使用數字來區分通道位址，例如 1Node、2 Node…、125Node。

格式　openReadingPipe(pipe,addr)

範例
```
#include "RF24.h"                       //使用 RF24 函式庫。
RF24 radio(7, 8);                       //設定 D7 連接 CE 腳，D8 連接 CSN 腳。
const byte addr[ ] = "1Node";           //設定通道位址。
const byte pipe = 1;                    //指定通道編號。
radio.openReadingPipe(pipe,addr);       //開啟通道編號及位址
```

5. stopListening( ) 函式

　　stopListening( ) 函式功用是**設定 nRF24L01 模組為 TX 發射模式**，不用設定任何參數。

格式　stopListening( )

範例
```
#include "RF24.h"
RF24 radio(9,10);                       //設定 D9 連接 CE 腳，D10 連接 CSN 腳。
radio.stopListening( );                 //設定為 TX 傳送模式。
```

6. startListening( ) 函式

startListening( ) 函式功用是**設定 nRF24L01 模組為 RX 接收模式**，不用設定任何參數。

格式 `startListening( )`

範例

```
#include "RF24.h"                    //使用 RF24 函式庫。
RF24 radio(9,10);                    //設定 D9 連接 CE 腳，D10 連接 CSN 腳。
radio.startListening( );             //設定為 RX 接收模式。
```

7. setPALevel( ) 函式

setPALevel(level) 函式功用是**設定傳輸功率**，level 參數有 RF24_PA_MIN（最小功率/-18dBm/7mA）、RF24_PA_LOW（低功率/-12dBm/7.5mA）、RF24_PA_HIGH（高功率/-6dBm/9mA）及 RF24_PA_MAX（最大功率/0dBm/11.3mA）四種傳輸功率可以設定。RF24 函式庫預設使用 **RF24_PA_MAX**（最大功率）。

格式 `setPALevel(level)`

範例

```
#include "RF24.h"                    //使用 RF24 函式庫。
RF24 radio(9,10);                    //設定 D9 連接 CE 腳，D10 連接 CSN 腳。
radio.setPALevel(RF24_PA_MIN);       //設定使用最小功率。
```

8. setDataRate( ) 函式

setPALevel( ) 函式功用是**設定資料傳輸速率**，參數 speed 有 RF24_250KBPS、RF24_1MBPS 及 RF24_2MBPS 三種，分別設定 250Kbps、1Mbps 及 2Mbps 三種傳輸速率。nRF24 晶片有 nRF2401 和 nRF2401+兩種型號，只有 nRF2401+才可以設定 250kbs 傳輸速率，nRF2401 不行。如果沒有執行 setDataRate( ) 函式，RF24 函式庫預設使用最高速 **RF24_2MBPS**。

格式 `setDataRate(speed)`

範例

```
#include "RF24.h"
RF24 radio(9,10);                      //設定 D9 連接 CE 腳，D10 連接 CSN 腳。
radio.setDataRate(RF24_PA_MIN);        //設定傳輸速率為 250Kbps。
```

9. write( ) 函式

write(buf,len) 函式功用是**傳送資料**，參數 buf 指向傳送資料緩衝區，參數 len 是傳送資料的長度。

格式 `write(buf,len)`

範例

```
#include "RF24.h"
RF24 radio(9,10);                          //設定 D9 連接 CE 腳，D10 連接 CSN 腳。
const char buf[ ] = "hello Arduino!";      //傳送資料緩衝區。
const byte addr[ ] = "1Node";              //通道名稱。
void setup( ) {
    radio.begin( );                        //啟動 nRF24L01 模組。
    radio.setChannel(83);                  //設定使用 2.483GHz 通道。
    radio.openWritingPipe(addr);           //設定通道名稱。
    radio.setPALevel(RF24_PA_MIN);         //設定傳輸功率為最小功率。
    radio.setDataRate(RF24_250KBPS);       //設定傳輸速率為 250Kbps。
    radio.stopListening( );                //停止監聽，設定為 TX 傳送模式。
}
void loop( ) {
    radio.write(&buf, sizeof(buf));        //傳送指向 buf 緩衝區的資料。
}
```

10. available( ) 函式

available(void) 函式功用是**檢測是否接收到資料**，沒有參數。如果接收到資料則回傳 true，如果沒有接收到資料則回傳 false。

格式 `read(buf,len)`

範例

```
#include "RF24.h"                          //使用 RF24 函式庫。
RF24 radio(9,10);                          //設定 D9 連接 CE 腳，D10 連接 CSN 腳。
void loop( ) {
    if (radio.available( )) {              //接收到資料？
        radio.read(&buf,sizeof(buf));      //讀取所接收的資料。
    }
```

11. read( ) 函式

read(buf,len) 函式功用是**接收資料**，參數 buf 指向接收資料緩衝區，參數 len 是接收資料的長度。

格式　read(buf,len)

範例

```
#include "RF24.h"                            //使用 RF24 函式庫。
RF24 radio(7, 8);                            //設定 D7 連接 CE 腳，D8 連接 CSN 腳。
const byte addr[ ] = "1Node";                //通道名稱。
const byte pipe = 1;                         //通道編號。
char buf[32]=" ";                            //接收資料緩衝區。
void setup( ) {
    radio.begin( );                          //啟動 nRF24L01 模組。
    radio.setChannel(83);                    //設定頻道編號
    radio.openReadingPipe(pipe,addr);        //開啟通道編號及位址。
    radio.setPALevel(RF24_PA_MIN);           //設定傳輸功率為最小功率。
    radio.setDataRate(RF24_250KBPS);         //設定傳輸速率為 250Kbps。
    radio.startListening( );                 //設定為 RX 接收模式。
}
void loop( ) {
    if (radio.available(&pipe))              //接收到資料?
        radio.read(&buf, sizeof(buf));
}
```

15-9　實作練習

15-9-1　讀取低頻 RFID 標籤卡號實習

功能說明

如圖 15-27 所示電路接線圖，使用 Arduino 板配合低頻 RFID 讀卡模組，讀取低頻 RFID 標籤卡號，當正確讀取到卡號時，蜂鳴器產生短嗶聲，並且將標籤 UID 碼顯示在序列埠監控視窗中。本例使用如圖 15-27 所示 Parallax 公司生產的 RFID 讀卡機（#28140），使用 125kHz 低頻無線載波，提供標準串列通訊介面，輸出 TTL 電位，傳輸速率為 2400bps，通訊距離在 10 公分以內。使用者可以不必了解協定標準及底層的驅動方式，只需利用串列通訊接收，即可實現對卡片的所有操作。

電路接線圖

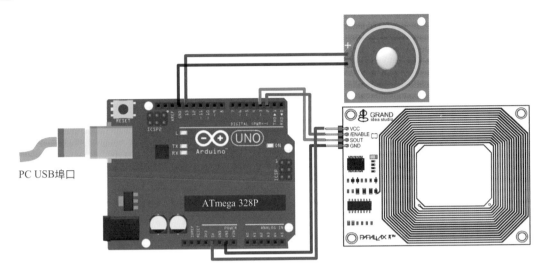

圖 15-27　讀取低頻 RFID 標籤卡號實習電路圖

程式：ch15_1.ino

```
#include <SoftwareSerial.h>        //使用 SoftwareSerial 函式庫複製硬體串列埠。
SoftwareSerial mySerial(3,4);      //設定數位腳 D3 為 RX，數位腳 D4 為 TX。
const int startByte=10;            //RFID 卡號開始位元。
const int stopByte=13;             //RFID 卡號結束位元。
const int tagLength=10;            //RFID 卡號資料長度為 10 位元組。
const int enable=2;                //數位腳 D2 連接至 RFID 模組致能腳。
const int sp=13;                   //數位腳 D13 連接至喇叭輸出腳。
char tag[tagLength+1];             //儲存 RFID 卡號緩衝區。
int index=0;                       //卡號索引值。
//初值設定
void setup( ) {
    Serial.begin(9600);           //初始化硬體序列埠，設定鮑率為 9600bps。
    mySerial.begin(2400);         //初始化軟體序列埠，設定鮑率為 2400bps。
    pinMode(enable, OUTPUT);      //設定數位 D2 為輸出模式。
    digitalWrite(enable, LOW);    //致能 RFID 模組。
}
//主迴圈
void loop( ) {
    if(mySerial.available( )>tagLength+2)    //接收到正確 RFID 卡號？
    {
        if(mySerial.read( )==startByte)      //卡號第一位元組為開始碼 10？
        {
```

```
        index=0;                              //開始讀取卡號。
        while(index<tagLength)                //已讀完 10 位元組卡號?
        {
            tag[index]=mySerial.read( ); //繼續讀取卡號。
            index++;                          //下一位卡號。
        }
        if(mySerial.read( )==stopByte)    //卡號最後一位元組為結束碼 13?
        {
            tag[index]=0;                     //清除緩衝區。
            Serial.print("RFID tag is: "); //顯示 RFID 的 10 位元組卡號。
            Serial.println(tag);
            tone(sp,1000);                    //發出嗶聲。
            delay(100);
            noTone(sp);
            digitalWrite(enable,HIGH);
            delay(2000);
            digitalWrite(enable,LOW);
            while(mySerial.available( )) //清除序列埠緩衝區,避免重複讀取。
                mySerial.read( );
        }
    }
  }
}
```

練習

1. 使用 Arduino 板配合低頻 RFID 模組,讀取 RFID 標籤卡號,正確讀取 RFID 標籤卡號時,蜂鳴器產生短一次短嗶聲,同時綠燈(D12)閃爍一下。RFID 卡號會顯示在序列埠監控控視窗中。

2. 使用 Arduino 板配合低頻 RFID 模組,讀取 RFID 標籤卡號,正確讀取 RFID 標籤卡號時,蜂鳴器產生一次短嗶聲,同時綠燈(D12)閃爍一下。當讀取的 RFID 標籤卡號錯誤時,蜂鳴器產生兩次短嗶聲,同時紅燈(D11)閃爍一下。

15-9-2　門禁管理系統實習

■ 功能說明

　　如圖 15-28 所示電路接線圖,使用 Arduino 板配合低頻 RFID 模組,設計大樓門禁管理系統。當所讀取的 RFID 標籤卡號是大樓住戶,則蜂鳴器短嗶一聲,同時綠燈閃爍一下。當所讀取的 RFID 標籤卡號不是大樓住戶，則蜂鳴器短嗶三聲，同時紅燈閃爍三下。所讀取的標籤資料會顯示在序列埠監控制視窗中。

二 電路接線圖

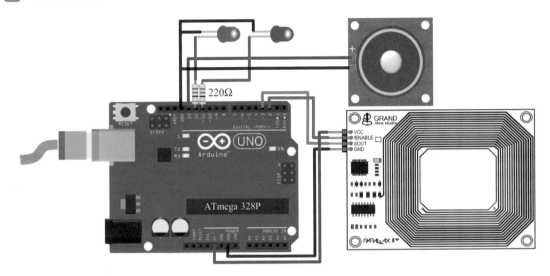

圖 15-28　門禁管理系統實習電路圖

三 程式：ch15_2.ino

```
#include <SoftwareSerial.h>          //使用 SoftwareSerial 函式庫複製硬體串列埠。
SoftwareSerial mySerial(3,4);        //設定數位腳 D3 為 RX，數位腳 D4 為 TX。
const int startByte=10;              //RFID 卡號開始位元。
const int stopByte=13;               //RFID 卡號結束位元。
const int tagLength=10;              //RFID 卡號資料長度為 10 位元組。
const int enable=2;                  //數位腳 D2 連接至 RFID 模組致能腳。
const int Rled=11;                   //數位腳 D11 連接紅色 LED 正端。
const int Gled=12;                   //數位腳 D12 連接綠色 LED 正端。
const int sp=13;                     //數位腳 D13 連接至喇叭輸出腳。
char tag[tagLength+1];               //儲存 RFID 卡號緩衝區。
int index=0;                         //卡號索引值。
const int number=5;                  //住戶人數。
int serialNum=-1;                    //卡號。
char tag[tagLength+1];               //卡號儲存緩衝區。
char card[number][tagLength+1]=      //住戶卡號。
{"25005F805B","25005F40BB","25005F71AB","25005F45D5","25005F6707"};
//初值設定
void setup( )
{
```

```
    Serial.begin(9600);              //初始化硬體序列埠,設定鮑率 9600bps。
    mySerial.begin(2400);            //初始化軟體序列埠,設定鮑率 2400bps。
    pinMode(enable,OUTPUT);          //設定 D2 為輸出模式,控制 RFID 模組。
    pinMode(Rled,OUTPUT);            //設定 D11 為出模式,控制紅色 LED。
    pinMode(Gled,OUTPUT);            //設定 D12 為出模式,控制綠色 LED。
    digitalWrite(enable,LOW);        //致能 RFID 模組。
    digitalWrite(Gled,LOW);          //關閉紅色 LED。
    digitalWrite(Rled,LOW);          //關閉綠色 LED。
}
//主迴圈
void loop( )
{
    if(mySerial.available( )>=tagLength+2)    //接收到正確 RFID 卡號?
    {
        if(mySerial.read( )==StartByte)       //卡號第一位元組為開始碼 10?
        {
            index=0;                          //開始讀取卡號。
            while(index<tagLength)            //已讀完 10 位元組卡號?
            {
                tag[index]=mySerial.read( );  //讀取卡號資料。
                index++;                      //下一位卡號。
            }
            if(mySerial.read( )==StopByte)    //卡號最後一位元組為結束碼 13?
            {
                tag[index]=0;
                Serial.print("RFID tag is: "); //顯示 10 位元組卡號。
                Serial.println(tag);
                compTag( );                    //比對是否為大樓住戶卡號。
            }
        }
    }
}
//卡號比較函式
void compTag(void)                            //卡號比對函式。
{
    bool exact;                               //exact=0:非住戶,exact=1:住戶。
    int i,j;
    serialNum=-1;                             //清除序號。
    for(i=0;i<number;i++)                     //5 位住戶。
    {
```

```
        exact=1;                      //預設為大樓住戶。
        for(j=0;j<tagLength;j++)       //比對訪客卡號是否為大樓住戶。
        {
            if(tag[j] != card[i][j])   //若其中一位卡號不符，即非大樓住戶。
                exact=0;              //比對不相同，設定 exact=0。
        }
        if(exact==1)                 //卡號相同？
            serialNum=i;            //紀錄卡號的序號。
    }
    if(serialNum>=0)                 //大樓住戶？
    {
        digitalWrite(Gled,HIGH);    //大樓住戶，短嗶一聲，且綠色 LED 閃爍一下。
        digitalWrite(Rled,LOW);
        tone(sp,1000);
        delay(100);
        digitalWrite(Gled,LOW);
        digitalWrite(Rled,LOW);
        noTone(sp);
    }
    else                             //非大樓住戶。
    {
        for(i=0;i<3;i++)             //短嗶三聲，且紅色 LED 閃爍三下。
        {
            digitalWrite(Gled,LOW);
            digitalWrite(Rled,HIGH);
            tone(sp,500);
            delay(100);
            digitalWrite(Gled,LOW);
            digitalWrite(Rled,LOW);
            noTone(sp);
            delay(100);
        }
    }
    digitalWrite(enable,HIGH);       //除能 RFID 模組 2 秒，消除誤動作。
    delay(2000);
    digitalWrite(enable,LOW);
    serialNum=-1;                    //清除訪客序號。
    while(mySerial.available( ))      //清除序列埠緩衝區，避免重複讀取。
        mySerial.read( );
}
```

練習

1. 接續範例，使用 I2C 串列式 LCD 模組顯示訪客卡號如下圖 15-29 所示。

(a) 大樓住戶

(b) 非大樓住戶

圖 15-29　顯示訪客卡號

2. 接續範例，使用 Arduino 板數位腳 D10 控制如圖 15-30 所示大樓電鎖電路，當訪客是大樓住戶則開啟電鎖 2 秒後關閉，當訪客非大樓住戶則關閉電鎖。

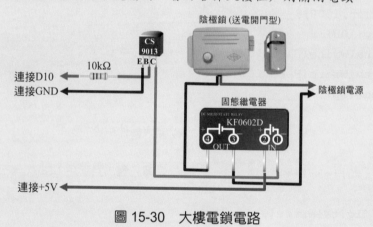

圖 15-30　大樓電鎖電路

15-9-3　讀取高頻 RFID 標籤卡號實習

一 功能說明

　　如圖 15-31 所示讀取高頻 RFID 標籤卡號電路接線圖，使用 Arduino 控制板配合 13.56MHz 高頻 RFID 讀卡機。當正確讀取到標籤卡號時，蜂鳴器產生短嗶聲、綠色 LED 閃爍一下，同時將標籤卡號顯示在序列埠監控視窗中。

電路接線圖

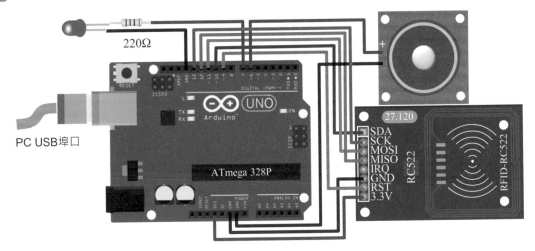

圖 15-31　讀取高頻 RFID 標籤卡號電路接線圖

程式：ch15_3.ino

```
#include <SPI.h>                     //使用 SPI 函式庫。
#include <MFRC522.h>                 //使用 MFRC522 函式庫。
const int sp=6;                      //數位腳 D6 連接至蜂鳴器。
const int led=7;                     //數位腳 D7 連接至 LED 正端。
const int RST_PIN=9;                 //數位腳 D9 連接至 RFID 模組的 RST 腳。
const int SS_PIN=10;                 //數位腳 10 連接至 RFID 模組的 SDA 腳
int i;                               //整數變數 i。
MFRC522 rfid(SS_PIN,RST_PIN);        //初始化 RFID 模組。
//初值設定
void setup( )
{
    Serial.begin(9600);             //初始化 Arduino 序列埠，速率為 9600bps
    SPI.begin( );                   //初始化 SPI 介面。
    rfid.PCD_Init( );               //初始化 RFID 模組。
    pinMode(led,OUTPUT);            //設定 D7 為輸出模式。
    digitalWrite(led,LOW);          //關閉 LED。
}
//主迴圈
void loop( )
{
    if(rfid.PICC_IsNewCardPresent( ))    //感應到 RFID 卡片？
    {
        if(rfid.PICC_ReadCardSerial( ))  //已讀取到 RFID 卡號？
```

```
        {
            int size=rfid.uid.size;        //RFID 卡號長度。
            for(i=0;i<size;i++)            //讀取 RFID 卡號並顯示。
            {
                Serial.print(rfid.uid.uidByte[i],HEX);
                Serial.print(" ");
            }
            Serial.println("");            //換列。
            tone(speaker,1000);            //發出 1kHz 嗶聲。
            digitalWrite(led,HIGH);        //LED 閃爍一下。
            delay(200);
            noTone(speaker);
            digitalWrite(led,LOW);
        }
        rfid.PICC_HaltA( );                //讀卡機進入待機狀態,避免重複讀取。
        delay(1000);                       //延遲 1 秒。
    }
}
```

練習

1. 接續範例,使用 Arduino 控制板配合高頻 RFID 讀卡機及 I2C 串列式 LCD 模組。當正確讀取到標籤卡號時,蜂鳴器產生一次短嗶聲、綠色 LED(D7)閃爍一下,同時將標籤卡號顯示在序列埠監控視窗及串列式 LCD 模組中。當所讀取的 RFID 標籤卡號錯誤時,蜂鳴器產生兩次短嗶聲、紅色 LED(D8)閃爍兩下。
2. 接續範例,使用 Arduino 板數位腳 D5 控制如圖 15-20 所示大樓電鎖電路,當訪客是大樓住戶則開啟電鎖 2 秒後關閉,當訪客非大樓住戶則關閉電鎖。

15-9-4 紅外線傳輸實習

功能說明

　　如圖 15-33 所示電路接線圖,使用 Arduino 板配合紅外線接收模組,讀取如圖 15-32 所示紅外線發射器的協定、按鍵位址碼及按鍵指令碼,並且顯示於序列埠監控視窗中。如果紅外線接收模組接收到訊號時,Arduino 板數位腳 D13 內接的 LED 會閃爍一下,指示接收狀態。依序輸入按鍵 1、2、3、4,所得指令碼分別為 0xC、0x18、0x5E、0x8。

圖 15-32　紅外線發射器

電路接線圖

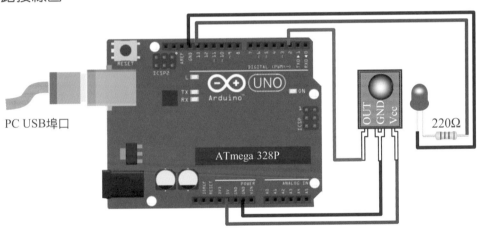

圖 15-33　紅外線接收模組實習電路圖

程式：ch15_4.ino

```
#include <IRremote.h>                    //使用 IRremote 函式庫。
const int IR_RECEIVE_PIN = 2;            //使用數位腳 D2 接收紅外線訊號。
//初值設定
void setup( )
{
    Serial.begin(115200);               //初始化序列埠，設定鮑率 115200bps。
    IrReceiver.begin(IR_RECEIVE_PIN,ENABLE_LED_FEEDBACK);//致能紅外線接收。
}
//主迴圈
void loop( )
```

```
{
    if(IrReceiver.decode( ))                        //接收到正確的紅外線訊號?
    {
        Serial.print(IrReceiver.decodedIRData.protocol,HEX);//顯示紅外線協定。
        Serial.print(IrReceiver.decodedIRData.address,HEX);//顯示位址碼。
        Serial.println(IrReceiver.decodedIRData.command,HEX);//顯示指令碼。
        IrReceiver.resume( );                  //重啟紅外線接收模組,接收下一筆紅外線資料
    }
}
```

練習

1. 使用 Arduino 板配合紅外線接收模組,讀取如圖 15-24 所示紅外線發射器的協定、按鍵位址碼、按鍵指令碼及 32 位元按鍵原始碼,並且顯示於序列埠監控視窗中。

2. 設計 Arduino 程式,使用紅外線發射器配合 Arduino 板及紅外線接收模組,控制一個 LED 的亮/暗狀態,每按一下按鍵 1,LED 的狀態會改變。

15-9-5 紅外線家電控制實習

━ 功能說明

　　如圖 15-35 所示電路接線圖,使用紅外線發射器配合 Arduino 板及紅外線接收模組,控制如圖 15-34 所示繼電路器模組。繼電路模組輸入腳 S 連接至 Arduino 板的數位腳 D4,模組輸入+端連接至+5V,模組輸入−端接地。繼電路模組輸出有 COM、NC 及 NO 三支腳,可以控制最大 250V 交流負載,當繼電器未激磁時,COM 與常閉腳(normal close,簡記 NC)連通,當繼電器激磁時,COM 與常開腳(normal open,簡記 NO)連通。本例必須先執行前節程式,取得按鍵 1 的指令碼。系統重置時,繼電器未激磁則 COM 與 NC 連接,按鍵 1 可以切換繼電器的狀態,每按一次按鍵 1,繼電器將在激磁與未激磁間切換。

  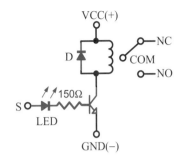

(a) 模組外觀　　　　　(b) 模組接腳圖　　　　　(c) 模組電路圖

圖 15-34　繼電器模組

▤ 電路接線圖

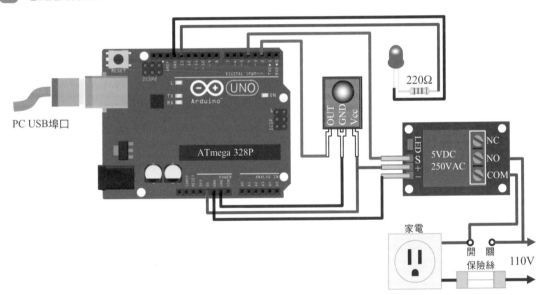

圖 15-35　紅外線家電控制實習電路圖

▤ 程式：ch15_5.ino

```
#include <IRremote.h>              //使用 IRremote 函式庫。
const int IR_RECEIVE_PIN = 2;      //使用數位腳 D2 接收紅外線訊號。
const int relay=4;                 //數位腳 D4 連接至繼電器模組輸入端 S。
bool on=0;                         //繼電器狀態，on=0：未激磁，on=1：激磁。
//初值設定
void setup( )
{
    pinMode(relay,OUTPUT);         //設定 D4 為輸出模式。
```

```
        digitalWrite(relay,LOW);        //重置繼電器未激磁。
        IrReceiver.begin(IR_RECEIVE_PIN,ENABLE_LED_FEEDBACK);//致能紅外線接收。
}
//主迴圈
void loop( )
{
        if(IrReceiver.decode( ))         //接收到正確的紅外線訊號？
        {
            if(IrReceiver.decodedIRData.command==0xC)     //按下按鍵1？
                on=!on;                     //切換繼電器狀態(激磁/未激磁)。
            digitalWrite(relay,on);  //設定繼電器狀態。
            delay(300);                     //按鍵重複間隔時間約100ms，延遲300ms除彈跳
        }
        IrReceiver.resume( );         //重啟紅外線接收模組，接收下一筆紅外線資料
}
```

練習

1. 使用紅外線發射器按鍵 1~4 配合 Arduino 板及紅外線接收模組，控制四組（D4~D7）繼電路器模組。

2. 接續上題，增加四個（D8~D11）指示燈，指示繼電器模組狀態，當繼電器激磁導通時，指示燈亮；當繼電器未激磁時，指示燈不亮。

15-9-6 藍牙參數設定實習

一 功能說明

　　如圖 15-36 所示電路接線圖，將 **KEY 腳連接至高電位**，在藍牙模組通電後就會進入藍牙的 **AT 命令回應模式**，此時 LED1 指示燈由快閃變成慢閃狀態。將 ch15-6.ino 草稿碼上傳至 Arduino 控制板後，再打開**序列埠監控視窗**，就可以在監控視窗的輸入欄位中輸入 AT 命令來設定藍牙參數。

電路接線圖

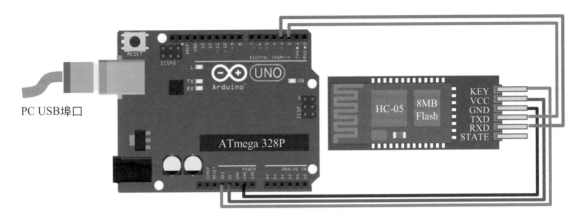

PC USB埠口

圖 15-36　藍牙參數設定實習電路接線圖

程式：ch15_6.ino

```
#include <SoftwareSerial.h>              //使用 SoftwareSerial 函式庫。
SoftwareSerial BTserial(2,3);           //設定 D2 為 RXD 腳，D3 為 TXD 腳。
//初值設定
void setup( )
{
    Serial.begin(9600);                 //設定序列埠傳輸速率為 9600bps。
    BTserial.begin(38400);              //設定藍牙傳輸速率為 38400bps。
}
//主迴圈
void loop( )
{
    if(BTserial.available( ))           //接收到藍牙模組傳送的數據資料？
        Serial.write(BTserial.read( )); //讀取藍牙數據。
    else if(Serial.available( ))        //序列埠接收到 AT 命令？
        BTserial.write(Serial.read( )); //將 AT 命令傳給藍牙模組。
}
```

1. 測試藍牙模組

STEP 1

1. 開啟 CH15-6.ino 草稿碼,並且上傳至 Arduino 板中。

2. 開啟『序列埠監控視窗』。

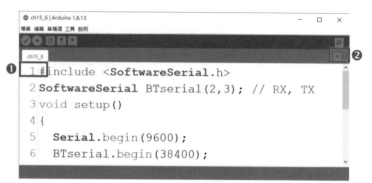

```
1 #include <SoftwareSerial.h>
2 SoftwareSerial BTserial(2,3); // RX, TX
3 void setup()
4 {
5    Serial.begin(9600);
6    BTserial.begin(38400);
```

STEP 2

1. 設定序列埠傳輸速率為 9600bps

2. 選擇【NL&CR】,才能執行 AT 命令。

3. 在傳送欄位中輸入『AT』命令並按下鍵盤『ENTER』鍵。

4. 如果連線正常,藍牙回應『OK』。

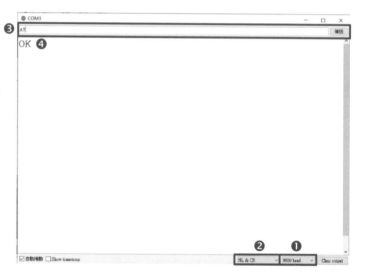

2. 查詢藍牙模組名稱

STEP 1

1. 在傳送欄位中輸入『AT+NAME』命令並按下鍵盤『ENTER』鍵。

2. 若藍牙模組接收到命令,會回傳模組名稱『+NAME:HC-05』及『OK』訊息,出廠預設名稱為 HC-05(視廠商不同而異)。

3. 設定藍牙模組名稱

STEP 1

1. 在傳送欄位中輸入『AT＋NAME＝BTremote』命令並按下鍵盤『ENTER』鍵。

2. 若藍牙模組接收到命令,會回傳『OK』訊息。

3. 再使用『查詢藍牙模組名稱』查詢是否為 BTremote。

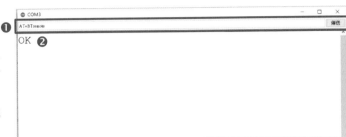

4. 查詢藍牙工作角色

STEP 1

1. 在傳送欄位中輸入『AT＋ROLE』命令並按下電腦鍵盤『ENTER』鍵。

2. 藍牙回傳『＋ROLE:1』及『OK』訊息。1:表示藍牙模組為主(Master)角色。若回傳 0 則表示藍牙模組為從角色。

練習

1. 設計如圖 15-31 所示藍牙參數設定電路接線圖,連線完成後更改藍牙名稱為 BT01。

2. 如圖 15-31 所示藍牙參數設定電路接線圖,連線完成後查詢並且設定藍牙序列埠傳輸速率為 9600bps。

15-9-7　手機藍牙家電控制實習

━ 功能說明

如圖 15-37 所示電路接線圖,使用手機 App 應用程式,配合 Arduino 板及藍牙模組,控制一組家電開關。當開關接通 ON,則 LED 點亮;當開關斷開 OFF,則 LED 不亮。

二 電路接線圖

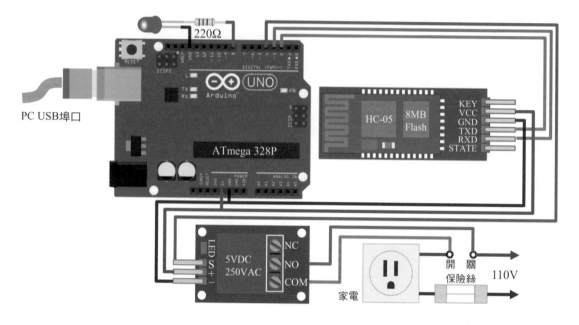

圖 15-37　手機藍牙家電控制實習電路圖

三 程式：ch15_7.ino

`#include <SoftwareSerial.h>`	//使用軟體串列埠函式庫。
`SoftwareSerial BTserial(2,3);`	//設定 D2 為 RXD 腳，D3 為 TXD 腳。
`bool logic=0;`	//開關狀態，logic=0：OFF，logic=1：ON。
`const int relay=4;`	//D4 控制繼電器模組。
`const int led=8;`	//D8 連接 LED。
`char val;`	//藍牙數據。
`//初值設定`	
`void setup( ) {`	
`    BTserial.begin(9600);`	//設定藍牙通訊傳輸率為 9600bps。
`    pinMode(relay,OUTPUT);`	//設定 D4 為輸出模式。
`    digitalWrite(relay,LOW);`	//關閉繼電器模組。
`    pinMode(led,OUTPUT);`	//設定 D8 為輸出模式。
`    digitalWrite(led,LOW);`	//關閉 LED。
`}`	
`//主迴圈`	
`void loop( ) {`	
`    if(BTserial.available( ))`	//接收到藍牙數據？
`    {`	
`        val=BTserial.read( );`	//讀取藍牙數據字元。

```
    if(val=='0')                    //字元為 0?
    {
        logic=!logic;               //開關切換 ON/OFF 狀態。
        if(logic==0)                //logic=0?
        {
            digitalWrite(led,LOW);      //LED 不亮。
            digitalWrite(relay,LOW);    //繼電器 OFF。
        }
        else                        //logic=1。
        {
            digitalWrite(led,HIGH);     //LED 點亮。
            digitalWrite(relay,HIGH);   //繼電器 ON。
        }
    }
}
```

1. 手機藍牙家電控制 App 程式：BTrelay.aia

　　如圖 15-38(a) 所示手機藍牙家電控制手機 App 程式 QR code，使用手機 QR code 掃描並安裝或是在 App Inventer 2 視窗下點選【Projects→Import project(.aia) from my computer】開啟 BTrelay.aia。掃描及安裝完成後，進入如圖 15-38(b) 所示畫面，點選**連線**並選擇連線藍牙裝置 HC-05 模組，藍牙模組燈號連線後，閃爍速度會變慢。

(a) QR code

(b) 手機畫面

圖 15-38　手機藍牙定電控制手機介面

2. 手機藍牙家電控制 App 程式拼塊說明

(1) 初值設定

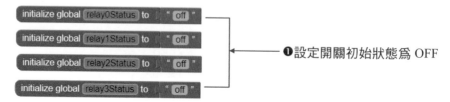

❶ 設定開關初始狀態爲 OFF

(2) 初始化

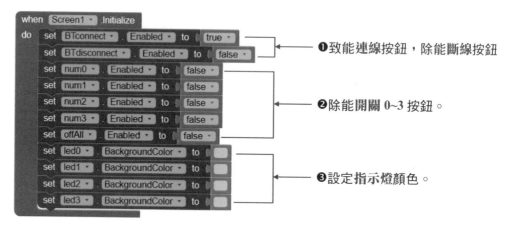

❶ 致能連線按鈕，除能斷線按鈕

❷ 除能開關 0~3 按鈕。

❸ 設定指示燈顏色。

(3) 藍牙連線前設定

❶ 列出可用藍牙裝置。

(4) 藍牙連線後設定

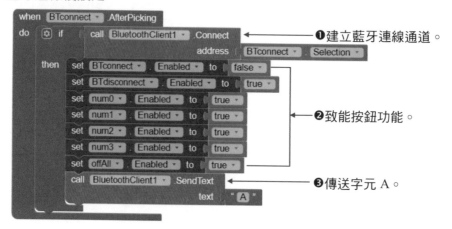

❶ 建立藍牙連線通道。

❷ 致能按鈕功能。

❸ 傳送字元 A。

(5) 藍牙斷線設定

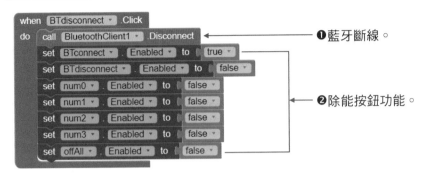

❶藍牙斷線。

❷除能按鈕功能。

(6) 按下開關 0~3 按鈕後的設定

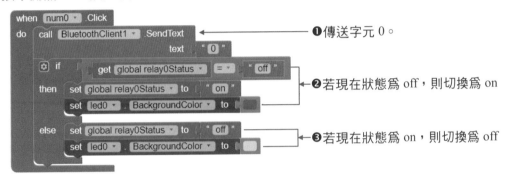

❶傳送字元 0。

❷若現在狀態為 off，則切換為 on

❸若現在狀態為 on，則切換為 off

練習

1. 設計 Arduino 程式，使用手機 App 應用程式，配合 Arduino 板及藍牙模組，控制四組家電開關。當開關接通時，LED 點亮；當開關斷開時，LED 不亮。繼電器模組由 D4~D7 控制，LED 連接在 D8~D11。

15-9-8　藍牙家電控制實習

🔵 功能說明

　　使用兩組 Arduino 板及藍牙模組完成藍牙家電控制發射電路及接收電路。如圖 15-39 所示藍牙家電控制發射電路圖，藍牙模組名稱 BT01，設定為**主（Master）角色（ROLE=1）**，使用草稿碼 15_8_T.ino。如圖 15-40 所示藍牙家電控制接收電路圖，藍牙模組名稱 BT02，設定為**從（Slave）角色（ROLE=0）**，使用草稿碼 15_8_R.ino。兩個藍牙模組必須設定**相同傳輸率**（如 9600bps）、**指定藍牙位址**（CMODE=0）及**綁定藍牙位址**，才能正確傳輸數據。

　　發射電路每按一次按鍵開關 SW0~SW3，除了發射電路相對應指示燈 L0~L3 改變 ON/OFF 狀態，同時發射電路的藍牙模組傳送相對應控制字元 0~3 給接收電路。當接收電路接收到控制字元 0~3 時，同步改變接收電路相對應指示燈 L0~L3 的 ON/OFF 狀態及繼電器 RELAY0~RELAY3 的 ON/OFF 狀態。

■ 電路接線圖

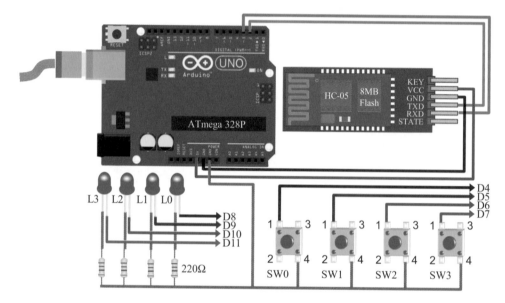

圖 15-39　藍牙家電控制發射電路圖

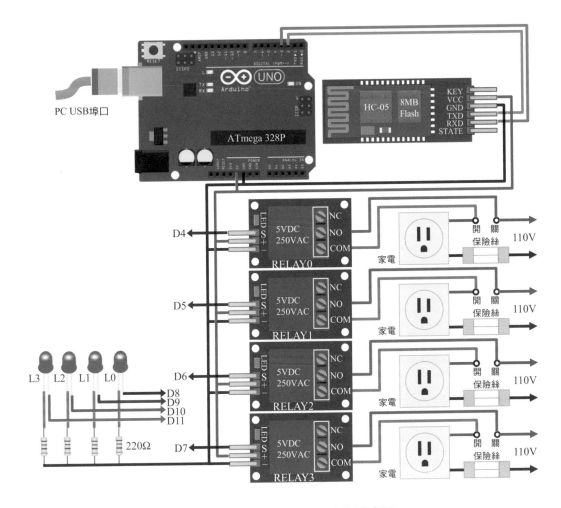

圖 15-40　藍牙家電控制接收電路圖

1. 從端藍牙模組設定步驟

如圖 15-36 所示藍牙參數設定實習電路接線圖，將 HC-05 藍牙模組與 Arduino 控制板正確連接，並且依下列步驟完成設定。

STEP 1

1. 開啟 ch15_6.ino 草稿碼並且上傳至 Arduino Uno 中。

```
ch15_6 | Arduino 1.8.13                          −   □   ×
檔案 編輯 草稿碼 工具 說明

ch15_6
1 #include <SoftwareSerial.h>
2 SoftwareSerial BTserial(3,4); // RX, TX
3 void setup()
4 {
5   Serial.begin(9600);
6   BTserial.begin(38400);
```

STEP 2

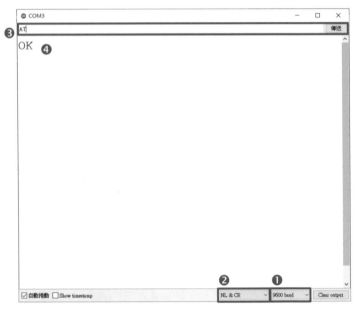

1. 開啟序列埠監控制視窗，設定序列埠傳輸速率為 9600bps。

2. 選擇 NL&CR，才能正常執行 AT 命令。

3. 在傳送欄位中輸入 AT 命令並且按下鍵盤 ENTER 鍵。

4. 如果連線正常，藍牙模組會回應 OK 訊息。

STEP 3

1. 輸入 AT+NAME＝BT02 設定從端藍牙模組名稱為 BT02。

2. 設定成功會回應 OK 訊息。

STEP 4

1. 輸入 AT+ROLE＝0 設定藍牙模組為從（Slave）角色。

2. 設定成功會回應 OK 訊息。

STEP 5

1. 輸入 AT+CMODE＝0 設定連接指定的藍牙位址。

2. 設定成功會回應 OK 訊息。

STEP 6

1. 輸入 AT+CMODE=0 取得藍牙位址。

2. 設定成功會回應 OK 訊息。

2. 主端藍牙模組設定步驟

STEP 1

1. 開啟 ch15_6.ino 草稿碼並且上傳至 Arduino Uno 中。

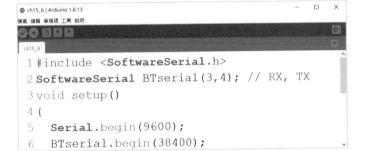

```
1 #include <SoftwareSerial.h>
2 SoftwareSerial BTserial(3,4); // RX, TX
3 void setup()
4 {
5   Serial.begin(9600);
6   BTserial.begin(38400);
```

STEP 2

1. 輸入 AT+NAME=BT01 設定主端藍牙模組名稱為 BT01。

2. 設定成功會回應 OK 訊息。

STEP 3

1. 輸入 AT+ROLE=1 設定藍牙模組為主(Master)角色。

2. 設定成功會回應 OK 訊息。

STEP 4

1. 輸入 AT+CMODE=0 設定連接指定的藍牙位址。

2. 設定成功會回應 OK 訊息。

STEP 5

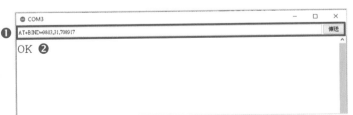

1. 在傳輸欄位中輸入 AT+BIND=98d3,31,708917 設定連接指定的藍牙位址。

2. 設定成功會回應 OK 訊息。

三 程式：ch15_8_T.ino（傳送端程式）

```
#include <SoftwareSerial.h>          //使用軟體串列埠函式庫。
SoftwareSerial BTserial(2,3);        //使用軟體串列埠 RX, TX
bool logic[4]={0,0,0,0};             //LED 狀態，logic=0：不亮，logic=1：點亮。
const int sw[4]={4,5,6,7};           //D4~D7 連接四組按鍵開關 SW0~SW3。
const int led[4]={8,9,10,11};        //D8~D11 連接四個指示燈 L0~L3。
char key[4]={'0','1','2','3'};       //藍牙傳送字元。
int i;                               //迴圈變數。
//初值設定
void setup( )
{
    BTserial.begin(9600);                //設定藍牙傳輸率 9600bps。
    for(i=0;i<4;i++)                     //設定四組按鍵開關及指示燈初值。
    {
        pinMode(sw[i],INPUT_PULLUP);//設定 D4~D7 為輸入模式，含內部提升電阻。
        pinMode(led[i],OUTPUT);      //設定 D8~D11 為輸出模式。
        digitalWrite(led[i],LOW);    //關閉所有指示燈。
    }
}
//主迴圈
void loop( )
{
    for(i=0;i<4;i++)                     //檢測四組按鍵開關狀態。
    {
        if(digitalRead(sw[i])==LOW) //按下按鍵開關？
        {
            delay(20);                   //消除機械彈跳。
            while(digitalRead(sw[i])==LOW)    //按鍵未放開？
                ;                        //等待放開按鍵。
            logic[i]=!logic[i];          //改變 LED 狀態。
            digitalWrite(led[i],logic[i]);    //改變 LED 的 ON/OFF 狀態。
            BTserial.write(key[i]);      //藍牙模組傳送相對應的字元給接收電路。
        }
    }
}
```

四 程式：ch15_8_R.ino（接收端程式）

```
#include <SoftwareSerial.h>        //使用軟體串列埠函式庫。
SoftwareSerial BTserial(2,3);      //使用軟體串列埠 RX, TX
bool logic[4]={0,0,0,0};           //指示燈及繼電器狀態，logic=0(1)：除能(致能)。
const int relay[4]={4,5,6,7};      //D4~D7 連接繼電器模組 RELAY0~RELAY3。
const int led[4]={8,9,10,11};      //D8~D11 連接指示燈 L0~L3。
char key[4]={'0','1','2','3'};     //藍牙傳送字元。
char val;                          //藍牙接收字元。
int i;                             //迴圈變數。
//初值設定
void setup( )
{
    BTserial.begin(9600);          //設定藍牙傳輸率為 9600bps。
    for(i=0;i<4;i++)               //設定四組繼電器模組及四組指示燈初始狀態。
    {
        pinMode(relay[i],OUTPUT);   //設定 D4~D7 為輸出模式。
        digitalWrite(relay,LOW);    //關閉所有繼電器開關。
        pinMode(led[i],OUTPUT);     //設定 D8~D11 為輸出模式。
        digitalWrite(led[i],LOW);   //關閉所有指示燈。
    }
}
//主迴圈
void loop( )
{
    if(BTserial.available( ))      //藍牙模組接收到字元資料?
    {
        val=BTserial.read( );      //藍牙模組讀取字元資料。
        for(i=0;i<4;i++)
        {
            if(val==key[i])        //藍牙接收字元資料為 0~3 其中之一?
            {
                logic[i]=!logic[i]; //改變相對應指示燈及繼電器狀態。
                if(logic[i]==0)     //logic=0?
                {
                    digitalWrite(led[i],LOW);    //關閉(OFF)指示燈。
                    digitalWrite(relay[i],LOW);  //關閉(OFF)繼電器開關。
                }
                else                //logic=1。
                {
```

```
                    digitalWrite(led[i],HIGH);          //開啟(ON)指示燈。
                    digitalWrite(relay[i],HIGH);        //開啟(ON)繼電器開關。
                }
            }
        }
    }
}
```

練習

1. 接續本例，藍牙家電控制發射電路新增總電源按鍵開關 SW4，連接於數位腳 D12。當按下按鍵 SW4 時，關閉發射電路所有指示燈，同時傳送字元 A。當接收電路接收到字元 A 時，接收電路關閉所有指示燈及所有繼電器。

15-9-9 TG-11/315MHz 無線模組傳輸實習

功能說明

如圖 15-41 所示 TG-11/315MHz 無線發射電路，使用 Arduino 板配合 RF 無線發射模組，連續傳送「hello」字串資料給圖 15-42 所示 TG-11/315MHz 無線接收電路，並且顯示於序列埠監控視窗中。可以在發射電路及接收電路加裝 25cm 長、捲成螺旋狀單心線天線，增加傳送距離及接收靈敏度。

電路接線圖

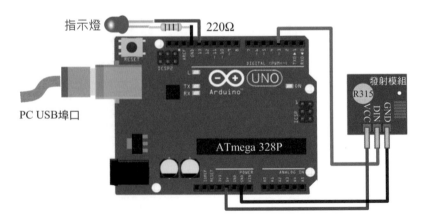

圖 15-41　TG-11/315MHz 無線發射電路圖

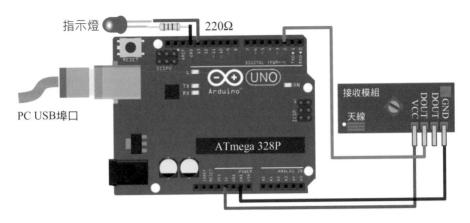

圖 15-42　TG-11/315MHz 無線接收電路圖

程式：ch15_9_T.ino（發射端程式）

```
#include <VirtualWire.h>          //使用 VirtualWire 函式庫。
const int led=13;                 //D13 連接傳送指示燈。
byte len;                         //傳送數據資料長度。
byte message[]="hello";           //傳送數據資料。
byte count=1;                     //傳送次數。
unsigned int speed=2000;          //傳送速率。
//初值設定
void setup( )
{
    vw_set_tx_pin(3);             //D3 連接傳送模組輸入資料腳 DIN。
    vw_setup(speed);              //設定傳送速率 2000bps。
    pinMode(led,OUTPUT);          //設定 D13 為輸出模式。
    len=sizeof(message);          //計算數據資料的長度。
}
//主迴圈
void loop( )
{
    message[len-1]=count;         //將傳送次數存入陣列中。
    digitalWrite(led,HIGH);       //點亮指示燈。
    vw_send(message,len);         //開始傳送長度 len 的數據資料 message。
    vw_wait_tx( );                //等待傳送完畢。
    digitalWrite(led,LOW);        //關閉指示燈。
    delay(1000);                  //延遲 1 秒再傳送下一筆。
    count++;                      //下一筆。
}
```

四 程式：ch15_9_R.ino（接收端程式）

```
#include <VirtualWire.h>              //使用 VirtualWire 函式庫。
const int led=13;                     //D13 連接指示燈。
byte buf[VW_MAX_MESSAGE_LEN];         //宣告 80 位元組長度緩衝區。
byte len=VW_MAX_MESSAGE_LEN;          //數據資料長度 80 位元組。
unsigned int speed=2000;              //接收速率。
//初值設定
void setup( )
{
    vw_set_rx_pin(2);                 //D2 連接接收模組的輸出資料腳 DOUT。
    Serial.begin(9600);               //初始化序列埠，設定鮑率 9600bps。
    pinMode(led,OUTPUT);              //設定 D13 為輸出模式。
    vw_setup(speed);                  //設定接收速度為 2000bps。
    vw_rx_start( );                   //啟動接收程序。
}
//主迴圈
void loop( )
{
    if(vw_get_message(buf,&len))      //接收正確數據資料？
    {
        int i;                        //迴圈變數。
        digitalWrite(led,HIGH);       //點亮指示燈。
        Serial.print(buf[len-1]);     //顯示傳送次數。
        Serial.print("->");           //間隔符號。
        for(i=0;i<len-1;i++)          //顯示所接收的數據資料。
            Serial.write(buf[i]);     //顯示數據資料。
        Serial.println( );            //換到下一列。
        digitalWrite(led,LOW);        //關閉指示燈。
    }
}
```

練習

1. 使用 Arduino 板配合 RF 無線傳送模組連續傳送「hello Arduino!」數據資料給另一片 Arduino 板配合 RF 接收模組，並且將數據資料顯示於序列埠監控視窗中。

15-9-10 TG-11/315MHz 家電控制實習

⬤ 功能說明

使用 TG-11/315MHz 無線傳輸模組控制家電開關。如圖 15-43 所示 TG-11/315MHz 發射電路，按鍵 SW0 控制指示燈 L0 的 ON/OFF 狀態，同時控制圖 15-44 所示 TG-11/315MHz 接收電路指示燈 L0 及繼電器 RELAY0。透過 RELAY0 的 ON/OFF 切換，達到控制家電開關 ON/OFF 的目的。

⬤ 電路接線圖

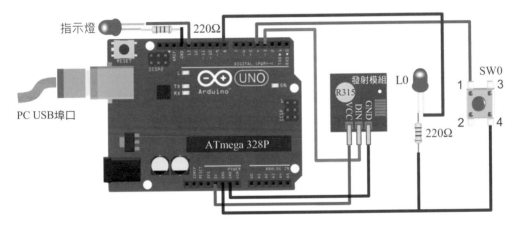

圖 15-43　TG-11/315MHz 家電控制發射電路圖

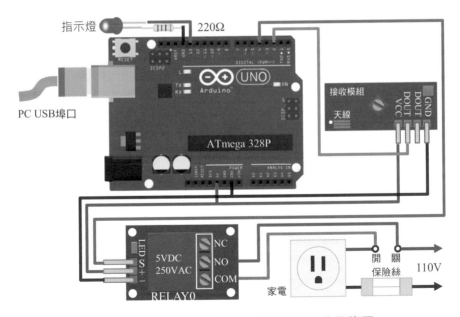

圖 15-44　TG-11/315MHz 家電控制接收電路圖

程式：ch15_10_T.ino（發射端程式）

```
#include <VirtualWire.h>                  //使用 VirtualWire 函式庫
bool logic=0;                            //開關狀態，logic=0:OFF，logic=1:ON。
const int sw=4;                          //D4 連接接鍵開關。
const int lamp=8;                        //D8 連接開關狀態指示燈。
const int tx_led=13;                     //數位腳 D13 連接傳送指示燈。
byte len;                                //傳送陣列長度。
byte message[1]={'0'};
unsigned int speed=2000;                 //傳送速率 2000bps。
//初值設定
void setup( )
{
    vw_set_tx_pin(3);                    //D3 連接至 RF 發射模組的資料輸入腳 DIN。
    vw_setup(speed);                     //設定傳送速率。
    len=sizeof(message);                 //計算陣列長度。
    pinMode(sw,INPUT_PULLUP);            //設定 D4 為輸入模式，含內接提升電阻。
    pinMode(led,OUTPUT);                 //設定 D13 為輸出模式。
    pinMode(lamp,OUTPUT);                //設定 D8 為輸出模式。
    digitalWrite(lamp,LOW);              //關閉 D8 指示燈。
}
//主迴圈
void loop( )
{
    if(digitalRead(sw)==LOW)             //按下按鍵？
    {
        delay(20);                       //消除機械彈跳。
        while(digitalRead(sw)==LOW)      //按鍵未放開？
            ;                            //等待按鍵放開。
        logic=!logic;                    //切換開關指示燈 ON/OFF 狀態。
        digitalWrite(lamp,logic);
        vw_send(message,len);            //傳送陣列數據資料。
        vw_wait_tx( );                   //等待完成傳送程序。
        digitalWrite(led,HIGH);          //傳送指示閃動一下。
        delay(100);
        digitalWrite(led,LOW);
        delay(100);
    }
}
```

四 程式：ch15_10_R.ino（接收端程式）

```
#include <VirtualWire.h>              //使用 VirtualWire 函式庫。
const int rx_led=13;                  //數位接腳 13 連至接收指示 LED。
bool logic=0;                         //開關及指示燈狀態。
const int relay=4;                    //D4 連接繼電器模組控制腳。
const int lamp=8;                     //D8 連接指示燈。
byte buf[1];                          //接收數據資料緩衝區。
byte len=1;                           //數據資料長度。
unsigned int speed=2000;              //接收速率。
//初值設定
void setup( )
{
    vw_set_rx_pin(2);                 //D2 連接至接收電路資料輸出端 DOUT。
    vw_setup(speed);                  //設定接收速率。
    vw_rx_start( );                   //啟動接收程序。
    pinMode(relay,OUTPUT);            //設定 D4 為輸出模式。
    digitalWrite(relay,LOW);          //關閉 OFF 繼電器開關。
    pinMode(lamp,OUTPUT);             //設定 D8 為輸出模式。
    digitalWrite(lamp,LOW);           //關閉 OFF 指示燈。
    pinMode(led,OUTPUT);              //設定 D13 為輸出模式。
}
//主迴圈
void loop( )
{
    if(vw_get_message(buf,&len))      //接收到數據資料。
    {
        digitalWrite(led,HIGH);       //指示燈閃爍一下。
        delay(100);
        digitalWrite(led,LOW);
        delay(100);
        if(buf[0]=='0')               //接收字元為 0?
        {
            logic=!logic;             //切換開關及繼電器狀態。
            if(logic==0)              //logic=0?
            {
                digitalWrite(lamp,LOW);    //關閉 OFF 指示燈。
                digitalWrite(relay,LOW);   //關閉 OFF 繼電器。
            }
            else                      //logic=1。
            {
```

```
                digitalWrite(lamp,HIGH);       //開啟 ON 指示燈。
                digitalWrite(relay,HIGH);      //開啟 ON 繼電器。
            }
        }
    }
}
```

練習

1. 使用 Arduino 板及 RF 傳輸模組，控制四組家電開關。按鍵開關 SW0~SW3（D4~D7）
   分別控制 RF 發射電路的指示燈 L0~L3（D8~D11）及 RF 接收電路的指示燈 L0~L3
   （D8~D11）、繼電器 RELAY0~RELAY3（D4~D7）。

15-9-11　nRF24L01 無線模組傳輸實習

功能說明

　　如圖 15-45 所示 nRF24L01 無線收發電路，發射電路及接收電路使用相同的電
路圖。發射電路連續傳送「hello,Arduino!」字串資料給接收電路，並且將接收到的
字串資料顯示於序列埠監控視窗。

電路接線圖

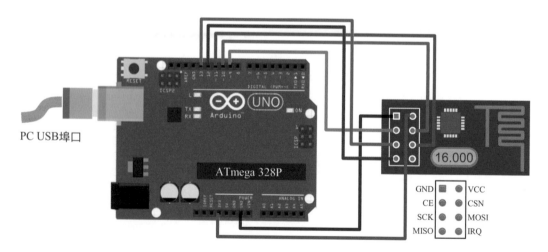

圖 15-45　nRF24L01 無線收發電路圖

三 程式：ch15_11_T.ino（發射端程式）

```
#include <SPI.h>                       //使用 SPI 函式庫。
#include "RF24.h"                      //使用 RF24 函式庫。
RF24 radio(9,10);                      //D9 連接模組 CE 腳，D10 連接模組 CSN 腳。
const byte addr[ ] = "1Node";          //通道位址。
const char buf[ ] = "hello Arduino!";  //傳送資料緩衝區。
//初值設定
void setup( )
{
    radio.begin( );
    radio.setChannel(83);              //設定頻率點為 2.483GHz。
    radio.openWritingPipe(addr);       //設定通道位址。
    radio.setPALevel(RF24_PA_MIN);     //設定傳送功率。
    radio.setDataRate(RF24_250KBPS);   //設定傳輸速率。
    radio.stopListening( );            //設定成 TX 發射模式，開始傳送資料。
}
//主迴圈
void loop( )
{
    radio.write(&buf,sizeof(buf));     //傳送資料。
    delay(1000);                       //每秒傳送一次，減少功率消耗。
}
```

四 程式：ch15_11_R.ino (接收端程式)

```
#include <SPI.h>                       //使用 SPI 函式庫。
#include "RF24.h"                      //使用 RF24 函式庫。
RF24 radio(9,10);                      //D9 連接模組 CE 腳，D10 連接模組 CSN 腳。
const byte addr[ ] = "1Node";          //通道位址。
const byte pipe = 1;                   //通道編號。
char buf[32]="";                       //接收資料緩衝區。
//初值設定
void setup( )
{
    Serial.begin(9600);       //初始化序列埠監控視窗，設定鮑率為 9600bps
    radio.begin( );                        //初始化 RF24 無線模組。
    radio.setChannel(83);                  //設定頻率點為 2.483GHz。
    radio.openReadingPipe(pipe,addr);      //開啟接收通道。
    radio.setPALevel(RF24_PA_MIN);         //設定傳輸功率為最小功率。
    radio.setDataRate(RF24_250KBPS);       //設定傳輸速率為 250Kbps。
    radio.startListening( );               //設定為 RX 接收模式，開始接收資料。
```

```
}
//主迴圈
void loop( )
{
    if (radio.available( ))              //正確接收到資料？
    {
        radio.read(&buf,sizeof(buf));
        Serial.println(buf);              //顯示接收資料內容。
    }
}
```

練習

1. 接續本例，發射電路及接收電路使用相同電路如圖 15-46 所示。按鍵開關 SW0 同時控制發射電路及接收電路指示燈 L0 的 ON/OFF 狀態。

15-9-12　nRF24L01 家電控制實習

■ 功能說明

　　如圖 15-46 所示 nRF24L01 家電控制發射電路，使用按鍵開關控制圖 15-47 所示 nRF24L01 家電控制接收電路。在發射電路中按鍵開關 SW0，同時控制發射電路的指示燈 L0 及接收電路的指示燈 L0、繼電器開關 RELAY0。每按一下按鍵，指示燈及繼電器開關改變 ON/OFF 狀態。

二 電路接線圖

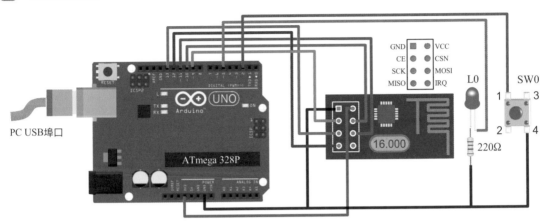

圖 15-46 nRF24L01 家電控制發射電路圖

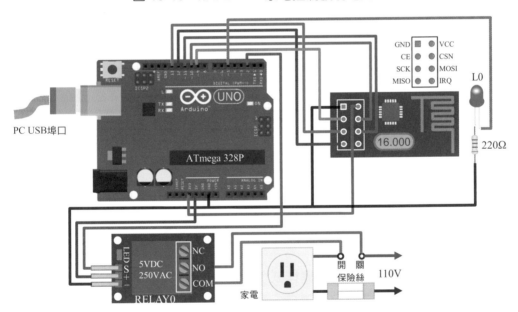

圖 15-47 nRF24L01 家電控制接收電路圖

三 程式：ch15_12_T.ino（發射端程式）

```
#include <SPI.h>                     //使用 SPI 函式庫。
#include "RF24.h"                    //使用 RF24 函式庫。
RF24 radio(9,10);                    //D9 連接模組 CE 腳，D10 連接模組 CSN 腳。
const byte addr[ ] = "1Node";        //通道位址。
const char buf[1] = {'0'};           //傳送資料。
bool logic=0;                        //指示燈狀態，logic=0：OFF，logic=1：ON。
const int sw=2;                      //D2 連接按鍵開關。
const int lamp=5;                    //D5 連接指示燈 L0。
```

```
//初值設定
void setup( )
{
    radio.begin( );                          //初始化 RF24 無線模組。
    radio.setChannel(83);                    //設定頻率點為 2.483GHz。
    radio.openReadingPipe(pipe,addr);        //開啟接收通道。
    radio.setPALevel(RF24_PA_MIN);           //設定傳輸功率為最小功率。
    radio.setDataRate(RF24_250KBPS);         //設定傳輸速率為 250Kbps。
    radio.stopListening( );                  //設定為 TX 發射模式，開始傳送資料。
    pinMode(sw,INPUT_PULLUP);                //設定 D2 為輸入模式。
    pinMode(lamp,OUTPUT);                    //設定 D8 為輸出模式。
    digitalWrite(lamp,LOW);                  //關閉指示燈 L0。
}
//主迴圈
void loop( )
{
    if(digitalRead(sw)==LOW)                 //按下按鍵？
    {
        delay(20);                           //消除機械彈跳。
        while(digitalRead(sw)==LOW)          //尚未放開按鍵？
            ;                                //等待放開按鍵。
        logic=!logic;                        //改變狀態。
        digitalWrite(lamp,logic);            //更新指示燈狀態。
        radio.write(&buf,sizeof(buf));       //傳送資料。
    }
}
```

四 程式：ch15_12_R.ino（接收端程式）

```
#include <SPI.h>                 //使用 SPI 函式庫。
#include "RF24.h"                //使用 RF24 模組。
RF24 radio(9,10);               //D9 連接模組 CE 腳，D10 連接模組 CSN 腳。
const byte addr[] = "1Node";    //通道位址。
const byte pipe = 1;            //通道編號。
char buf[1]="";                 //接收資料緩衝區。
bool logic=0;                   //指示燈及繼電器狀態。
const int relay=2;              //D2 連接繼電器模組控制腳 S。
const int lamp=5;               //D5 連接指示燈 L0。
//初值設定
void setup( )
{
```

```
    radio.begin( );                        //啟動 nRF24L01 無線模組。
    radio.setChannel(83);                  //設定通道編號
    radio.openReadingPipe(pipe,addr);      //開啟通道和位址。
    radio.setPALevel(RF24_PA_MIN);         //設定傳送功率為最小功率。
    radio.setDataRate(RF24_250KBPS);       //設定傳輸速率為 250Kpbs。
    radio.startListening( );               //設定為 RX 接收模式，開始接收資料。
    pinMode(relay,OUTPUT);                 //設定 D2 連接至繼電器控制腳 S。
    pinMode(lamp,OUTPUT);                  //設定 D8 為輸出模式。
    digitalWrite(relay,LOW);               //關閉 OFF 繼電器開關 RELAY0。
    digitalWrite(lamp,LOW);                //關閉 OFF 指示燈 L0。
}
//主迴圈
void loop( )
{
    if (radio.available( ))                //接收到正確資料？
    {
        radio.read(&buf,sizeof(buf));      //接收資料。
        if(buf[0]=='0')                    //接收資料是字元 0？
        {
            logic=!logic;                  //改變指示燈及繼電器開關的狀態。
            if(logic==0)                   //logic=0？
            {
                digitalWrite(lamp,LOW);    //關閉 OFF 指示燈 L0。
                digitalWrite(relay,LOW);   //關閉 OFF 繼電器 RELAY0。
            }
            else                           //logic=1。
            {
                digitalWrite(lamp,HIGH);   //開啟 ON 指示燈 L0。
                digitalWrite(relay,HIGH);  //開啟 ON 繼電器 RELAY0。
            }
        }
    }
}
```

練習

1. 接續本例，發射電路使用兩個按鍵開關（D2~D3）同時控制發射電路的指示燈 L0~L1（D5~D6）及接收電路的指示燈 L0~L1（D5~D6）及繼電器開關 RELAY0~RELAY1（D2~D3）。

APPENDIX **A**

ASCII 碼

美國資訊交換標準碼（American Standard Code for Information Interchange，簡記 ASCII），是現今最通用的**單位元組電腦編碼系統**，主要目的是讓所有使用 ASCII 的電腦間在讀取相同文件時，不會有不同的結果與意義。ASCII 碼大致可以分成**不可見字元、可見字元**及**擴充字元**三個部分，共定義 128 個字元。ASCII 最大缺點是只能顯示 26 個基本拉丁字母、阿拉伯數字及標點符號，無法顯示其他語言。現今的蘋果電腦已經改用 Unicode 標準萬國碼。

A-1　不可見字元

如表 A-1 所示不可見字元，ASCII 碼在 0x00 到 0x1F 之間，共 32 個字元，一般用在通訊或控制上。有些字元可顯示在螢幕上，有些則不行，但能看到其效果（例如換行字元、歸位字元等）。

表 A-1　不可見字元

10 進制	16 進制	符號	10 進制	16 進制	符號
0	0x00	NUL	16	0x10	DLE
1	0x01	SOH	17	0x11	DC1
2	0x02	STX	18	0x12	DC2
3	0x03	ETX	19	0x13	DC3
4	0x04	EOT	20	0x14	DC4
5	0x05	ENQ	21	0x15	NAK
6	0x06	ACK	22	0x16	SYN
7	0x07	BEL	23	0x17	ETB
8	0x08	BS	24	0x18	CAN
9	0x09	HT	25	0x19	EM
10	0x0A	LF	26	0x1A	SUB
11	0x0B	VT	27	0x1B	ESC
12	0x0C	FF	28	0x1C	FS
13	0x0D	CR	29	0x1D	GS
14	0x0E	SO	30	0x1E	RS
15	0x0F	SI	31	0x1F	US

A-2　可見字元

如表 A-2 所示可見字元，ASCII 碼在 0x20 到 0x7F 之間，共 96 個字元，用來表示阿拉伯數字、大英文字母、小寫英文字母、底線及括號等。

表 A-2　可見字元

10 進制	16 進制	符號	10 進制	16 進制	符號
32	0x20		57	0x39	9
33	0x21	!	58	0x3A	:
34	0x22	"	59	0x3B	;
35	0x23	#	60	0x3C	<
36	0x24	$	61	0x3D	=
37	0x25	%	62	0x3E	>
38	0x26	&	63	0x3F	?
39	0x27	'	64	40H	@
40	0x28	(	65	41H	A
41	0x29	)	66	42H	B
42	0x2A	*	67	43H	C
43	0x2B	+	68	44H	D
44	0x2C	,	69	45H	E
45	0x2D	-	70	46H	F
46	0x2E	.	71	47H	G
47	0x2F	/	72	48H	H
48	0x30	0	73	49H	I
49	0x31	1	74	4AH	J
50	0x32	2	75	4BH	K
51	0x33	3	76	4CH	L
52	0x34	4	77	4DH	M
53	0x35	5	78	4EH	N
54	0x36	6	79	4FH	O
55	0x37	7	80	50H	P
56	0x38	8	81	51H	Q

10 進制	16 進制	符號	10 進制	16 進制	符號
82	52H	R	105	69H	i
83	53H	S	106	6AH	j
84	54H	T	107	6BH	k
85	55H	U	108	6CH	l
86	56H	V	109	6DH	m
87	57H	W	110	6EH	n
88	58H	X	111	6FH	o
89	59H	Y	112	70H	p
90	5AH	Z	113	71H	q
91	5BH	[	114	72H	r
92	5CH	\	115	73H	s
93	5DH	]	116	74H	t
94	5EH	^	117	75H	u
95	5FH	_	118	76H	v
96	60H	`	119	77H	w
97	61H	a	120	78H	x
98	62H	b	121	79H	y
99	63H	c	122	7AH	z
100	64H	d	123	7BH	{
101	65H	e	124	7CH	|
102	66H	f	125	7DH	}
103	67H	g	126	7EH	~
104	68H	h	127	7FH	△

A-3　擴充字元

　　如表 A-3 所示擴充字元，ASCII 碼在 0x80 到 0x0FF 之間，共 128 個字元，非標準的 ASCII 碼，是由 IBM 所制定用來表示框線、音標和其他歐洲非英語系字母。

表 A-3　擴充字元 ASCII 碼

10 進制	16 進制	符號	10 進制	16 進制	符號
128	80	Ç	160	A0	á
129	81	ü	161	A1	í
130	82	é	162	A2	ó
131	83	â	163	A3	ú
132	84	ä	164	A4	ñ
133	85	à	165	A5	Ñ
134	86	å	166	A6	ª
135	87	ç	167	A7	º
136	88	ê	168	A8	¿
137	89	ë	169	A9	®
138	8A	è	170	AA	¬
139	8B	ï	171	AB	½
140	8C	î	172	AC	¼
141	8D	ì	173	AD	¡
142	8E	Ä	174	AE	«
143	8F	Å	175	AF	»
144	90	É	176	B0	░
145	91	æ	177	B1	▒
146	92	Æ	178	B2	▓
147	93	ô	179	B3	│
148	94	ö	180	B4	┤
149	95	ò	181	B5	Á
150	96	û	182	B6	Â
151	97	ù	183	B7	À
152	98	ÿ	184	B8	©
153	99	Ö	185	B9	╣
154	9A	Ü	186	BA	║
155	9B	ø	187	BB	╗
156	9C	£	188	BC	╝
157	9D	Ø	189	BD	¢
158	9E	×	190	BE	¥
159	9F	ƒ	191	BF	┐

10 進制	16 進制	符號	10 進制	16 進制	符號
192	C0	∟	224	E0	Ó
193	C1	⊥	225	E1	ß
194	C2	⊤	226	E2	Ô
195	C3	├	227	E3	Ò
196	C4	─	228	E4	õ
197	C5	┼	229	E5	Õ
198	C6	ã	230	E6	µ
199	C7	Ã	231	E7	þ
200	C8	╚	232	E8	Þ
201	C9	╔	233	E9	Ú
202	CA	╩	234	EA	Û
203	CB	╦	235	EB	Ù
204	CC	╠	236	EC	ý
205	CD	═	237	ED	Ý
206	CE	╬	238	EE	¯
207	CF	¤	239	EF	´
208	D0	ð	240	F0	≡
209	D1	Đ	241	F1	±
210	D2	Ê	242	F2	‗
211	D3	Ë	243	F3	¾
212	D4	È	244	F4	¶
213	D5	ı	245	F5	§
214	D6	Í	246	F6	÷
215	D7	Î	247	F7	¸
216	D8	Ï	248	F8	°
217	D9	┘	249	F9	¨
218	DA	┌	250	FA	·
219	DB	█	251	FB	¹
220	DC	▄	252	FC	³
221	DD	¦	253	FD	²
222	DE	Ì	254	FE	■
223	DF	▀	255	FF	nbsp

B

實習器材表

B-1 各章實習器材表

　　本書所有實習皆使用 Arduino Uno 控制板，配合原型擴充板、模組及少許元件組合完成，Arduino Uno 控制板可以使用原廠或是其他相容板。控制板、模組及元件可至國內代理商購買或是直接至 Arduino 官網購買，相關網址如下。

1. https://store.arduino.cc/usa/
2. http://www.ltc.com.tw
3. http://www.eclife.com.tw/
4. https://www.buyic.com.tw/index.php

第 4 章　LED 控制實習

表 B-1　第 4 章實習器材表

序號	設備或元件名稱	規格	數量	備註
1	Arduino 板	Uno	1	
2	原型擴充板	45mm×35mm	1	配合 Uno
3	發光二極體	紅色，5mm	4	
4	電阻器	220Ω	4	紅紅棕金
5	串列環型 LED 模組	16 位	1	

第 5 章　開關控制實習

表 B-2　第 5 章實習器材表

序號	設備或元件名稱	規格	數量	備註
1	Arduino 板	Uno	1	
2	原型擴充板	45mm×35mm	1	配合 Uno
3	指撥開關	4P	1	
4	按鍵開關	TACK	1	
5	矩陣鍵盤	4×4	1	
6	發光二極體	紅色，5mm	4	
7	電阻器	220Ω	4	紅紅棕金

第 6 章　串列埠實習

表 B-3　第 6 章實習器材表

序號	設備或元件名稱	規格	數量	備註
1	Arduino 板	Uno	1	
2	原型擴充板	45mm×35mm	1	配合 Uno
3	發光二極體	紅色，5mm	4	
4	電阻器	220Ω	4	紅紅棕金

第 7 章　七段顯示器實習

表 B-4　第 7 章實習器材表

序號	設備或元件名稱	規格	數量	備註
1	Arduino 板	Uno	1	
2	原型擴充板	45mm×35mm	1	配合 Uno
4	按鍵開關	TACK	1	
5	矩陣鍵盤	4×4	1	
6	七段顯示器	共陽極	1	
7	四連七段顯示器	4 位，共陰極	1	
8	發光二極體	紅色，5mm	4	
9	串列式七段顯示模組	MAX7219，8 位	1	
10	電晶體	NPN	4	小功率
11	電阻器	220Ω	8	紅紅棕金
12	電阻器	10kΩ	4	棕黑橙金

第 8 章　感測器實習

表 B-5　第 8 章實習器材表

序號	設備或元件名稱	規格	數量	備註
1	Arduino 板	Uno	1	
2	原型擴充板	45mm×35mm	1	配合 Uno
3	發光二極體	紅色，5mm	1	
4	串列環型 LED 模組	16 位	1	
5	串列七段顯示模組	MAX7219，8 位	1	
6	LED 排	10 個/排	1	
7	全彩 LED 模組	RGB 三色，4P	1	
8	光敏電阻器	3mm	1	CDS
9	紅外線感測器	被動式 PIR	1	
10	超音波感測器	PING)))	1	
11	溫度感測器	LM35	1	
12	溫溼度感測器	DHT11	1	
13	溫溼度感測器	DHT22	1	
14	三軸加速度感測器	MMA7361	1	
15	陀螺儀模組	L3G4200	1	
16	電阻器	220Ω	10	紅紅棕金
17	電阻器	4.7kΩ	1	黃紫紅金
18	可變電阻器	10kΩ	1	B 型

第 9 章　矩陣型 LED 實習

表 B-6　第 9 章實習器材表

序號	設備或元件名稱	規格	數量	備註
1	Arduino 板	Uno	1	
2	原型擴充板	45mm×35mm	1	配合 Uno
3	發光二極體	紅色，5mm	1	
4	矩陣型 LED 模組	MAX7219，8×8	1	
5	按鍵開關	TACK	1	

第 10 章　液晶顯示器實習

表 B-7　第 10 章實習器材表

序號	設備或元件名稱	規格	數量	備註
1	Arduino 板	Uno	1	
2	原型擴充板	45mm×35mm	1	配合 Uno
3	發光二極體	紅色，5mm	1	
4	液晶顯示器	並列式，1602	1	
5	液晶顯示器	I2C 串列式，1602	1	
6	按鍵開關	TACK	1	

第 11 章　聲音控制實習

表 B-8　第 11 章實習器材表

序號	設備或元件名稱	規格	數量	備註
1	Arduino 板	Uno	1	
2	原型擴充板	45mm×35mm	1	配合 Uno
3	喇叭	8Ω	1	或蜂鳴器
4	蜂鳴器	無源	1	或喇叭
5	按鍵開關	TACK	8	

第 12 章　直流馬達控制實習

表 B-9　第 12 章實習器材表

序號	設備或元件名稱	規格	數量	備註
1	Arduino 板	Uno	1	
2	原型擴充板	45mm×35mm	1	配合 Uno
3	直流馬達	5V	2	
4	馬達驅動模組	ULN2003	1	
5	馬達驅動模組	L298	1	
6	按鍵開關	TACK	1	
7	小風扇	配合直流馬達	1	

第 13 章　伺服馬達控制實習

表 B-10　第 13 章實習器材表

序號	設備或元件名稱	規格	數量	備註
1	Arduino 板	Uno	1	
2	原型擴充板	45mm×35mm	1	配合 Uno
3	伺服馬達	標準型	1	
4	伺服馬達	連續旋轉型	1	
5	光敏電阻器	3mm	3	CDS
6	電阻器	10kΩ	3	棕黑橙金

第 14 章　步進馬達控制實習

表 B-11　第 14 章實習器材表

序號	設備或元件名稱	規格	數量	備註
1	Arduino 板	Uno	1	
2	原型擴充板	45mm×35mm	1	配合 Uno
3	步進馬達	12V	1	
4	減速步進馬達	28BYJ-48，5V	1	配第 5 項
5	馬達驅動模組	ULN2003	1	配第 4 項
6	馬達驅動模組	L298	1	
7	串列七段顯示模組	MAX7219，8 位	1	
8	矩陣鍵盤	4×4	1	

第 15 章 通訊實習

表 B-12 第 15 章實習器材表

序號	設備或元件名稱	規格	數量	備註
1	Arduino 板	Uno	1	
2	原型擴充板	45mm×35mm	1	配合 Uno
3	RFID 讀卡模組	125kHz，Parallax #28140	1	含 TAG 卡
4	RFID 讀卡模組	13.56MHz，RC522	1	含 TAG 卡
5	紅外線發射器	21 鍵	1	
6	紅外線接收模組	IRM2638	1	或相容品
7	繼電器模組	1 路，5VDC/250VAC/10A	4	
8	藍牙模組	HC-05	2	含載板
9	插座	110V/2A		含載板
10	保險絲	110V/2A		含座
11	RF 無線收發模組	TG-11/315MHz	1	或 433MHz
12	RF 無線收發模組	nRF24L01	2	
13	串列式 LCD 模組	I2C	1	
14	電晶體	NPN	1	小功率
15	發光二極體	5mm	1	紅色
16	發光二極體	5mm	8	綠色
17	喇叭	8Ω / 0.25W	1	或蜂鳴器
18	蜂鳴器	無源	1	或喇叭
19	固態繼電器	KF6002D	1	或相容品
20	陰極鎖	送電開門型	1	選用
21	按鍵開關	TACK	4	
22	電阻器	220Ω	8	紅紅棕金
23	電阻器	10kΩ	2	棕黑橙金

B-2　全書實習器材表

表 B-13　全書實習器材表

序號	設備或元件名稱	規格	數量	備註
1	Arduino 板	Uno	1	
2	原型擴充板	45mm×35mm	1	配合 Uno
3	發光二極體	5mm	4	紅色
4	發光二極體	5mm	8	綠色
5	LED 排	10 個/排	1	
6	全彩 LED	RGB 三色，4P	1	
7	串列環型 LED 模組	16 位	1	
8	七段顯示器	共陽極	1	
9	四連七段顯示器	4 位，共陰極	1	
10	串列式七段顯示模組	MAX7219，8 位	1	
11	矩陣型 LED 模組	MAX7219，8×8	1	
12	液晶顯示器	並列式，1602	1	
13	液晶顯示器	I2C 串列式，1602	1	
14	紅外線感測器	被動式 PIR	1	
15	超音波感測器	PING)))	1	
16	溫度感測器	LM35	1	
17	溫溼度感測器	DHT11	1	
18	溫溼度感測器	DHT22	1	
19	三軸加速度感測器	MMA7361	1	
20	陀螺儀模組	L3G4200	1	
21	直流馬達	5V	2	
22	伺服馬達	標準型	1	
23	伺服馬達	連續旋轉型	1	
24	步進馬達	12V	1	
25	減速步進馬達	28BYJ-48，5V	1	配第 26 項
26	馬達驅動模組	ULN2003	1	配第 25 項
27	馬達驅動模組	L298	1	
28	RFID 讀卡模組	125kHz，Parallax #28140	1	含 TAG 卡

序號	設備或元件名稱	規格	數量	備註
29	RFID 讀卡模組	13.56MHz，RC522	1	含 TAG 卡
30	紅外線發射器	21 鍵	1	
31	紅外線接收模組	IRM2638	1	
32	繼電器模組	1 路，5VDC/250VAC/10A	4	
33	藍牙模組	HC-05	2	
34	RF 無線收發模組	TG-11/315MHz	1	或 433MHz
35	RF 無線收發模組	nRF24L01	2	
36	指撥開關	4P	1	
37	按鍵開關	TACK	8	
38	矩陣鍵盤	4×4	1	
39	發光二極體	紅色，5mm	4	
40	小風扇	配點直流馬達	1	
41	喇叭	8Ω / 0.25W	1	或蜂鳴器
42	蜂鳴器	無源	1	或喇叭
43	電晶體	NPN	4	小功率
44	電阻器	220Ω	10	紅紅棕金
45	電阻器	4.7kΩ	1	黃紫紅金
46	電阻器	10kΩ	4	棕黑橙金
47	可變電阻器	10kΩ	1	B 型
48	光敏電阻器	3mm	3	CDS
49	固態繼電器	KF6002D	1	
50	插座	110V/2A	1	
51	保險絲	110V/2A	1	含座
52	陰極鎖	送電開門型	1	選用

APPENDIX **C**

Arduino 燒錄器

C-1　認識 Bootloader 啟動程式

　　所有 Arduino 控制板在出廠前，都已經預先載入啟動程式（Bootloader）至 ATmega 微控制器中。內建 Bootloader 程式的功用是**讓使用者可以在 Arduino IDE 環境中，直接透過 USB 連接線將草稿碼（sketch）上傳至 ATmega 微控制器中**，而不需要使用 Arduino 燒錄器（programmer）。但是 Bootloader 程式會佔用 ATmega 微控制器一部的 Flash ROM 空間，同時在上傳草稿碼時，也會有一些延遲。如果想要使用 ATmega 微控制器完整的 Flash ROM 空間，就必須使用外部燒錄器，但花費較貴而且 ATmega 微控制器須反覆插拔很麻煩，**通常是不建議如此使用**。

C-2　Arduino 燒錄器介紹與使用

　　以本書所使用 Arduino Uno 板中的微控制器 ATmega328 為例，在電子材料行購買到的 Atmega328 微控制器，內部並沒有預先載入 Bootloader 程式，必須使用一片 Arduino 板並且設定成燒錄器模式，再將 Bootloader 程式燒錄到 Atmega328 微控制器中。燒錄完成後的微控制器，才能在 Arduino IDE 環境中，直接使用 USB 線將草稿碼上傳至 Arduino 板中的微控制器。燒錄 Bootloader 程式至 Atmega328 微控制器的步驟如下：

STEP 1

1. 使用 USB 連接線將 Arduino Uno 板與電腦連接。
2. 點選【工具】【開發板】【Arduino/Genuino Uno】。

STEP 2

1. 點選【工具】【序列埠：(Arduino/Genuino Uno)】【COM6】。
2. 實際 COM 埠號由電腦系統自動配置。

STEP 3

1. 開啟燒錄程式：點選【檔案】【範例】

2. 點選 ArduinoISP。

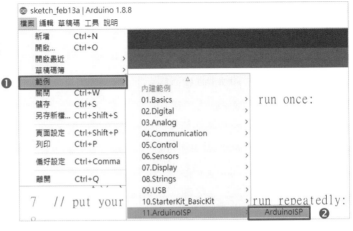

STEP 4

1. 按上傳鈕 ，將 ArduinoISP 燒錄程式上傳至第一片 Arduino 板的 ATmega 微控制器中。

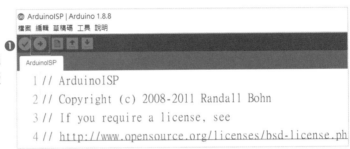

STEP 5

1. 如果有兩片 Arduino 板，可以如右圖所示將電路接妥，使用 SPI 介面。

2. 使用 USB 線連接電腦與第一片 Arduino 控制板，並且將 ArduinoISP 燒錄程式上傳。

3. 將待燒錄啟動程式的 ATmega328 微控制器放置於第二片 IC 座中。

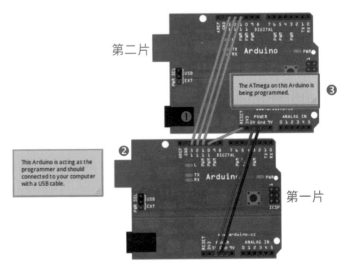

STEP 6

1. 如果只有一片 Arduino 板，可以如右圖所示以麵包板將電路接妥，取代第二片 Arduino Uno 板。

2. 將待燒錄啟動程式的 ATmega328 放置於麵包板中。

3. 麵包板使用 16MHz 石英振盪器及兩個 18pF~22pF 陶質電容器。

4. 使用 USB 線連接電腦與第一片 Arduino 控制板。

5. 接線必須確實連接妥當，才能成功燒錄。建議可以使用電路佈線（Layout）軟體及雕刻機完成第二片（麵包板）電路。

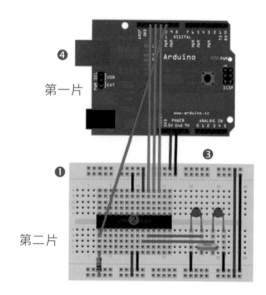

第一片

第二片

STEP 7

1. 選擇【工具】【燒錄器】【Arduino as ISP】，將 Arduino 板設定為燒錄器模式。

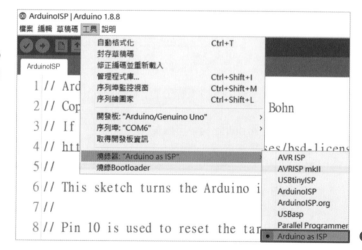

STEP 8

1. 選擇【工具】【燒錄 Bootloader】開始將 Bootloader 啟動程式燒錄至新的 ATmega328 中（步驟 5、6 的第二片）。

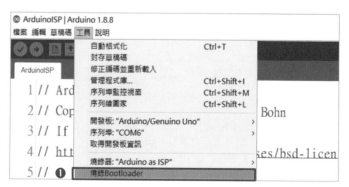

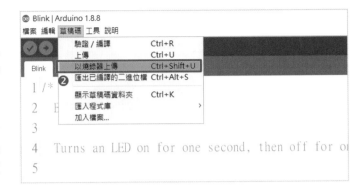

STEP 91

1. 如果只是想將專案程式的草稿碼直接寫入新的 ATmega 微控制器中，就不需要寫入啟動程式。

2. 本例以 Blink.ino 為例，首先開啟 Blink.ino 草稿碼，再點選【檔案】【以燒錄器上傳】將 Blink.ino 草稿碼上傳至新的 ATmega 微控制器中。

C-3　Arduino 燒錄器實作

在上述步驟 5 及步驟 6 說明有兩種方法可以將啟動程式燒錄到 ATmega328 微控制器中。第一種方法使用兩片 Arduino Uno 板，但一般學習者都只有購買一片 Arduino Uno 板。第二種方法使用一片 Arduino Uno 板，再配合麵包板及少許元件來取代第二片 Arduino Uno 板，有時候會有接線錯誤或接觸不良情形而導致燒錄失敗。

如圖 C-1 所示 Arduino Uno 燒錄器擴充板，使用 Altium Designer 繪圖軟體繪製步驟 6 麵包板電路圖及佈線圖，並使用雕刻機製作完成印刷電路（Printed Circuit Board，簡稱 PCB）後，再與 Arduino Uno 板組合，即可穩定的將啟動程式燒錄到 Atmega328 微控制器中。在圖 C-1(b)中的 P1~P4 必須使用 2.54mm 單排 18mm 長排公針才能與 Uno 板上的牛角母座順利組合。請於本書封底的連結網址，下載 INO/C 資料夾中的電路圖及佈線圖檔。

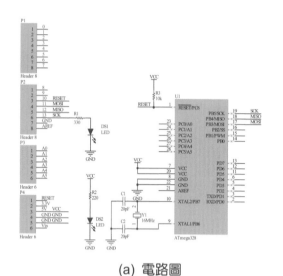
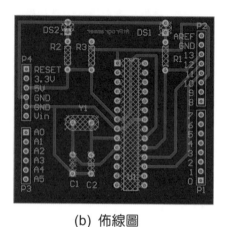

(a) 電路圖　　　　　　　　　　(b) 佈線圖

圖 C-1　Arduino Uno 燒錄器擴充板

C-4　Arduino 專題實作

　　以 4-3-1 節 LED 閃爍電路（範例 blink.ino）為例，當我們完成專題設計並且功能經過模擬測試正確無誤後，即可使用 Arduino 燒錄器將程式碼燒錄至 ATmega328 微控制器中。接著我們使用 Altium Designer 繪圖軟體繪製如圖 3-4 所示 LED 閃爍電路專題製作，並且使用雕刻機製作完成 PCB 板後，再依序將所需元件焊接至 PCB 板。最後將燒錄完成的 ATmega328 微控制器，插入 U1 中，通上電源即可看到 LED 亮 1 秒、暗 1 秒閃爍變化。

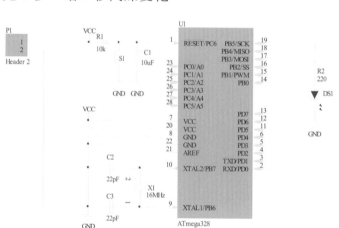
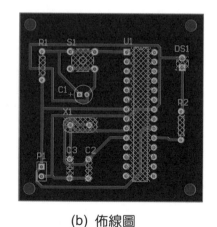

(a) 電路圖　　　　　　　　　　(b) 佈線圖

圖 C-2　LED 閃爍電路專題製作

D

Arduino 模擬程式

D-1　Arduino 模擬軟體

D-1 Arduino 模擬軟體

Arduino IDE 沒有模擬的功能，本文介紹一個免費又好用的 Arduino 模擬開源軟體 123D Cricuits，現今被整併到 Autodesk 公司的 TinkerCAD 軟體內。TinkerCAD 更新了許多介面，除了原本的功能外，還增加使用 Scratch 積木來設計程式，並且重新命名為 **TinkerCAD Circuits**。TinkerCAD 是一套免費的工具，功能相當強大，可以學習 3D 建模、電路設計及程式設計等，本文以學習 TinkerCAD Circuits 的 Arduino 模擬軟體為主。

D-1-1 TinkerCAD Circuits 安裝與使用

在使用 TinkerCAD Circuits 前，必須先下載安裝及註冊後，才能使用，操作步驟如下所述：

STEP 1

進入 TinkerCAD 官方網站 www.tinkercad.com。

按下右上角的 註冊 鈕。

STEP 2

1. 按下拉選單，選擇所在國、地區或區域。
2. 輸入生日之月、日、年等資料。
3. 按下一步。

STEP 3

1. 輸入名字及姓氏。
2. 輸入電子郵件。
3. 再輸入一次電子郵件確認。
4. 輸入密碼。
5. 核取□**我同意**。
6. 按下**建立帳戶**。

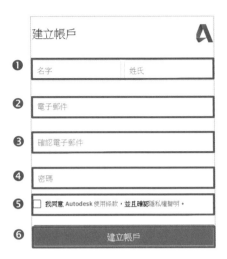

STEP 4

1. 按下**完成**鈕，完成帳戶建立。

STEP 5

1. 重新進入 TinkerCAD 官方網站 www.tinkercad.com。
2. 按下右上角的**登入**鈕，並輸入電子郵件。
3. 按下**下一步**鈕。

STEP 6

1. 在**密碼**欄位中輸入密碼。

2. 按下**登入**，進入 TinkerCAD 設計頁面。

STEP 7

1. 按下 Circuits 鈕切換至 Circuits **電路設計頁面**。

2. 按下 建立新電路 建立新電路。

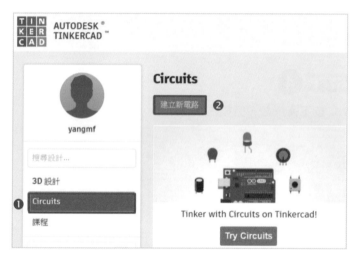

STEP 8

1. 當我們進入電路設計頁面時，右方為**元件區**，在**元件區**中可以選擇所需的元件。如果將滑鼠移至**元件區**中，滑鼠指標由 變成 圖案時，按下 Ctrl 不放，同時捲動滑鼠中間的滾輪，可以放大或縮小**元件區**的元件大小。

2. 在電路設計頁面中央幾乎佔據整個版面的是**圖紙區**，主要是在繪製電路圖，只要將滑鼠移至**元件區**中，以滑鼠左鍵按壓不放，拖曳至**圖紙區**中即可。

3. 在**圖紙區**上方的工具列，由左而右依序為**旋轉、刪除、退回、重做、註釋**及**顯示/隱藏**等 6 個工具。而在旋轉工具的正下方是**縮放至佈滿**的工具 ，以滑鼠左鍵按壓，可以將**圖紙區**中的電路圖放大至佈滿整張圖紙。

4. 在**元件區**上方的**功能鍵**，在下節會有詳細介紹。

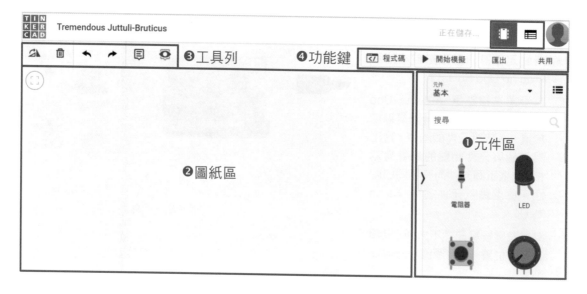

D-1-2　TinkerCAD Circuits 元件區介紹與使用

　　在 TinkerCAD Arduino 模擬器右邊的**元件區**，包含在 Arduino 程式設計時常會使用到的元件，提供給 Arduino 初學者一種很直覺而簡單的學習方式。只要將所需元件移至圖紙區上繪製，再以圖塊程式或文字程式的方式來撰寫功能，就可以快速完成 Arduino 的功能模擬。下列介紹一個讓 LED 閃爍的例子。

STEP 1

1. 在電路設計頁面右方**元件區**的右上方按鈕，可以切換兩種元件檢視的方式：
   (1) ▦：並排
   (2) ☰：詳細資料

2. 元件顯示內容有**基本**及**全部**兩種顯示方式，可以按下拉清單來選擇。預設為**基本**顯示常用的基本元件。

3. 捲動在**元件欄位**右方的垂直捲軸，找到所需元件。

4. 如果找不到所需元件，可以在**搜尋**欄位中，直接輸入元件名稱關鍵字，即可在元件欄位中顯示相對應的元件。

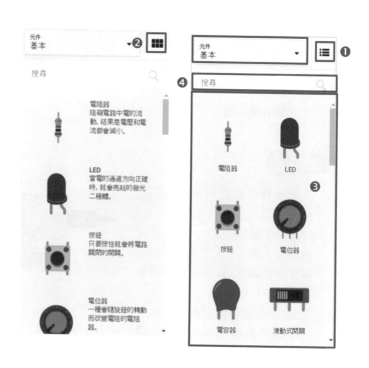

STEP 2

1. 捲動元件區的垂直捲軸，找到 Arduino Uno R3 元件。

2. 以滑鼠左鍵點選 Arduino Uno R3 元件不放，拖曳至**圖紙區**中放置。在放置元件的同時，會出現一個與元件相關的**屬性對話框**，會依不同元件而有不同的屬性。此處輸入元件名稱 Name 為 U1。

3. 滑鼠左鍵按壓元件不放，可以移動元件位置。轉動滑鼠滾輪可以

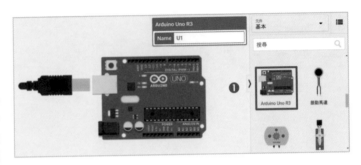

STEP 3

1. 捲動**元件區**的垂直捲軸，找到**電阻器**元件。

2. 以滑鼠左鍵拖曳**電阻器**元件至**圖紙區**中，當**電阻器**元件靠近 **Arduino Uno R3** 元件接腳時，會產生磁吸自動連接。

3. 在**電阻器**的**屬性對話框**中，輸入**電阻器**元件的名稱 Name 為 R1。電阻值預設為 1kΩ，下拉選單可以改變電阻值，將其變更為 330Ω。**電阻器**色碼顏色依設定的電阻值而變。

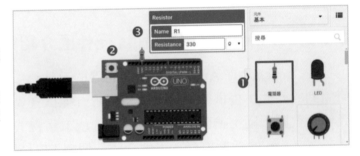

STEP 4

1. 捲動**元件區**的垂直捲軸，找到 **LED** 元件。

2. 以滑鼠左鍵拖曳 **LED** 元件至**圖紙區**中，當 **LED** 元件靠近**電阻器**元件接腳時，會產生磁吸自動連接。

3. 在 **LED** 的**屬性對話框**中，輸入 **LED** 元件名稱 Name 為 D1。顏色 Color 預設紅色 Red，下拉選單可以改變 LED 的顏色。**LED** 元件顏色依設定顏色而變。

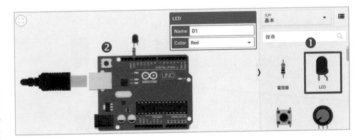

STEP (5)

1. 以滑鼠左鍵點選一下 **LED** 元件的陽極(Anode)接腳，會產生一個方型紅點。

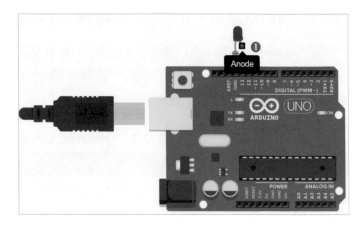

STEP (6)

1. 滑鼠往下移動時會自動產生**電路連接線**。

2. 同時會有一條藍色的對齊輔助線。將滑鼠移動至 **Arduino Uno R3** 元件的接腳 D13 處。

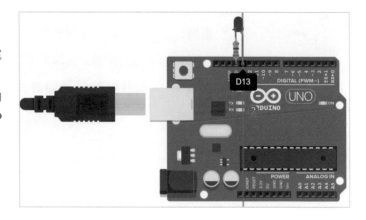

STEP (7)

1. 當滑鼠移動至 **Arduino Uno R3** 元件的接腳 D13 時，按壓一下滑鼠左鍵。會出現一個**連接線**的**屬性對話框**，預設**連接線**的顏色為綠色。

2. 下拉選單可以改變**連接線**的顏色。

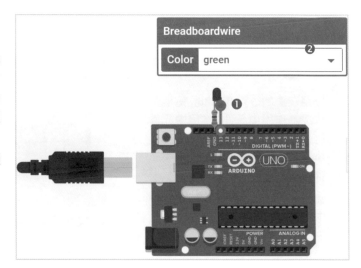

D-1-3　TinkCAD Circuits 工具列介紹與使用

在 Tinkercad Circuits **圖紙區**的上方，有 6 個好用的工具可以使用，如表 3-1 所示分別是**旋轉、刪除、退回、重做、註釋、顯示/隱藏** 6 個工具。這些工具主要是針對圖紙區上的電路圖來進行編輯動作。

表 D-1　Tinkercad Circuits 工具

工具	功能	說明
⤵	旋轉	每按一下旋轉工具，作用中的元件會順時鐘旋轉 30 度。
🗑	刪除	刪除作用中的元件。
↩	退回	退回前一步驟動作。
↪	重做	回復前一步驟動作。
🗨	註釋	為元件加上註釋文字。
👁	顯示/隱藏	切換顯示 👁 或隱藏 🚫 註釋文字。

STEP ①

1. 每按一下**旋轉**工具 ⤵，作用中的元件會順時鐘旋轉 30 度。

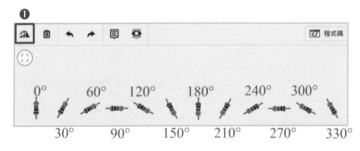

STEP ②

1. 點選左邊的 **9V Battery** 電池元件成為作用中元件，作用中元件的外框有藍色外框。右邊的 **9V Battery** 電池元件則非作用中元件。

2. 每按一下**刪除**工具 🗑 或是按下 Delete 鍵，可以將作用中的元件自圖紙區中刪除。

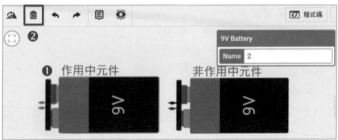

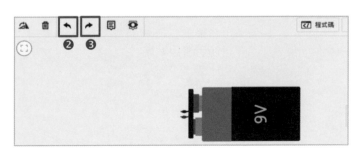

STEP 3

1. 依序放置 Arduino Uno R3、電阻器、LED 三個元件，最後再畫上連接線。

2. 每按一下**退回工具** ←，依序會先取消前一步驟動作，即依序刪除**連接線**、**LED**、**電阻器**、**Arduino Uno R3**。

3. 每按一下**重做工具** →，依序會回復前一步驟的動作。

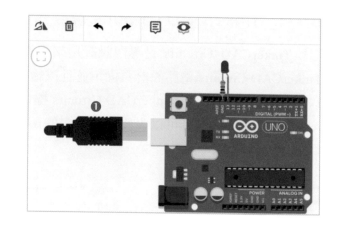

STEP 4

1. 點選**圖紙區**上方**註釋工具** 圓。

2. 將滑鼠移至 USB 接頭上，並輸入註釋文字 USB 接頭。

3. 再點選一次**圖紙區**上方**註釋工具** 圓。

4. 將滑鼠移至 DC 插頭上，並輸入註釋文字 9V 電源。

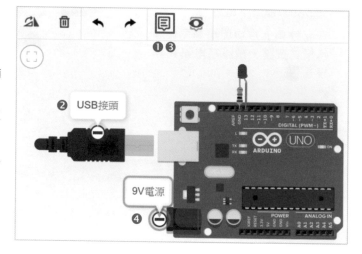

STEP 5

1. 點選**圖紙區**上方的**顯示工具** ⊙。

2. 在**圖紙區**上所有註釋文字會作隱藏，同時顯示工具 ⊙ 會變成隱藏工具 ⊘。

3. 在**圖紙區**左上角按鈕是**縮放至佈滿工具**，作用是將整張電路圖佈滿**圖紙區**。也可使用滑鼠滾輪來調整電路圖大小。或是按壓滑鼠左鍵移動電路圖。

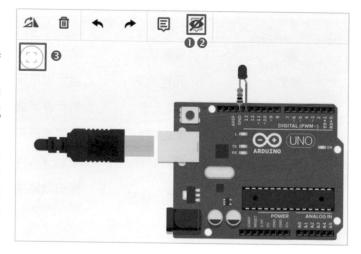

D-1-4 TinkerCAD Circuits 模擬器介紹與使用

TinkerCAD Circuits 是專門設計用來模擬 Arduino 功能的模擬器,當我們進入 TinkerCAD Circuits 電路設計頁面,並且以繪圖方式完成 Arduino 電路設計時,就可以開始進行電路模擬。TinkerCAD Circuits 提供**圖塊程式**及**文字程式**兩種方式來設計 Arduino 程式,初學者可以先使用較直覺的**圖塊程式**來完成 Arduino 程式,操作步驟如下。

STEP 1

1. 應用在 D-2-2 節 TinkerCAD Circuits 元件區的介紹與使用,完成如右圖所示電路。

2. 在**元件區**上方**功能鍵**有兩個顯示模式按鍵,預設為**電路視圖**模式 。

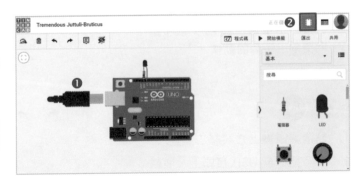

STEP 2

1. 按下**元件清單**模式功能按鍵 ,顯示元件清單。

2. 按**下載** CSV 儲存元件清單。

3. 6 個**功能鍵**說明如表 3-2 所示。

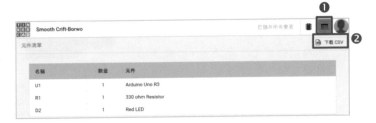

表 D-2　Tinkercad Circuits 功能鍵

工具	功能	說明
	電路視圖	顯示所繪製 Arduino 電路圖。
	元件清單	顯示圖紙區所繪製 Arduino 電路圖的元件清單。
程式碼	程式碼	顯示專案的積木程式或文字程式。
開始模擬	開始模擬	依圖紙區所繪製 Arduino 電路圖進行功能模擬。
匯出	匯出電路板配置	下載 EAGLE .BRD 以獲得電路板配置。
共用	共用此設計	輸出電路快照 png 檔或是透過即時通訊(Instant Messaging,簡稱 IM)或是電子郵件共用設計。

STEP 3

1. 按下**電路視圖**功能按鍵 📰，回到**電路視圖**模式。

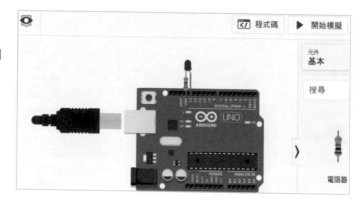

STEP 4

1. 在開始模擬之前，電源呈**離線狀態**。

2. 按下**開始模擬**功能鍵，電路預設為閃爍功能，在圖紙區 **Arduino** 的 **D13** 腳 **LED** 及 **L** 燈交替一秒亮、一秒暗。

3. 在開始模擬之後，**開始模擬**功能鍵切換成**停止模擬**功能鍵，同時電源呈**連線狀態**。

4. 按下**停止模擬**功能鍵，電路停止模擬，在圖紙區 **Arduino** 的數位腳 **13** 腳 **LED** 及 **L** 燈不會亮。

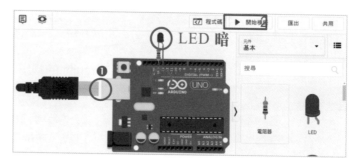

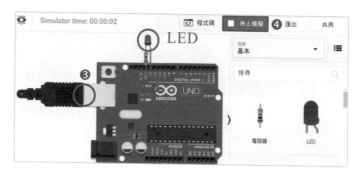

STEP 5

1. 按下**程式碼**功能鍵 **程式碼**，展開程式碼視窗。

2. **程式碼**視窗有**圖塊**、**圖塊＋文字**及**文字**三種顯示模式可以選擇，預設為**圖塊**模式。

3. 按下**縮放至佈滿**功能鍵，將 Arduino 電路佈滿整個圖紙區。

4. 除了**圖紙區**之外，還增加了**圖塊**及**圖塊程式**兩個視窗。在圖塊視窗中包含輸出(Output)、輸入(Input)、註解(Notation)、控制(Control)、數學(Math)及變數(Variables)等六種圖塊類別，說明如表 3-3～表 3-8 所示。

5. **串列監視器**預設為關閉狀態，以滑鼠左鍵點選可以開啟與關閉。

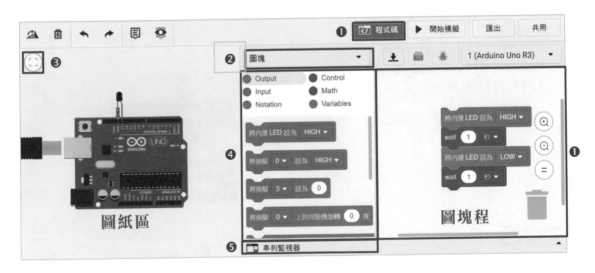

圖紙區

圖塊程

表 D-3　Tinkercad Circuits 的輸出（Output）圖塊

圖塊類別	說明
將內建 LED 設為 HIGH ▼	設定內建連接於數位接腳 13 的 LED 為 HIGH 或 LOW。功能如同 digitalWrite(13, value)指令，value 參數為 HIGH 或 LOW。
將接腳 0 ▼ 設為 HIGH ▼	設定數位接腳 D0~D19 為 HIGH 或 LOW。功能如同 digitalWrite(13, value)指令，pin 參數為數位接腳 0~19，value 參數為 HIGH 或 LOW。
將接腳 3 ▼ 設為 0	設定類比接腳 3、5、6、9、10 或 11 的輸出數值 0~255。功能如同 analogWrite(pin, value)指令，pin 參數為類比接腳 3、5、6、9、10 或 11，value 參數為 0~255。
將接腳 0 ▼ 上的伺服機旋轉 0 度	設定連接於數位腳 D0~D19 上伺服機的旋轉角度。
在接腳 0 ▼ 上的喇叭播放音調 60 長達 1 秒鐘	設定連接於數位接腳 D0~D19 喇叭播放音調及音長。功能如同 tone(pin, frequency, duration)指令，pin 為數位腳 0~19，frequency 參數為音調，duration 參數為音長。
關閉接腳 0 ▼ 上的喇叭	關閉數位接腳 D0~D19 上的喇叭輸出。功能如同 noTone(pin)指令，pin 參數為數位接腳 0~19。
列印到串列監視器 hello world with ▼ 新行	換(with)/不換(without)新行列印字串到串列監視器。功能如同 Serial.print(value)，value 參數可以是英文、數字、字串等資料型態。
將接腳 3 ▼ 3 ▼ 3 ▼ 中的 RGB LED 設為顏色 ●	連接三色 RGB LED 至類比輸出 3、5、6、9、10 或 11 等任意三支腳，並且設定 LED 顏色。

表 D-4　Tinkercad Circuits 的輸入（Input）圖塊

圖塊類別	說明
讀取數位接腳　0 ▾	讀取數位腳 D0~D19 的數位值(HIGH 或 LOW)。功能如同 digitalRead(pin)指令，pin 參數為數位腳 0~19。
讀取類比接腳　A0 ▾	讀取類比接腳 A0~A5 的類比值(0~255)。功能如同 analogRead(pin)指令，pin 參數為類比腳 A0~A5。
讀取接腳　0 ▾　上伺服馬達的角度	讀取數位接腳 D0~D19 上伺服馬達的角度。
可用的序列字元數	讀取已輸入至串列監視器緩衝區中的可用字元數目。功能如同 Serial.available()指令。
從序列讀取	讀取由串列埠輸入的字串資料。功能如同 Serial.read()指令。

表 D-5　Tinkercad Circuits 的註解（Notation）圖塊

圖塊類別	說明
標題欄框註解　在此處描述您的程式碼	加入多行註解。
註解　在此處提供實用的單行註解	加入單行註解。

表 D-6　Tinkercad Circuits 的控制（Control）圖塊

圖塊類別	說明
wait　1　秒 ▾	設定延遲秒數或毫秒數。功能如 delay(ms)指令，ms 參數的單位為毫秒。
repeat　10　times	無條件迴圈。括號內的數字可設定迴圈次數。
repeat　while ▾	有條件迴圈。功能如同 while(condition)指令，condition 為條件式，條件式成立時才執行動作。
if　　then	有條件選擇。功能如同 if (condition)指令，condition 為條件式，條件式成立時才執行動作。

圖塊類別	說明
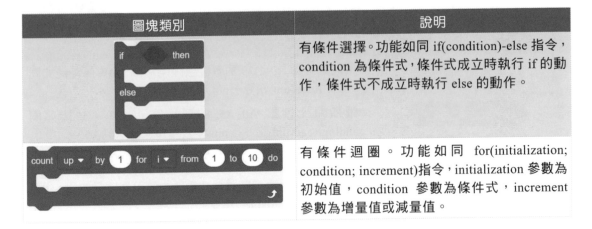	有條件選擇。功能如同 if(condition)-else 指令，condition 為條件式，條件式成立時執行 if 的動作，條件式不成立時執行 else 的動作。
	有條件迴圈。功能如同 for(initialization; condition; increment)指令，initialization 參數為初始值，condition 參數為條件式，increment 參數為增量值或減量值。

表 D-7　Tinkercad Circuits 的數學（Math）圖塊

圖塊類別	說明
	算術運算。執行兩數的加、減、乘、除等算術運算。
	比較運算。執行兩數大小關係的比較運算。
	邏輯運算。執行兩數的 AND、OR 運算。
	產生所設定範圍內的一個亂數值。
	邏輯運算。執行反(NOT)運算。
	算術運算。執行數值的絕對值(abs)、開根(sqrt)、正弦(sin)、餘弦(cos)、正切(tan)等算術運算。sin、cos、tan 等函數的數值必須輸入徑度(rad)。
	改變某數值的範圍。功能如同 map(value, fromLow, fromHigh, toLow, toHigh)指令，value 參數為原數值，fromLow、 fromHigh 參數為原數值的下限值及上限值，toLow、toHigh 參數為新數值的下限值及上限值。
	將某數值限制在所設定的範圍。功能如同 constrain(x, a, b)指令，如果 x 值介於 a、b 之間則結果值為 x，如果 x 值小於 a 則結果值為 a，如果 x 值大於 b 則結果值為 b。
	設定為 HIGH 或 LOW。

表 D-8　Tinkercad Circuits 的變數（Variables）圖塊

圖塊類別	說明
Create variable...	產生新變數。
i	變數 i。
將 i▼ 設定為 0	設定變數 i 的數值。
透過 0 變更 i▼	改變 i 的值。

STEP 6

1. 下拉**程式碼**選單，選擇**圖塊＋文字**顯示模式，同時顯示**圖塊程式**及**文字程式**。

2. 使用者可以改變**圖塊程式**，**文字程式**也會跟著改變，但無法直接改變**文字程式**的內容。如果要直接改變文字程式的內容，必須選擇**文字**顯示模式，在**文字**顯示模式下，使用者才可以直接改變**文字程式**的內容。

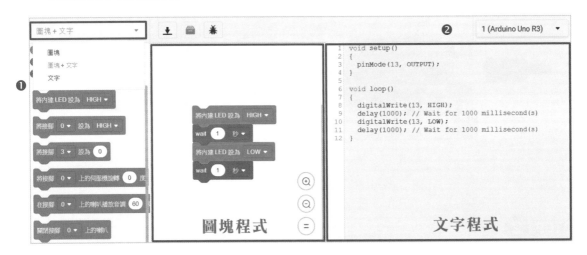

D-1-5　TinkerCAD Circuits 除錯器介紹與使用

在撰寫 Arduino 程式時可能會發生的錯誤有兩種，一為**語法錯誤**（Syntax Errors），另一為**邏輯錯誤**（Logic Errors）。所謂語法錯誤是指程式敘述不符合 Arduino 語法規範，例如變數命名不正確、使用錯誤的指令或函式名稱、未宣告函式庫標頭檔、所宣告的函式庫不存在等。所謂邏輯錯誤並非指程式敘述不符合 Arduino 語法規範，而是指實際執行結果與預期結果不同，這是一種邏輯觀念上的錯誤。在使用 TinkerCAD Circuits 進行 Arduino 程式模擬時，只能告知程式語法錯誤，但是無法告知邏輯觀念上的錯誤。TinkerCAD Circuits 或是 Arduino 官網的 IDE 軟體都沒有專用的除錯（Debug）工具，只能透過**串列監視器**（Serial Monitor）或**錯誤訊息視窗**來檢查程式執行結果，依此判斷程式是否正確執行，並進而修正程式內容以符合預期結果。TinkerCAD Circuits 串列監視器及錯誤訊息視窗操作步驟 1、2 所示，Arduino IDE 串列監視器及錯誤訊息視窗操作步驟 3、4 所示。

STEP 1

1. 接續 3-3-4 節的 LED 閃爍圖塊程式，在**圖塊程式**中加入 [列印到串列監視器 hello world with ▾ 新行]，並且將「hello world」分別改成「H」及「L」，換行「with」改成不換行「without」。

2. 點選開啟**串列監視器**。

3. 按下 [▶ 開始模擬] 開始進行程式模擬。

4. 在串列監視器中可以看到程式執行時送到微控制器中的數據。

5. 在**電路圖**中也可以看到 LED 在 HIGH 狀態時亮，在 LOW 狀態時暗。

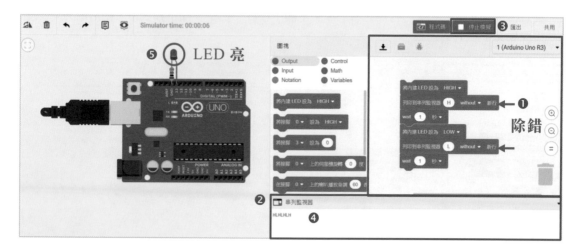

STEP 2

1. 在開始模擬之前，電源呈**離線狀態**。選擇程式碼為**文字模式**。

2. 我們故意將 delay(1000)改成錯誤的 delay(1,000)。

3. 按下 [▶ 開始模擬] 開始進行模擬。

4. 因為發生語法錯誤，程式無法正常執行，同時會產生錯誤訊息。依錯誤訊息來更正錯誤。

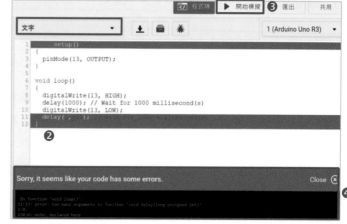

STEP 3

1. 開啟 Arduino IDE 軟體，輸入如下所示的草稿碼（sketch）。

2. 開啟序列埠監控視窗 [icon]。

3. 按下上傳鈕 [icon]，將程式碼上傳至 Atmega328P 微控制器上。

4. 在序列埠監控視窗中可以看到程式執行時送到微控制器中的數據。

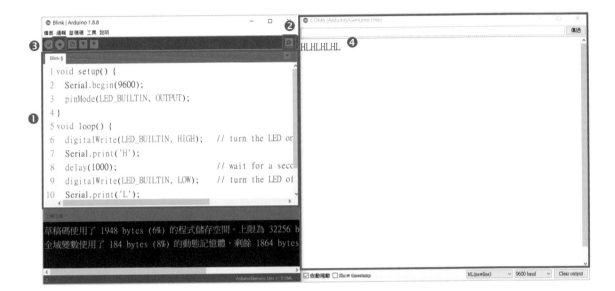

STEP 4

1. 我們故意將 delay(1000)改成錯誤的 delay(1,000)。

2. 按下上傳鈕 [icon]，將程式碼上傳至 Atmega328P 微控制器上。

3. 因為發生語法錯誤，程式無法正常執行，同時會產生錯誤訊息。

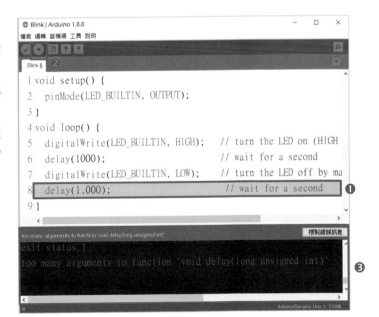

Arduino 最佳入門與應用--打造互動設計輕鬆學(第三版)

作　　者：楊明豐
企劃編輯：石辰蓁
文字編輯：江雅鈴
設計裝幀：張寶莉
發 行 人：廖文良

發 行 所：碁峰資訊股份有限公司
地　　址：台北市南港區三重路 66 號 7 樓之 6
電　　話：(02)2788-2408
傳　　真：(02)8192-4433
網　　站：www.gotop.com.tw
書　　號：AEH004500
版　　次：2021 年 06 月三版
　　　　　2024 年 02 月三版三刷
建議售價：NT$550

國家圖書館出版品預行編目資料

Arduino 最佳入門與應用：打造互動設計輕鬆學 / 楊明豐著. -- 三
版. -- 臺北市：碁峰資訊, 2021.06
　　面；　公分
　ISBN 978-986-502-794-0(平裝)
　1.微電腦　2.電腦程式語言
471.516　　　　　　　　　　　　　　　　　110005820